国家精品课程教材
高等学校规划教材

大学计算机基础

吴　宁　主编

崔舒宁　程向前　贾应智　编著

冯博琴　主审

電子工業出版社
Publishing House of Electronics Industry
北京 · BEIJING

内 容 简 介

本书是国家精品课程"大学计算机基础"的主教材,全书以"计算思维能力"培养为主线,强调"计算机基本工作原理"的理解和"问题求解思路"的建立。

全书在架构上主要分为三个部分:一是计算机中的信息表示;二是微型计算机系统组成和基本工作原理;三是算法和数据结构设计和实现。

全书共分为 8 章,内容包括:计算机基础、计算机中的信息表示、微型计算机原理、问题求解、Visual Basic 程序设计、数据结构与算法求解、信息发布与信息安全、综合案例设计等。各章均在起始处给出了该章的教学目的,以供读者学习时参考。同时,书中还含有大量示意图和题例,以便读者对内容的理解。

本书配有相应实验教程(ISBN: 978-7-121-13867-6)。同时,为方便教学,本书还免费提供电子课件,任课教师可以登录华信教育资源网(www.hxedu.com.cn)注册下载。

本书可作为普通高等学校理工科各类专业学生学习"大学计算机基础"课程的教材,也可作为计算机爱好者的入门参考书。

图书在版编目(CIP)数据

大学计算机基础/吴宁主编. —北京:电子工业出版社,2011.8
高等学校规划教材
ISBN 978-7-121-13619-1

I. ①大… Ⅱ. ①吴… Ⅲ. ①电子计算机-高等学校-教材 Ⅳ. ①TP3

中国版本图书馆 CIP 数据核字(2011)第 094668 号

策划编辑:索蓉霞
责任编辑:张 京
印　　刷:北京市顺义兴华印刷厂
装　　订:三河市双峰印刷装订有限公司
出版发行:电子工业出版社
　　　　　北京市海淀区万寿路 173 信箱　　邮编:100036
开　　本:787×1092　1/16　印张:16.25　字数:416 千字
印　　次:2011 年 8 月第 1 次印刷
定　　价:29.00 元

前　言

2005 年，美国总统信息技术顾问委员会提交了一份题为"计算科学：确保美国竞争力"的报告，将计算科学提高到影响国家战略安全的高度，强调应"全方位保持计算科学发展领先地位，改革现有计算机教育状况"。在此背景下，美国国家科学基金会（NSF）计算机和信息科学与工程学部主任、卡内基·梅隆大学周以真教授于 2006 年 3 月提出了"计算思维"的概念，强调"计算思维是所有人都必须具备的能力，应当在所有地方、所有学校的课堂教学中都得到应用"。

"大学计算机基础"课程自 2004 年在西安交通大学开设至今已经 7 年。随着社会的进步和技术的发展，目前新入校大学生的计算机技术水平已不再是零起点，其对计算机课程的学习需求也发生了一定的转变，已不再满足于仅对一般性原理、泛而浅的知识和基本操作技能的学习，希望能更深入、更系统地学习计算机原理及算法的设计和实现方法。同时，随着国家经济发展转型的需求，对学生"能力培养"的要求日益提高。具体到计算机学科，培养学生利用计算机求解问题的能力，成为计算机教学的主要目标之一。

基于此，我们编写了这本**基于"计算思维"能力培养的"大学计算机基础"教材**。本书与现有同类教材有较大不同，主要差别在于：不再追求"泛而浅"的扫盲型模式，而转为具有针对性的"窄而深"的描述，将主要讲述内容聚焦到系统基本工作原理及应用计算机进行问题求解的思路和方法上。

本书是**国家精品课程"大学计算机基础"的主教材**，全书共包括 8 章。

前 3 章为计算机基础、计算机中的信息表示及微型计算机的基本工作原理。较之同类教材，这部分对基本原理的描述更深入和具体，并对二进制编码和运算进行了较为详细的解释。通过这部分的学习，使读者不仅会用计算机，还能理解计算机的组成和基本工作原理。这也应是高等学校毕业生应具有的基本素质。

第 4～6 章以"建立解决问题的思路和方法"为宗旨，主要介绍了利用计算机进行问题求解的一般过程和方法、数据结构和算法的表示和设计、可计算性与计算的复杂性理论等。

第 7 章主要介绍信息发布与信息安全。

第 8 章通过一个综合案例介绍了部分应用程序的设计和算法的设计。

本书配备有相应实验教程（ISBN: 978-7-121-13867-6），实验教程中除各项与主教材内容相关的基本程序设计、数据结构和算法设计外，考虑到目前学生的实际情况，增加了部分主教材中未涉及的计算机基本应用技能的实验内容。

为方便教学，本书还**免费提供电子课件，任课教师可以登录华信教育资源网**（www.hxedu.com.cn）**注册下载**。

本书的编写既充分考虑了目前高等学校入校新生在计算机基础知识方面的一般现状，更重要的是考虑到了创新型人才必须具备的问题求解能力这一需求。力求使读者通过本书的学习，能够在了解计算机基础知识的基础上，较为深入地理解微型计算机的基本工作原理，能够初步建立起利用计算机解决问题的思路、掌握求解问题的一般方法，并了解利用计算机解决问题的一般过程。

本书可作为普通高等学校理工科各类专业学生学习"大学计算机基础"课程的教材，适用学时为 48～64 学时。书中带有"*"的章节为具有较高要求的内容，为 56 及以上学时的讲授内容；带有"**"的章节为可选内容，可根据情况进行课内讲授或作为课外开放性学习内容。

本书主要由吴宁（第 1～3 章和第 7 章）和崔舒宁（第 4～6 章和第 8 章）编写，吴宁负责统稿，程向前和贾应智两位老师提供了部分案例。本书由首届国家级教学名师冯博琴教授主审，他为本书提出了许多宝贵的意见和建议，在此表示衷心的感谢。

虽然新生的计算机基础水平近年来已大有提高，但一个不争的事实是：直至今天，入校新生的计算机知识水平依然存在很大的差异，且这种差异会在可见的时间内长期存在。在分级教学难以实际操作的情况下，"大学计算机基础"这门课程教学内容的选取及相应教材的编写依然是难点。基于这样的特殊性，加之作者水平所限，书中错误和不妥之处在所难免，恳望读者不吝指正，十分感谢。作者 E-mail: wun@mail.xjtu.edu.cn。

编　者

于西安交通大学

目 录

第 1 章   计算机基础

引言：

经历了半个多世纪的发展，计算机如今已广泛应用于各行各业及人们的日常生活中。那么，计算机都是由哪些部件组成的呢？本章将给出答案。本章介绍计算机系统的组成、系统中各主要部件的功能及操作系统的概念和作用。为使读者对现代计算机技术有初步的了解，在本章最后简要地介绍了几项近年来计算机科学的研究热点。

教学目的：

- 了解计算机的发展历程和分类；
- 理解微型计算机系统的组成；
- 了解主板上主要部件的功能；
- 理解微型计算机硬件系统的组成及各主要部件的功能；
- 理解操作系统的概念和基本功能。

1.1   概述

计算机是 20 世纪人类最伟大的发明之一，在从其诞生起至今的半个多世纪中，它由最初的"计算"工具迅速发展成应用于各行各业的信息处理设备，成为人们工作和生活中不可缺少的助手。

1.1.1   计算机的发展历程

1. 电子计算机的诞生和发展

在 1946 年之前，计算机的工作都是基于机械运行方式的，没有进入逻辑运算领域。如果不是 1906 年美国人 Lee De Forest 发明了电子管，电子计算机是不可能出现的。正是电子技术的飞速发展，才使计算机从机械式进入了电子时代。

计算机的发展至今经历了五个时代。第一代（1946 年—1954 年）称为"电子管计算机"时代，内部元件使用电子管。图 1-1 所示是第一台用电子管和继电器制作的通用电子计算机 ENIAC，它于 1946 年 2 月 15 日在美国费城大学问世，共使用了 18 800 个电子管、6000 多个开关和配线盘，重约 30 吨，占地 1500 平方英尺（约合 139.35 平方米），工作主频为 0.1 MHz。

虽然 ENIAC 每次进行不同的计算时，都需要切换开关和改变配线，使当时从事计算工作的科学家看上去更像是在干体力活，但无论如何，它的诞生标志了人类从此进入电子计算机时代。随着电子技术的发展，计算机经历了从电子管到晶体管、集成电路、大规模集成电路及超大规模集成电路的发展历程，无论是在体积上、运行速度上，还是在智能性、可靠性及价格等多方面，都有了迅猛的进步，成为 20 世纪发展最快的技术，计算机行业也成为 20 世纪最具活力的行业。

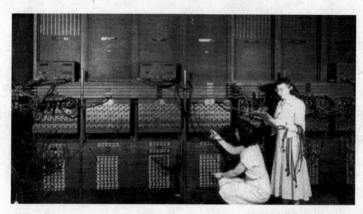

图 1-1　在第一台电子计算机 ENIAC 上编程

第一代计算机的主要特点是采用电子真空管和继电器构成处理器和存储器，利用绝缘导线实现互连。体积较为庞大，运算速度较慢，运算能力有限。程序编写采用由"0"和"1"组成的二进制码表示的机器语言，只能进行定点数运算。由于电子管易发热，寿命最长只有3000 小时，因此计算机运行时常会因电子管被烧坏而死机。

第一代计算机主要用于工程计算。

第二代计算机属于晶体管计算机（1960 年—1964 年）。世界上第一台全晶体管计算机TRADIC 于 1955 年由贝尔实验室研制成功，它装有 800 只晶体管，功率仅为 100 W，占地 3 立方英尺（约合 0.085 立方米），如图1-2 所示。

第二代计算机采用晶体管逻辑元件及快速磁芯存储器，彻底改变了继电器存储器的工作方式及与处理器的连接方法，大大缩小了体积。其运算速度也从第一代计算机的每秒几千次提高到每秒几十万次，主存储器的存储容量从几千字节提高到 10 万字节以上。另外，第二代计算机普遍增加了浮点数运算，使数据的绝对值可达到 2 的几十次方或几百次方，同时拥有了专门用于处理外部数据输入/输出的处理机，使计算能力实现了一次飞跃，除科学计算外，开始被用于企业商务。

在软件方面，第二代计算机除机器语言外，开始采用有编译程序的汇编语言和高级语言，建立了子程序库及批处理监控程序，极大地提高了程序的设计和编写效率。

采用集成电路作为逻辑元件是第三代计算机（1964 年—1974 年）最重要的特征。此时，微程序控制、流水线技术、高速缓存和先行处理机等技术开始出现并逐渐普及。第三代计算机的典型代表有 1964 年 IBM 公司研制的 IBM S/360、CDC 公司的 CDC6600 及 CRAY 公司的巨型计算机 Cray-1（如图1-3 所示）等。

随着集成电路技术的发展，出现了采用大规模和超大规模集成电路及半导体存储器的第四代计算机（1974 年—1991 年），同时，计算机也逐渐开始依据功能和性能的不同分为巨型机、大型机、小型机和微型机。出现了共享存储器、分布存储器及不同结构的并行计算机，并相应地产生了用于并行处理和分布处理的软件工具和环境。第四代计算机的代表机型是 Cray-2 和 Cray-3 巨型机，因采用并行结构，其运算速度可分别达到每秒 12 亿次和每秒 160 亿次。

图 1-2　TRADIC 晶体管计算机

图 1-3　Cray-1 巨型计算机

从 1991 年至今的计算机系统都可以认为是第五代计算机。超大规模集成电路（VLSI）工艺的日趋完善，使生产更高密度、高速度的处理器和存储器芯片成为可能。这一代计算机的主要特点是大规模并行数据处理、系统结构的可扩展性、高性能的实时通信能力和智能性。随着集成电路技术的不断发展，现代计算机系统的运算速度和整体性能都得到了提高。图 1-4 所示为中国在 2004 年研制的曙光 4000A 超级计算机，其运算速度可达每秒 8.061 万亿次。

2．微型计算机的发展

相对于高性能的大型或巨型计算机系统，在 20 世纪 70 年代诞生的微型计算机（Personal Computer，PC，也称个人计算机）则因其较高的性价比而在各行各业得到了更为广泛的应用。

与微型计算机的发展相伴随的是微处理器的发展。世界上第一片微处理器是 Intel 公司于 1971 年研制生产的 Intel 4004（如图 1-5 所示），它是一个 4 位微处理器，可进行 4 位二进制数的并行运算，拥有 45 条指令，运算速度为 0.05 MIPS（Million Instructions Per Second，每秒百万条指令）。

图 1-4　曙光 4000A 超级计算机

图 1-5　Intel 4004 微处理器

Intel 4004 功能有限，主要用在计算器、电动打字机、照相机、台秤、电视机等家用电器上，一般不适用于通用计算机。而在同年末推出的 8 位扩展型微处理器 Intel 8008，则是世界上第一个 8 位微处理器，也是真正适用于通用微型计算机的处理器。它可一次处理 8 位二进制数，寻址 16 KB 存储空间，拥有 48 条指令。这些优势使它能有机会应用于许多高级的系统。

微处理器及微型计算机从 1971 年至今经历了 4 位、8 位、16 位、32 位、64 位及多核芯六个时代。除上述主要用于袖珍式计算器的 Intel 4004 芯片外，其他具有划时代意义微处理器有以下几个。

（1）1973 年 Intel 公司推出的 8 位微处理器 Intel 8080。这是 8 位微处理器的典型代表，它的存储器寻址空间增加到 64 KB，并扩充了指令集，执行速度达到每秒 50 万条指令，同时还使处理器外部电路的设计变得更加容易且成本降低。除 Intel 8080 外，同时期推出的还有 Motorola 公司的 MC6800 系列及 Zilog 公司的 Z80 等。

（2）1978 年推出的 Intel 8086/8088 微处理器是 16 位微处理器的标志。其内部包含 29 000 个 3 μm 技术的晶体管，工作频率为 4.77 MHz，采用 16 位寄存器和 16 位数据总线，能够寻址 1 MB 的内存储器空间。IBM PC 采用的微处理器就是 Intel 8088。同时代的还有 Motorola 公司的 M68000 和 Zilog 公司的 Z8000。

（3）1985 年研制成功的 32 位微处理器 80386 系列。其内部包含 27.5 万个晶体管，工作频率为 12.5 MHz，后逐步提高到 40 MHz。可寻址 4 GB 的内存空间，并可管理 64 TB 的虚拟存储空间。

（4）"奔腾（Pentium）"微处理器于 2000 年 11 月发布，起步频率为 1.5 GHz，随后陆续推出了 1.4 GHz～3.2 GHz 的 64 位 PIV 处理器。

（5）2006 年开始推出并得到迅速发展的多核处理器，是计算技术的又一次重大飞跃。多核处理器是指在一个处理器上集成两个或更多个运算核心，从而提高计算能力。与单核处理器相比，多核处理器能带来更高的性能和生产力优势，因而成为一种广泛普及的计算模式。如图1-6所示为 Intel 公司推出的双核处理器芯片。

图 1-6　Intel core 2 微处理器芯片

世界上第一台微型计算机 Altair 8800 于 1975 年 4 月由 Altair 公司推出，它采用 Zilog 公司的 Z80 芯片作为微处理器。它没有显示器和键盘，面板上有指示灯和开关，给人的感觉更像一台仪器箱。

IBM 公司于 1981 年推出了首台个人计算机 IBM PC。1984 年又推出了更先进的 IBM PC/AT，它支持多任务、多用户，并增强了网络能力，可连网 1000 台 PC。从此，IBM 彻底确立了在微型计算机领域的霸主地位。

今天，微型计算机已真正走进了千家万户、各行各业，真正实现了其大众化、平民化和多功能化的设计目标。

3. 未来计算机技术的发展

未来充满了变数，未来的计算机将会是什么样的？

21 世纪是人类走向信息社会的世纪，是网络的时代，是超高速信息公路建设取得实质性进展并进入应用的年代。电子计算机技术正在向巨型化、微型化、网络化和智能化这四个方向发展。

巨型化不是指计算机的体积大，而是指运算速度高、存储容量大、功能更完善的计算机系统。巨型机的应用范围也日渐广泛，如在航空航天、军事工业、气象、电子、人工智能等几十个学科领域发挥着巨大的作用，特别是在复杂的大型科学计算领域，其他的机种难以与之抗衡。

计算机的微型化得益于大规模和超大规模集成电路的飞速发展。现代集成电路技术不断发展，可将计算机中的核心部件——运算器和控制器集成在一块大规模或超大规模集成电路芯片上，作为中央处理单元，称为微处理器，从而使计算机作为"个人计算机"变得可能。微处理器自 1971 年问世以来，发展非常迅速，伴随着集成电路技术的发展，以微处理器为核心的微型计算机的性能不断提升。现在，除了放在办公桌上的台式微型机外，还有可随身携带的各种规格的笔记本电脑、可以握在手上的掌上电脑、可随时上网和进行文字处理的平板电脑、手机等。

据美国媒体报道，在今年（2011 年）2 月，美国科学家已成功研制出世界上最小的计算机——一种可以植入眼球的医用毫米级计算系统。这种计算机主要为青光眼患者研制，放置在患者眼球内可以监测眼压，方便医生及时为患者缓解痛苦。据介绍，这种计算机只有一立方毫米大小，包括一个极其节能的微处理器、一个压力传感器、一枚记忆卡、一块太阳能电池、一片薄薄的蓄电池和一个无线收发装置。通过无线收发装置，这个计算机能够向外部装置发出眼压数据资料。

从 20 世纪中后期开始，网络技术得到快速发展，已经突破了"帮助计算机主机完成与终端通信"这一概念。众多计算机通过相互连接，形成了一个规模庞大、功能多样的网络系统，从而实现信息传输和资源共享。今天，网络技术已经从计算机技术的配角地位上升到与计算机技术紧密结合、不可分割的地位。各种基于网络的计算机技术不断出现和发展（参见 1.4 节），计算机连入网络已经同电话机连入市内电话交换网一样方便，且网络信息传输的速度也随着"光纤到家"而变得越来越快。今天，计算机技术的发展已离不开网络技术的发展，同时，网络也成为人们生活的一部分。

计算机的智能化就是要求计算机具有人的智能，即让计算机能够进行图像识别、定理证明、研究学习、探索、联想、启发和理解人的语言等。目前，人工智能技术的研究已取得较大成绩，智能计算机（俗称"机器人"）已部分具有人的能力，能具有简单的"说"、"看"、"听"、"做"能力，能替代人类去做一些体力劳动或从事一些危险的工作。例如，日本福岛核电站出现核泄漏后，日本政府就曾"派"机器人进入核电站检测核泄漏情况。

人工智能是目前乃至未来可见的时间里计算机科学的研究热点。人工神经网络的研究，使计算机向人类大脑又迈出了重要的一步。今天，除了在软件技术方面不断深入研究，人们还寄希望于全新的计算机技术能够带动人工智能的发展。至少有三种技术有可能引发全新的革命，它们是光子计算机、生物计算机和量子计算机。

光子计算机的运算速度据推测可能比现行的超级计算机快 1000～10 000 倍。而一台具有 5000 个左右量子位的量子计算机可以在大约 30 秒内解决传统超级计算机需要 100 亿年才能解决的素数问题。相对而言，生物计算机研究更加现实，美国威斯康星－麦迪逊大学已研制出一台可进行较复杂运算的 DNA 计算机。据悉，一克 DNA 所能存储的信息量可与 1 万亿张 CD 光盘相当。这些推测，有理由使人们对人工智能的发展前景变得乐观。

> 计算机真的能具有人类的思维能力、模拟人类的行为动作吗？未来的计算机会像影视剧中描述的那样完全达到人的智力水平吗？

1.1.2 计算机系统的分类

计算机系统的分类方法有很多，一种常见的方法是按照其性能和价格的综合指标来分，可分为巨型机、大型机、中型机、小型机和微型机等。这种分法不是绝对的，随着技术的不断进步，各种类型计算机的性能都在不断提高，今天一台微型机的性能，甚至比过去一台大型机的性能还高，价格却要低很多。

目前的电子计算机系统从性能、价格等综合指标上来讲主要朝着两个方向发展。

一个发展方向是具有高运算速度、大存储容量、用于解决各种复杂问题的巨型计算机。例如主要用于向量或矩阵运算的向量处理机及阵列处理机，以及由若干台独立处理机组成的、可高速并行计算的多处理机等。

另外一个发展方向就是低价格、小型化的个人计算机（Personal Computer，PC），即人们最常用到的微型计算机。虽然微型机的性能无法与同时代的大型机、巨型机相比，但其优良的性能价格比和微小的体积，使其迅速地应用于各行各业，成为 20 世纪发展最快的技术。

计算机的另外一种分类方法称为 Flynn 分类法，它是根据在计算机中执行的指令和数据的不同组织形式来划分的。

（1）单指令流单数据流（Single Instruction Single DataStream，SISD）机。这种类型的计算机中，指令的执行是顺序进行的，也就是前文所描述的指令在计算机中的执行方式，属于传统的处理方法。

（2）单指令流多数据流（Single Instruction Multiple DataStream，SIMD）机。即同一指令可同时操作多个不同的数据，如用于向量运算的阵列机等（进行同样的向量加操作，但针对的是不同的元素）。

（3）多指令流单数据流（Multiple Instruction Single DataStream，MISD）机。主要指流水线机，如将指令的执行分为多个功能部件，可使多条指令在计算机内同时执行，从而提高运行速度和效率。

（4）多指令流多数据流（Multiple Instruction Multiple DataStream，MIMD）机。多处理机就属于 MIMD 结构。

除以上的分类法外，还可以按处理机个数和种类分为单处理机、多处理机、并行处理机、关联处理机、超标处理机、超流水线处理机、大规模并行处理机、机群系统等。

另外，也可以根据计算机面向的应用范围分类。一般的计算机都是按通用机设计的，即在理论上可以应用于各个领域，针对不同领域的特殊要求可通过编写程序来适应。但在实际应用中，往往计算机的硬件系统要有一定的调整，如调整系统配置（包括改变内存容量、改变外围设备品种数等）、增强处理不同数据结构的能力（如浮点数运算、快速傅里叶变换等）。因此，根据不同的应用领域，计算机又可分为科学计算机、事务处理机、实时控制机等。

1.2 微型计算机系统

人们通常所说的"电脑"或计算机，准确地讲应是计算机系统。它不仅包含物理上能够看得见的硬件实体，还包含运行于实体之上的、可实现各种操作功能的软件。由于从逻辑结构上讲，无论是大型机还是微型机，其主要构成是类似的。考虑到微型计算机应用的广泛性，以下的描述以微型计算机为主。

1.2.1 微型计算机系统的组成

总体上，计算机系统包括硬件系统和软件系统两大部分。微型计算机系统概念结构如图1-7所示。

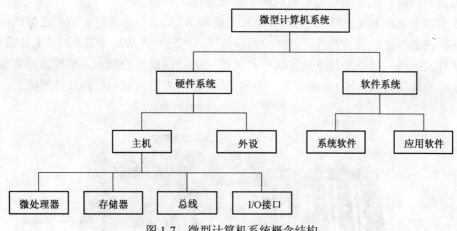

图 1-7　微型计算机系统概念结构

1. 硬件系统

微型计算机硬件系统包括主机和能够与计算机进行信息交换的外部设备两部分。主机位于主机箱内，主要包括微处理器（CPU）、内存储器、I/O 接口、总线和电源等。其中，微处理器是整个系统的核心。能否与处理器进行直接信息交换是能否成为主机部件的重要标志。所谓"直接信息交换"，就是无须通过任何中间环节（用专业术语说是接口），就能够实现从处理器接收数据或向处理器发送数据。例如内存，与处理器间的数据传输就是直接进行的。事实上，计算机正在运行的所有程序和数据，无论其曾经存放在哪里，在运行前都必须送入内存，这样才能保证计算机工作的高速度。这一点将在后续内容中逐步介绍。

今天，如果有人说他买了一台计算机，你一定清楚他不是只拿了一台主机箱回来，至少还包括显示器、键盘和鼠标，这些称为计算机的基本外部设备。

所谓外部设备，是指所有能够与计算机进行信息交换的设备（当然，这种信息交换需要通过接口进行）。既包括上述操作计算机所必需的基本外部设备，还包括其他各种能够连接到计算机的仪器。将用于向计算机输入信息的设备称为输入设备，如键盘、鼠标器、扫描仪等；将用于接收计算机输出信息的设备称为输出设备，如显示器、打印机、绘图仪等。当然，有些设备既能接收计算机输出的信息又能向系统输入信息，如数码摄像机、硬磁盘等。它们兼具了输入设备和输出设备的功能，具体担当何种角色，则视其在某个时刻传送数据的方向而定。

相对于主机，外部设备的主要特点是不能与处理器直接进行数据交换，数据的传输必须通过接口。如硬磁盘，虽然安装在主机箱内，但不属于主机系统，因为它与处理器的通信需要通过专用接口进行。

有关计算机常用外设的基本工作原理，请参见附录 A。

2. 主板

主板（Mainboard）也称系统板（Systemboard），是微机最基本的也是最重要的部件之一，在整个微机系统中扮演着举足轻重的角色。可以说，主板的类型和档次决定了整个微机系统的类型和档次，主板的性能影响着整个微机系统的性能。

主板主要有 AT 主板、ATX 主板、NLX 主板和 BTX 主板等类型。它们之间的区别主要在于各部件在主板上的位置排列、电源的接口外形、控制方式及尺寸等不同。无论哪种结构，均采用开放式结构。可以通过更换安装在扩展槽上的外围设备控制卡（适配器）实现对微机相应子系统的局部升级。图1-8所示为一个实际的 ATX 主板的布局结构及外形图。

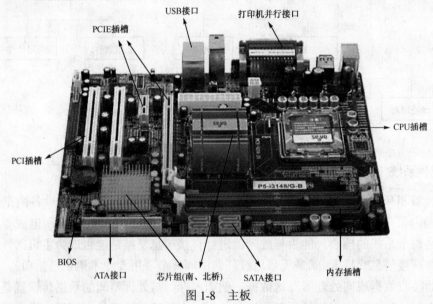

图 1-8　主板

主板位于主机箱内，上面安装了组成计算机的主要电路系统，包括芯片、扩展槽和对外接口三种类型的部件。

（1）芯片

这部分除微处理器（CPU）外，主要有控制芯片组和 BIOS。

芯片组是主板上一组超大规模集成电路芯片的总称，是主板的关键部件，用于控制和协调计算机系统各部件的运行，它在很大程度上决定了主板的功能和性能。可以说，系统的芯片组一旦确定，整个系统的定型和选件变化范围也就随之确定了。

典型的芯片组由北桥芯片和南桥芯片两部分（两片芯片）组成，也称南北桥芯片。图 1-8

中 CPU 插槽旁边被散热片盖住的就是北桥芯片。北桥芯片是芯片组的核心，主要负责处理 CPU、内存、显卡三者间的"交通"，由于发热量较大，故需加装散热片散热。南桥芯片主要负责硬盘等存储设备和 PCI 之间的数据流通。

需要说明的是，现在一些高端主板上已将南北桥芯片封装到一起，使"芯片组"在形式上只有一个芯片，提高了芯片组的性能。

BIOS 是方块状的存储器芯片，里面存有与该主板搭配的基本输入/输出系统程序，能够让主板识别各种硬件，还可以设置引导系统的设备、调整 CPU 外频等。BIOS 芯片是可读/写的只读存储器（EPROM 或 E²PROM）。机器关机后，其上存储的信息不会丢失。在需要更新 BIOS 版本时，还可方便地写入。当然，不利的一面是会让主板遭受病毒的攻击。

系统 BIOS 程序主要包含以下几个模块。

① 上电自检（Power-On Self Test，POST）。微机加电后，CPU 从地址为 0xFFFFFFF0H 处读取和执行指令，进入加电自检程序，测试整个微机系统是否工作正常。

② 初始化。包括可编程接口芯片的初始化；设置中断向量表（一个专门用于存放中断程序入口地址的内存区域）；设置 BIOS 中包含的中断服务程序的中断向量（即将这些中断程序入口地址放入中断向量表中）；通过 BIOS 中的自举程序将操作系统中的初始引导程序装入内存，从而启动操作系统。

③ 系统设置（Setup）。装入或更新 CMOS RAM 保存的信息。在系统加电后尚未进入操作系统时，按 Del 键（或其他热键）可进入 Setup 程序，修改各种配置参数或选择默认参数。

（2）扩展槽

安装在扩展槽上的部件属于"可插拔"部件。所谓"可插拔"，是指这类部件可以用"插"来安装，用"拔"来拆卸。主板上的扩展槽包括内存插槽和总线接口插槽两大类。内存插槽一般位于 CPU 插座下方，用于安装内存储器（也称内存条，如图 1-9 所示）。通过在内存插槽上插入不同的内存条，可方便地构成所需容量的内存储器。主板上内存插槽的数量和类型对系统主存的扩展能力及扩展方式有一定影响。现在主板上大多采用 184 线的内存插槽，配置的内存条也必须是 184 个引脚的。

图 1-9　内存条

总线接口插槽是 CPU 通过系统总线与外部设备联系的通道，系统的各种扩展接口卡都插在总线接口插槽上。总线接口插槽主要有 PCI 插槽、AGP 插槽或 PCI Express（PCIE）插槽。PCI 插槽多为乳白色，是主板的必备插槽，可以插入声卡、网卡、多功能卡等设备。AGP 插槽的颜色多为深棕色，位于北桥芯片和 PCI 插槽之间，用于插入 AGP 显卡，有 1×、2×、4×和 8×①之分。在 PCI Express 出现之前，AGP 显卡是主流显卡，其数据传输速率最高可达 2133 Mbps（AGP8×）。

随着 3D 性能要求的不断提高，AGP 总线的数据传输速率已越来越不能满足视频数据处理的要求。在目前的主流主板上，显卡接口多转向 PCI Express。PCI Express 插槽有 1×、2×、4×、8×和 16×之分。

---

① *n*×表示 *n* 倍速，即对原来的时钟脉冲进行技术处理，使时钟频率变成 *n* 倍频。

（3）对外接口

微型计算机主板上配置有各类接口，用于连接包括硬磁盘在内的各种外部设备。硬盘接口用于连接硬磁盘，类型有 IDE（Integrated Drive Electronics，电子集成驱动器）接口、SATA（Serial Advanced Technology Attachment，串行高级技术附件）接口等。在型号老些的主板上，多集成两个 IDE 口，通常 IDE 接口都位于 PCI 插槽下方。在现代新型主板上，IDE 接口大多缩减，甚至没有，代之以 SATA 接口。

SATA 是由 Intel、IBM、Dell、APT、Maxtor 和 Seagate 公司共同提出的硬盘接口规范，它首次将硬盘的外部数据传输速率理论值提高到 150 Mbps，比之前的并行传输的 ATA/133 高出约 13%，还将进一步扩展到 2× 和 4×（300 Mbps 和 600 Mbps）。SATA 通过提升时钟频率来提高接口的数据传输速率，使串行接口硬盘的数据传输速率大大超过并行。

除硬盘接口外，还有用于连接各种外部设备的串行和并行接口插座，包括 RS-232 串行口插座、USB（Universal Serial Bus，通用串行总线）插座及标准并行口插座（EPP 或 ECP 规范）。

COM（Component Object Model）接口是串行接口，目前大多数主板都提供 COM1 和 COM2 两个 COM 接口，作用是连接串行鼠标和外置 Modem 等设备。COM2 接口比 COM1 接口具有优先响应权。

PS/2 接口是专用于连接键盘和鼠标的串行接口，比 COM 接口的数据传输速率稍快。一般情况下，鼠标的接口为绿色、键盘的接口为紫色。虽然现在绝大多数主板依然配备该接口，但支持该接口的鼠标和键盘越来越少，而逐渐被 USB 接口所取代。

USB 接口是目前最为流行的外设接口，最大可以支持 127 个外设，并且可以独立供电，应用非常广泛。USB 接口可以从主板上获得 500 mA 的电流，支持热拔插，真正做到了即插即用。目前 USB 2.0 的标准最高数据传输速率可达 480 Mbps。USB 3.0 已经开始出现在最新主板中，不久将会被推广。

老式主板上还有用于连接打印机或扫描仪的并行接口 LPT。但随着 USB 技术的发展，现在使用 LPT 接口的打印机和扫描仪已经很少，基本都被 USB 接口所取代。

除上述这些主要部件外，主板上还有用于连接硬盘、光驱等的电缆插座、键盘/鼠标接口及许多不可缺少的逻辑部件和跳线开关等。所有这些部件密切联系、相互沟通，实现了整个微型机中各部件间的数据交流。

3. 软件系统

硬件系统是计算机工作的物理基础，但要使其正常工作并完成各种任务，还必须有相应的软件支撑。所谓软件，不仅是一般概念中的程序，而是程序、数据及相关文档的总称。这里，数据是程序处理的对象，文档是指与程序开发、维护和使用有关的各种图文资料。软件可以分为两大类：系统软件和应用软件。

系统软件是管理、监控和维护计算机软/硬件资源的软件，由计算机设计者提供，包括操作系统和各种系统应用程序。操作系统（Operating System，OS）是配置在计算机硬件上的第一层软件，是其他软件运行的基础。其主要功能是管理计算机系统中的各种硬件和软件资源（如存储器管理、文件管理、进程管理、设备管理等），并为用户提供与计算机硬件系统之间的接口（如通过键盘发出命令控制作业运行等）。在计算机上运行的其他所有系统软件（如编译程序、数据库管理系统、网络管理系统等）及各种应用程序，都依赖于操作系统的支持。因此，操作系统是计算机中必须配置的软件，在计算机系统中占据着极其重要的位置。目前较为流行的操作系统有 Windows 系列、UNIX、Linux 等。

系统应用程序运行于操作系统之上，是为应用程序的开发和运行提供支持的软件平台，主要包括以下几种。

（1）各种语言及其汇编程序或解释程序、编译程序。用于将汇编语言或各种高级语言编写的程序翻译成计算机硬件能够直接识别的用二进制码表示的机器语言。计算机硬件由各种逻辑器件构成，只能识别电脉冲信号，也就是由"0"和"1"组成的二进制码，这种由二进制码组成的计算机语言称为机器语言，人类很难理解和记忆。目前广泛使用的计算机程序设计语言都是接近人类自然语言的高级语言，为了使计算机能够理解，必须经过一个翻译的过程，这类程序的功能就是实现"翻译"。

（2）计算机的监控管理程序（Monitor）、故障检测和诊断程序及调试程序（Debug）负责监控和管理计算机资源，并为应用程序提供必要的调试环境。

（3）各类支撑软件，如数据库管理系统及各种工具软件等。

应用软件是应用程序员利用各种程序设计语言编写出的、面向各行各业实现不同功能的应用软件，如工程设计程序、数据处理程序、自动控制程序、企业管理程序等。目前，软件的设计还没有摆脱手工操作的模式，但随着软件技术的进步，应用软件也在逐渐向标准化、模块化方向发展，目前已形成了部分用于解决某些典型问题的应用程序组合，称为软件包（Package）。

软件系统的核心是系统软件，而系统软件的核心则是操作系统。

计算机系统是硬件和软件的结果体，硬件和软件相辅相成、缺一不可。硬件是计算机工作的物质基础，而软件是计算机的灵魂。没有硬件，软件就失去了运行的基础和指挥对象；没有软件，计算机就不能工作，其效能就不能充分发挥出来。

对于某项具体任务，通常可以既用硬件完成，又能用软件完成。从理论上讲，任何软件算法都能用硬件实现，反之亦然，这就是软件与硬件的逻辑等价性。设计计算机系统或在现有的计算机系统上增加功能时，具体采用硬件还是软件实现，取决于价格、速度、可靠性等因素。早期的计算机受技术和成本的限制，硬件相对简单。如今，随着超大规模集成电路技术的发展，以前由软件实现的功能现在更多地直接用硬件实现，提高了系统的运行速度和效率。另外，在软件和硬件之间还出现了所谓的固件（firmware），它们在形式上类似于硬件，但在功能上又像软件，可以编程和修改，这种趋势称为软件的硬化和固化。

4．微机系统的主要性能指标

表征微机系统性能的指标较多，这里简要介绍其中的几项。

（1）主频

主频是主时钟频率的简称，单位为兆赫兹（MHz），指在一秒内发生的同步脉冲数。主频在很大程度上决定了计算机的运行速度，主频越高意味着计算机的运算速度越快。

（2）运算速度

程序由一条条指令组成，执行一条指令所花费的时间越少，计算机的工作速度就越高。衡量计算机针对整数的运算速度用 MIPS（Million Instructions Per Second，每秒百万条指令）

表示，对于浮点运算，一般使用 MFLOPS（Million Floating-point Operations Per Second）表示，即每秒百万次浮点运算。

（3）内存容量

内存容量指内存存储数据的能力。存储容量越大，CPU 能直接访问到的数据就越多。存储器最基本的计量单位是字节（Byte），一个字节由一个 8 位（bit）二进制数组成，简称 1B（Byte），此外，还有 KB、MB、GB 和 TB 等表示方式。

（4）字长

字长指 CPU 能够同时处理的二进制位数。字长越长，运算精度越高，数据处理速度越快。

（5）外部设备的配置及扩展能力

外部设备的配置及扩展能力主要指计算机系统连接各种外部设备的可能性、灵活性和适应性。常见配置有 C 盘驱动器的配置、硬盘接口类型与容量、显示器的分辨率等。

1.2.2　主机系统

由图1-7知，微机的主机系统主要包括微处理器、存储器、总线及输入/输出接口四部分。

1. 微处理器

微处理器（Microprocessor）也称中央处理单元（Central Processing Unit，CPU）或微处理单元（Microprocessing Unit，MPU），是微型计算机的核心芯片，也是整个系统的运算和指挥控制中心。不同型号的微型计算机，其性能的差别首先在于其 CPU 性能的不同，而 CPU 性能又与它的内部结构有关。无论哪种 CPU，其内部的基本组成都大同小异，主要包括控制器、运算器和寄存器组三个部分。CPU 的典型结构如图1-10所示。

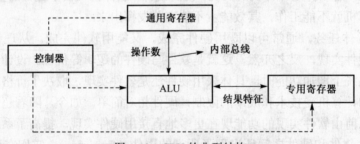

图 1-10　CPU 的典型结构

运算器的核心部件是算术逻辑单元（Arithmetic and Logic Unit，ALU），主要功能是实现数据的算术运算和逻辑运算。ALU 的内部包括负责加、减、乘、除运算的加法器及实现各种逻辑运算的功能部件（如移位器、数据暂存器等），在控制信号的作用下可完成加、减、乘、除四则运算和各种逻辑运算。现代新型 CPU 的运算器还可完成各种浮点运算。

控制器主要用于产生控制和协调整个 CPU 工作所需要的时序逻辑，并负责完成与内存和输入/输出接口的信息交换（如读取指令和数据等）。

微处理器的工作基准是时钟信号（就像人类的作息基准是时间一样），这是一组周期恒定的连续脉冲信号。CPU 在不同的时刻执行不同的操作，这些操作在时间上有着严格的关系，这就是时序。时序信号由控制器产生，控制微处理器的各个部件按照一定的时间关系有条不紊地完成要求的操作。CPU 执行一条指令所需要的时钟个数不是固定的,有些指令仅需一个时钟周期即可完成,有些指令可能需要多个时钟周期才能完成。

衡量一个微处理器性能的高低,最重要的是执行指令(或程序)所用时间的多少。而所用时间的多少又与时钟速度和执行一条指令所需的时钟脉冲个数有关。微处理器的时钟速度越快,执行指令需要的时钟脉冲个数越少,指令执行的速度就越快。这也是在同等情况下,CPU 的钟频越高,运算速度越快的原因。

程序员编写完成的程序,首先存放在外存储器(如硬磁盘)中,在被执行前由操作系统调入内存。执行时由控制器负责从内存储器中依次取出程序的各条指令,并根据指令的要求,向微机的各个部件发出相应的控制信号,使各部件协调工作,从而实现对整个微机系统的控制。

控制器一般由程序计数器、指令寄存器和操作控制电路组成,是整个 CPU 的指挥控制中心,对协调整个微型计算机有序工作极为重要。

寄存器组是 CPU 内部的若干个用于暂时存放数据的存储单元,包括多个专用寄存器和若干个通用寄存器。专用寄存器的作用是固定的,如程序计数器用于指示下一条要取指令的地址;堆栈指针用于标示当前堆栈的栈顶位置;标志寄存器用于存放当前运算结果的特征(如有无进位、结果是否为零、运算有无溢出等)。通常,寄存器可由程序员规定其用途,其数目因 CPU 而异,如第三代微处理器 8086 CPU 中有 8 个 16 位通用寄存器,而 Pentium 4 中则有 8 个 32 位通用寄存器、8 个 80 位浮点数据寄存器、8 个支持单指令多数据操作的 64 位寄存器等。由于有了这些寄存器,在需要重复使用某些操作数或中间结果时,就可将它们暂时存放在寄存器中,避免对存储器的频繁访问,从而缩短指令长度和指令执行时间,同时给编程带来很大的方便。

除了上述两类程序员可用的寄存器外,微处理器中还有一些不能直接被程序员使用的寄存器,如累加锁存器、暂存器和指令寄存器等,它们仅受内部定时与控制逻辑的控制。

数据或指令在 CPU 中的传送通道称为 CPU 内部总线(BUS)。

2. 存储器

存储器的功能是存放各种数据。这里的数据是广义的,包括数值、文本及各类多媒体信息。对存储器的操作有两种,即"读"和"写"。"读"表示从存储器中输出数据,也称为读取;"写"表示向存储器输入数据,称为写入。可以按字节、字或块对存储器进行读/写。

计算机中的存储器总体上可分为内存储器(内存)和外存储器(外存)两大类。外存包括联机外存和脱机外存两种。脱机外存有光驱、磁带、移动存储器等,由复合材料(如光盘)、磁性材料或半导体材料(如优盘)制成,它们可以脱离计算机而存在,所以理论上可以存放无限多的数据。

联机外存就是硬磁盘,它是微机中主要且必备的存储部件,由多片磁性材料制造的盘片叠加在一起构成(如图 1-11 所示)。每个盘片有两个记录面,每个记录面上是一系列称为磁道的同心圆,每个磁道又被划分为若干个扇区(Sector)。外存储器的主要作用是保存各种希望由计算机保存和处理的信息。相对于内存,外存具有存储容量大、速度慢、单位字节容量价格低、不能与处理器直接进行信息交换等特点。外存储器虽然也安装在主机箱中,但属于外部设备的范畴。

对外存储器的读/写操作通常按"块"进行，硬磁盘中的一块相当于一个扇区，容量为 512 字节。

严格地讲，主机系统中的存储器属于内存储器，主要用于存放数据（包括原始数据、中间结果和最终结果）和当前执行的程序。内存由半导体材料制成，也称半导体存储器。内存可以与 CPU 直接进行信息交换，相对于外存，内存具有存取速度快、容量小、单位字节容量价格较高等特点。按照工作方式的不同，内存储器又可分为随机存取存储器（Random Access Memory，RAM）和只读存储器（Read Only Memory，ROM）两类。RAM 是微型计算机中内存的主要构成部件，其主要特点是可以随机进行读取和写入操作，但掉电后信息会丢失。

内存按单元组织（如图 1-12 所示），每个单元有唯一的二进制地址（地址码的长度依内存的容量而定）。在微型计算机系统中，内存的每个单元都存放 8 位二进制码，即 1B 数据。内存的容量就是指它具有的单元数。如常说的 2GB 内存，意思就是该内存有 2G（2^{30}）个单元，每个单元中有 1 字节数据。

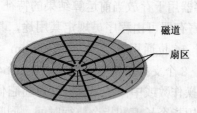

图 1-11 硬磁盘结构示意图

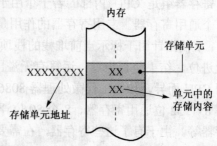

图 1-12 内存结构示意图

对内存的读/写操作通常按"字"进行，不同的系统"字"的长度不同。目前的微型机多为 64 位机，其在一个周期中能够对内存读出或写入 8B 数据。

虽然存储器按制造材料、存取速度、单位容量价格等可以分为上述两大类，但随着计算机技术的发展，存储器的地位不断提升，以运算器为核心的系统结构逐渐转变为以存储器为核心，它不仅要求每一类存储器都具有更高的性能，而且希望通过硬件、软件或软/硬件结合的方式将不同类型的存储器组合在一起，从而获得更高的性价比，这就是存储器系统。它和存储器是两个不同的概念。

常见的存储系统有两类：一类是由内存和高速缓冲存储器（Cache）构成的 Cache 存储系统；另一种是由内存和磁盘存储器构成的虚拟存储系统。前者的主要目标是提高存储器的速度，而后者则主要是为了增加存储器的存储容量。

Cache 由高速静态存储器（SRAM）组成，存取速度较普通内存快，周期一般小于 1 纳秒（事实上，由于 Cache 大多与 CPU 集成在一起，其工作速度与 CPU 同步）。Cache 在系统中的位置如图 1-13 所示，其中存放的数据是内存中某一块（块大小与 Cache 相当）数据的映像（备份）。Cache 的主要作用是：当 CPU 要访问（读或写）内存时，首先访问 Cache，若成功（命中）则继续；若访问不成功，再访问内存。

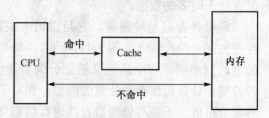

图 1-13 Cache 存储器系统示意图

Cache 存储系统由硬件系统管理，其设计目标是保证在一定的程序执行时间内，CPU 需要的数据和代码大多能在 Cache 中访问到（较高的命中率）。由于 Cache 的数据存取速度远高于内存的数据存取速度，容量远小于主存的容量。所以，当 Cache 的访问命中率较高时，从整个 Cache 存储器系统的角度看，其存取速度与 Cache 的速度接近，而容量是内存的容量，且由于 Cache 容量较小，因此，系统单位容量价格与内存接近。

虚拟存储系统的工作原理与 Cache 存储器系统类似，其主要设计思想是希望提供一个比实际内存空间大得多的地址空间（即虚拟存储空间），使程序员编写程序时不必再考虑内存容量的大小。对虚拟存储系统的管理（内存与磁盘间的数据交换）则由操作系统负责。

3. 总线

总线是一组信号线的集合，是计算机系统各部件之间传输地址、数据和控制信息的公共通路。从物理结构来看，它由一组导线和相关的控制、驱动电路组成。在微型计算机系统中，总线常作为一个独立部件来看待。

微型计算机从诞生起就采用了总线结构。处理器通过总线实现与内存、外设之间的数据交换。早期计算机中的总线结构如图 1-14 所示，这也是"总线"最原始的含义，即在一组信号线上"挂接"多个部件（设备），这些部件分时公用这一组信号通道，任意时刻仅有一个部件能够利用该信道发送信息。

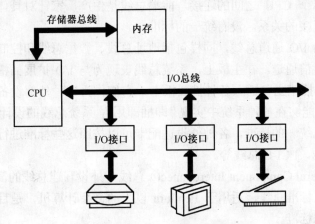

图 1-14 早期计算机中的总线结构

总线从传输信息的角度可分为三种类型：一是用于传输数据信息（计算机运行和处理的所有对象）的数据总线（Data Bus，DB）；二是用于传输地址信息（运算对象或运算结果在内存或接口中的存放处）的地址总线（Address Bus，AB）；三是用于传输控制信息（系统运行所需要的各种控制信号）的控制总线（Control Bus，CB）。在图 1-14 中，地址信息和多数控制信息由 CPU 发出，数据信息可以由 CPU 发送到内存或输入/输出接口（数据写入），也可以由内存或接口发送到 CPU（数据读取）。

图 1-14 所示的单总线结构存在一些缺陷。首先是所有部件都挂接在一条总线上，容易造成总线争用和拥堵；另外，由于总线上连接的部件在运行速度上存在差异，使总线的数传输速度难以提高，降低了整个系统的效率。

现代微型计算机系统中的总线属于多总线结构（如图 1-15 所示）。在这种结构中，总线按传输信息的种类可以分为 DB、AB、CB 等三种类型，从层次结构上可分为 CPU 总线（前端总线）、系统总线和外设总线。

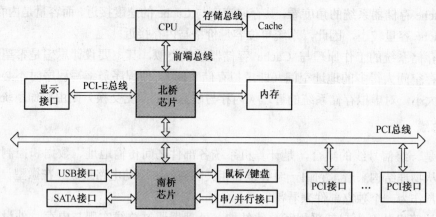

图 1-15　现代微型计算机中的多总线结构

前端总线包括地址总线、数据总线和控制总线，一般是指从 CPU 引脚上引出的连接线，用来实现 CPU 与内存储器、CPU 与 I/O 接口芯片、CPU 与控制芯片组等芯片之间的信息传输，也用于系统中多个 CPU 之间的连接。前端总线是生产厂家针对具体的处理器设计的，与具体的处理器有直接的关系，没有统一的标准。

系统总线也称为 I/O 通道总线，同样包括地址总线、数据总线和控制总线，是主机系统与外围设备之间的通信通道。在主板上，系统总线表现为与 I/O 扩展插槽引线连接的一组逻辑电路和导线。I/O 插槽上可插入各种扩展板卡，它们作为各种外部设备的适配器与外设相连。为使各种接口卡能够在各种系统中实现"即插即用"，系统总线的设计要求与具体的 CPU 型号无关，而有自己统一的标准，各种外设适配卡可以按照这些标准进行设计。目前常见的总线标准有 PCI 总线、PCI-E 总线等。

（1）PCI（Peripheral Component Interconnect）总线是外设互连总线的简称，是由美国 Intel 公司推出的 32/64 位标准总线，适用于 Pentium 以上的微型计算机，是目前微型计算机中应用最广泛的系统总线标准。

（2）AGP（Accelerated Graphics Port）总线，也即加速图形端口。它是一种专为提高视频带宽而设计的总线规范。其视频数据的传输速率可以从 PCI 的 133 Mbps 提高到 266 Mbps（×1 模式——每个时钟周期传送一次数据）、533 Mbps（×2 模式）、1.064 Gbps（×4 模式）和 2.128 Gbps（×8 模式）。严格地说，AGP 不能称为总线，因为它是点对点连接的，即在控制芯片和 AGP 显示接口之间建立一个直接的通路，使 3D 图形数据不通过 PCI 总线，而直接送入显示子系统。这样就能突破由 PCI 总线形成的系统瓶颈。

（3）PCI-E（PCI Express）总线是目前最新的系统总线标准，虽然它是在 PCI 总线的基础上发展起来的，但它与并行体系的 PCI 没有任何相似之处。它采用串行方式传输数据，依靠高频率来获得高性能，因此 PCI Express 也一度被称为"串行 PCI"。

外设总线是指计算机主机与外部设备接口的总线，实际上是一种外设接口标准。目前在微型计算机系统中最常用的外设接口标准就是 USB（Universal Serial Bus，通用串行总线），可以用来连接多种外部设备。

除了以上按层次结构来划分总线的方法外，还有一种方式就是按总线所处的位置简单地将其分为 CPU 片内总线和片外总线。按这种分类法，CPU 芯片以外的所有总线都称为片外总线。

常用的硬盘接口标准有 ATA（Advanced Technology Attachment，也称 IDE 或 EIDE）、SCSI（Small Computer System Interface）、SATA（Serial ATA）等，它们定义了外存储器（如硬盘、光盘等）与主机的物理接口。目前最为流行的是使用 SATA 接口的硬盘，又叫串口硬盘。

串口硬盘采用串行方式传输数据，一次传送 1 位数据。相对于并行 ATA 来说，其数据传输速率较高（Serial ATA 2.0 的数据传输速率达 300 Mbps，远高于 ATA 的 133 Mbps 的最高数据传输速率），同时接口的针脚数目很少（仅用 4 只针脚，分别用于连接电缆、连接地线、发送数据和接收数据），使连接电缆数目变少，降低了系统能耗并减小了系统复杂性。

4. 输入/输出接口

外部设备种类繁多，结构、原理各异，有机械式、电子式、电磁式等。与 CPU 相比，它们的工作速度较低，处理的信息一般都不可能与计算机直接兼容。因此，微型计算机与外设之间的连接与信息交换不能直接进行，必须通过一个中间环节，就是输入/输出接口（Input/Output Interface，I/O 接口），也称 I/O 适配器（I/O Adapter）。

I/O 接口是将外设连接到系统总线上的一组逻辑电路的总称，也称为外设接口。其在系统中的作用如图 1-16 所示。在一个实际的计算机控制系统中，CPU 与外部设备之间需要进行频繁的信息交换，包括数据的输入/输出、外部设备状态信息的读取及控制命令的传送等，这些都是通过接口来实现的。由 I/O 接口在系统中的位置，使得接口电路应解决如下问题，这也是接口应具有的功能。

图 1-16　I/O 接口在系统中的作用示意图

（1）CPU 与外设的速度匹配。CPU 与外设之间的工作时序和速度差异很大，要使两者之间能够正确地进行数据传送，需要接口做"适配"。接口电路应具有信息缓冲能力，不仅应缓存 CPU 送给外设的信息，还要缓存外设送给 CPU 的信息，以实现 CPU 与外设之间信息交换的同步。

（2）信息的输入/输出。通过 I/O 接口，CPU 可以从外部设备输入各种信息，也可将处理结果输出到外设。同时，为保证数据传输的正确性，需要有一定的监测、管理、驱动等能力。

（3）信息的转换。外部设备种类繁多，其信号类型、电平形式等都可能与 CPU 存在差异。I/O 接口应具有信息格式变换、电平转换、码制转换、传送管理及联络控制等功能。

（4）总线隔离。为防止干扰，I/O 接口还应具备一定的信号隔离功能，使各种干扰信号不影响 CPU 的工作。

1.2.3 输入/输出系统

没有输入/输出设备的计算机是没有意义的。可以设想，如果没有显示器、鼠标和键盘，而仅有一台主机，可以做什么？

输入/输出系统（Input/Output System，简称 I/O 系统）提供了处理器与外部世界进行信息交换的各种手段。在这里，外部世界可以是提供数据输入/输出的设备、操作控制台、辅助存储器或其他处理器，也可以是各种通信设备及使用系统的用户。此外，信息的交换还必须有相应的软件控制及实现各种设备与微处理器连接的接口电路。所以，计算机的输入/输出系统由三个部分构成：输入/输出接口、输入/输出软件、输入/输出设备。

这里，I/O 软件是专用于控制信息从处理器通过接口输出到外部设备或从外设通过接口接收信息到处理器中的软件；I/O 接口和 I/O 设备则是 I/O 系统的硬件组成。

I/O 设备中，常用的输入设备有键盘、鼠标器、扫描仪等。常用的输出设备有显示器、打印机、绘图仪等。磁带、磁盘等既是输入设备又是输出设备。

1．主机与外部设备的数据交换过程

输入/输出系统的主要作用是保证主机与外设间的信息交互。由于外部设备种类繁多，既有数字式又有模拟式，与主机之间无论是在信号类型、电平形式方面，还是在工作时序、工作速度等方面都存在较大差异。从信息传输速率上讲，即使是最常使用的最快的外部设备——硬磁盘，与 CPU 的数据传输速率也差几个数量级。

要将高速工作的主机与以不同速度工作的外设相连接，如何保证主机与外设在时间上的同步，这就是所谓的外部设备的定时问题，也是输入/输出系统的主要职能。

下面介绍 CPU 与外部设备之间进行数据交换的过程。

（1）输入过程

当 CPU 要从外部设备读取数据时，过程如下。

① 选择要访问的输入设备。CPU 将连接该外设的接口的地址值放在地址总线上，标示出将要选择的设备。

② CPU 等候输入设备的数据成为有效。由于外设的数据传输速率比 CPU 的数据传输速率低，因此对数据的准备需要时间。这种"等候"将使 CPU 的效率降低，但如果这个"等待"的工作由 I/O 接口来做，那么 CPU 在这段时间就可以执行其他程序。所以，当 CPU 需要从外设读取数据时，首先由 I/O 控制器控制数据发送到接口的缓存中，再"通知"CPU。

③ CPU 从数据总线读入数据，并放在一个相应的寄存器中。当数据进入接口缓存后，CPU 通过数据总线从接口中读取，这样所需要的时间就比较短了。

（2）输出过程

当 CPU 要向外部设备输出数据时，过程如下。

① CPU 把一个地址值放在地址总线上，选择输出设备；

② CPU 把数据放在数据总线上；

③ 输出设备认为数据有效，从而把数据取走。

2．CPU 与外部设备的数据传输控制

由于不同的输入/输出设备本身的工作速度差异很大，因此，对于不同速度的外部设备，为确保数据传输时间上的同步，需要有不同的数据传输控制方法。

（1）对极低速或简单的外部设备

低速或简单外部设备（如开关、发光二极管、七段数码管等）属于"随时准备好"的外设，即任何时候都有确定的状态能够被输入或能接收 CPU 的输出。例如对于开关，因为其动作速度相对 CPU 的速度非常慢，CPU 可以认为输入的数据一直有效；对于发光二极管或七段数码管，CPU 可以随时输出数据使其发光，因为对方始终处于可接收数据的状态。所以，对于这类设备，CPU 只要接收或发送数据就可以了。

（2）对低速或中速的外部设备

由于这类设备的运行速度和 CPU 不在一个数量级，或设备（如键盘）本身是在不规则时间间隔下操作的。因此，CPU 与这类设备之间的数据交换通常采用异步传输方式。其工作过程为：当 CPU 要从外设接收一个字节的数据时，首先查询外设的状态，如果该外设处于"准备就绪"状态，则 CPU 从总线上接收数据，并在接收完数据后发出输入响应信号，"告诉"外设已将数据总线上的数据取走。外设收到响应信号后，将"准备就绪"状态标志复位，并准备下一个字节的交换。

如果在 CPU 查询时外设没有"准备就绪"，则它会给出"忙"的标志，CPU 就进入循环等待，并在每次循环中询问外设的状态，直到外设发出"准备就绪"信号后，才由外设接收数据。

CPU 向外设发送数据的过程与上述过程相似。外设先发出请求输出信号，之后 CPU 询问外设是否准备就绪。如果准备就绪，CPU 便发出准备就绪信号，并送出数据。外设接收数据以后，将向 CPU 发出"数据已经取走"的应答信号。

上述这种输入/输出方法常称为"应答式数据交换方式"，其工作流程图如图 1-17 所示。

（3）对高速外部设备

由于这类外设的运算速度较快，且是以相等的时间间隔操作的，而 CPU 也是以等间隔的速率执行输入/输出指令。因此，对这类设备的数据传送采用同步工作方式。一旦 CPU 和外设发生同步，它们之间的数据交换便靠时钟脉冲控制进行。

3．基本输入/输出方法

在学习计算机系统中的基本 I/O 方法之前，先来看一个示例。

【例 1-1】 假设幼儿园老师带了 20 位小朋友，要给每个小朋友分 3 块饼干，并要大家吃完。

对这项工作，她可以采用以下几种方法。

方法 1：她先给第一个孩子发 3 块饼干并盯着他吃完；然后给第二个孩子发 3 块饼干，也盯着他吃完；……如此下去，直到最后一个孩子分到饼干并吃完。到此，她的这项工作算完成了。在做这项工作的整个过程中，她其他的事都没做成，一直在分饼干、盯着孩子吃完；再分饼干，再盯着孩子吃完。显然，采用这种方式，这位幼儿园老师相当累且不能做其他的事。

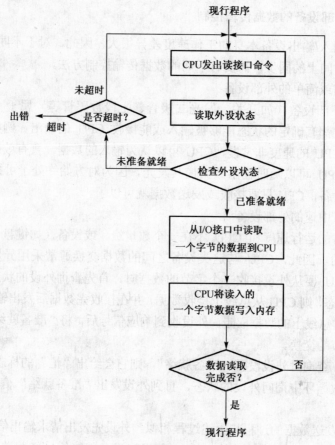

图 1-17　应答式数据交换工作流程图

方法 2：她给每人发一块饼干后让各自去吃，谁吃完了就向她举手报告，她再给他发第二块。相对于"方法 1"，这种方法的工作效率更高。最主要的是，在孩子们吃饼干的时候（至少在吃第一块饼干的时候），老师可以同时做其他的事。但这种方法还是存在可以改进的地方。

方法 3：进行批处理，每人拿 3 块饼干各自去吃，吃完后再向老师报告。显然，比起方法 2，这种方法的效率显著提高了，老师可以在孩子们吃三块饼干的时间里一直做其他的工作。

方法 4：权力下放，将发饼干的事交由另一个人分管，只在必要时过问一下。

以上四种方法，各有不同的特点。从幼儿园老师的角度讲，显然第 4 种方法的效率最高。

在计算机系统中，针对不同工作速度、工作方式及工作性质的外部设备，CPU 管理外部设备的方法相应地也有 4 种。分别是：程序控制方式、中断控制方式、直接存储器存取（DMA）方式及通道控制方式（如图1-18所示）。

（1）程序控制方式

程序控制方式类似于例 1-1 中的方法 1，其工作原理流程如图 1-17 所示，主要用于低速或简单外部设备的控制。程序控制方式属于比较简单的一种方式，数据在 CPU 和外围设备之间的传送完全靠计算机程序控制。程序控制方式的优点是 CPU 的操作和外部设备的操作能够同步，而且软/硬件都比较简单。但由于外部设备动作较慢，程序进入查询循环时将白白浪费掉 CPU 很多时间，CPU 此时只能等待，不能处理其他业务。例如，在某温度控制系统中，通过定期检测各测温点的温度值，并与标准值比较后，控制相应的执行设备进行调节。假如需要控制的点很多，计算机又只能循环地去检测，就必然使得实时性不好（即不能及时地对每一点的温度实现控制）。另外，在这种方式下 CPU 并不知道外设什么时候需要它提供"服务"，只是机械地去循环检测，不能与外设并行工作，且所有的控制都通过执行程序实现，从而使 CPU 的效率较低，系统工作速度也比较慢。

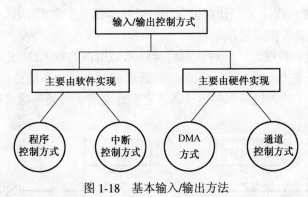

图 1-18　基本输入/输出方法

总之，程序控制方式的特点是控制系统简单，但速度较慢、实时性差、CPU 效率低。目前，这种输入/输出方式主要用于工业控制和单片机系统。

（2）中断控制方式

中断控制方式类似于例 1-1 中的方法 2。由于外部设备并非每个时刻都需要与 CPU 进行信息交换，在不需要"服务"时希望与 CPU 并行工作，只在需要时提出请求，这就是中断控制方式。它是由外部设备"主动"通知 CPU，有数据需要传送。所以它的一个主要特点是实时性好。

中断控制方式是计算机控制技术中非常重要的内容之一。在这种方式下，CPU 不主动介入外设的数据传输，而是由外部设备在需要进行数据传送时向 CPU 发出请求，CPU 在接到请求后若条件允许，则暂停（或中断）正在进行的工作而转去对该外设"服务"，并在"服务"结束后回到原来被中断的地方继续原来的工作（如图1-19所示）。这种方式既能使 CPU 与外部设备并行工作，从而提高了 CPU 的利用率；又能对外设的请求做出实时响应，特别是在外设出现故障，不立即进行处理就有可能造成严重后果的情况下，利用中断方式，可以及时地做出处理，避免不必要的损失。

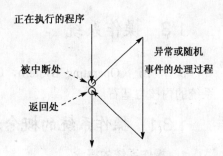

图 1-19　中断过程示意图

（3）直接存储器存取（DMA）方式

DMA 方式类似于例 1-1 中的方法 3。在中断工作方式下，外设与主机间的数据传送同样是在 CPU 的统一控制下通过软件方式实现的，每进行一次输入/输出数据交换大约需要几十微秒～几百微秒。总体上速度比较低，只适合中、低速的外部设备。对要求高速输入/输出及成组数据交换的设备（如磁盘与内存间的数据传送等），以上的方式就不能满足要求了。能够提高数据传输速率的方法是 CPU 对传送过程不干预，而使用专门的硬件，控制外设与内存进行直接的数据传送，这种方式就称为直接存储器存取方式（Direct Memory Access，DMA）。

（4）通道控制方式

通道控制方式类似于例 1-1 中的方法 4，即由专门的"装置"来负责数据的输入/输出。这里的"装置"是指具有专门指令系统、能独立进行操作并控制完成整个输入/输出过程的设备，称为"通道"，它通常就是一台通用微型计算机。

"通道"技术主要应用于大型计算机系统，可基本独立于主机工作，完成输入/输出控制及码制转换、错误校验、格式处理等。

另外，通道还是一种概念，一种具有综合性及通用性的输入/输出方式。它代表了现代计算机组织向功能分布方向发展的初始阶段。通道控制方式的系统结构示意图如图 1-20 所示。图中的外设包括了输入设备和输出设备，它们分别用于将外部信息输入主机及将主机的运算结果输出。

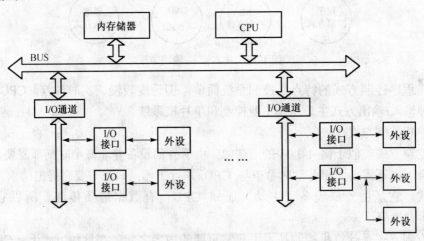

图 1-20　通道控制方式系统结构示意图

1.3　操作系统

操作系统（Operating System，OS）是管理计算机硬件与软件资源的程序，也是计算机系统的内核与基石。

1.3.1　操作系统的概念和分类

1．操作系统的概念

首先，操作系统是一个程序，虽然它非常庞大和复杂，但它依然只是一个程序，是控制其他程序运行、管理系统资源并为用户提供操作界面的系统软件。

操作系统由一系列具有不同管理和控制功能的程序模块组成，位于硬件和用户之间，是覆盖于计算机硬件系统上的第一层软件。一方面，它为用户提供接口，方便用户使用计算机；另一方面，它能管理计算机软/硬件资源，以便合理、充分地利用它们。

操作系统的作用可以用图1-21示意，总体上包括以下作用。

（1）隐藏硬件。由于直接对计算机硬件进行操作非常困难和复杂，因此，从用户的角度出发，需要计算机具有友好、易操作的使用平台。

（2）为用户和计算机之间的"交流"提供统一的界面，使用户不必考虑不同硬件系统可能存在的差异。

（3）管理系统资源。计算机系统中的主要资源有处理器、存储器、I/O 设备、运行的数据和程序。资源管理主要对以上四种资源进行有效的管理和分配，使有限的系统资源能够发挥更大的作用。

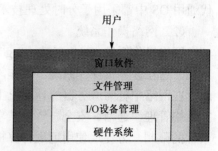

图 1-21　操作系统的作用示意图

早期的计算机中没有操作系统，用户在计算机上的操作完全由手工进行，采用绝对的机器语言形式（二进制代码形式）编写程序，通过接插板或开关板控制计算机操作。这个时期的计算机只能串行运算，一个用户上机，就独占了全机的资源，使资源利用率和效率都很低。

晶体管的诞生使得计算机产生了一次变革。操作系统的初级阶段是监控程序和批处理程序。在 20 世纪 60 年代早期，商用计算机制造商制造了批处理系统，但此时，不同型号的计算机具有不同的操作系统，无通用性。

1964 年，第一代共享型（而非为每种产品量身定做的）操作系统 OS/360 诞生，它可以运行在当时 IBM 系列大型计算机上。

随着计算机技术的发展，操作系统的功能越来越强大。今天的操作系统已有包括分时操作系统、实时操作系统、并行操作系统、网络操作系统及嵌入式操作系统等多种类型，成为大型机、小型机和微型计算机都必须安装的系统软件。

2．操作系统的分类

对 OS 进行严格的分类是困难的。早期的 OS 按用户使用的操作环境和功能特征的不同可分为三种基本类型：批处理操作系统、分时操作系统和实时操作系统。随着计算机体系结构的发展，又出现了嵌入式 OS、分布式 OS、个人计算机 OS 和网络 OS。

目前的操作系统种类繁多，很难用单一标准统一分类。从应用领域划分，可分为桌面操作系统、服务器操作系统、主机操作系统和嵌入式操作系统等；根据所支持的用户数目不同，可分为单用户系统（如 Windows、MS-DOS 等）和多用户系统（如 UNIX 等）；从硬件结构的角度，可分为网络操作系统（如 Netware、Windows NT 等）、分布式操作系统（如 Amoeba 等）和多媒体操作系统（如 Amiga 等）。除此之外，还可以从源码开放程度、使用环境、技术复杂程度等多种不同角度进行分类。下面简要介绍几种类型的操作系统。

（1）分时操作系统

分时操作系统(Time-sharing Operating System)是指多用户通过终端共享一台主机CPU的工作方式。为使一个 CPU 为多个程序服务，将 CPU 划分为很小的时间片，采用循环轮作方式将这些 CPU 时间片分配给排队队列中等待处理的每个程序。由于时间片划分得很短，循环执行得很快，使得每个程序都能得到 CPU 的响应，好像在独享 CPU。分时 OS 的主要特点是允许多用户同时运行多个程序；每个程序都是独立操作、独立运行的，互不干涉。现代通用 OS 中都采用了分时处理技术。例如，UNIX 是一个典型的分时 OS。

（2）网络操作系统

网络操作系统（Net Operating System，NOS）是向网络计算机提供服务的特殊的操作系统。它在计算机操作系统下工作，使计算机操作系统增加了网络操作所需要的能力。NOS 运行在网络中称为服务器的计算机上，并由连网的计算机用户（客户端）共享，它的功能包括网络管理、通信、安全、资源共享和各种网络应用。网络 OS 的目标是用户可以突破地理条件的限制，方便地使用远程计算机资源，实现网络环境下计算机之间的通信和资源共享。例如，Novell Netware 和 Windows NT 就是网络 OS。

（3）分布式操作系统

分布式操作系统（Distributed Software Systems）是指通过网络将大量计算机连接在一起，以获取极高的运算能力、广泛的数据共享及实现分散资源管理等功能为目的的一种 OS。它的优点是：①分布性，它集各分散节点计算机资源为一体，以较低的成本获取较高的运算性能；②可靠性，由于在整个系统中有多个 CPU 系统，因此当某一个 CPU 系统发生故障时，整个系统仍能工作。显然，在对可靠性有特殊要求的应用场合可选用分布式 OS。

（4）个人计算机操作系统

个人计算机 OS 是一种单用户的 OS。它的特点是计算机在某一时刻为单个用户服务。现代个人计算机 OS 采用图形界面人机交互方式操作，用户界面友好，用户无须学习专业理论知识，就可以掌握对计算机的操作方法。典型的个人计算机 OS 是 Windows 操作系统。

1.3.2 操作系统功能概述

操作系统的职能是负责系统中软/硬件资源的管理，合理地组织计算机的工作流程，并为用户提供一个良好的工作环境和友好的使用界面。

一台计算机可以没有操作系统，如嵌入在洗衣机里的"计算机"，它只会运行一个程序，不需要担心它的文件管理、处理机分时共享等问题，所以不需要操作系统。但在通用计算机中，需要操作系统完成以下工作：

（1）作业管理；

（2）虚拟存储器管理；

（3）文件系统管理；

（4）I/O 设备管理；

（5）加载需要运行的应用程序及其他用户服务。

归结起来，操作系统的基本功能可以用图1-22示意。

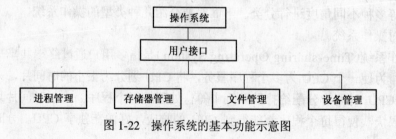

图 1-22 操作系统的基本功能示意图

24

1. 作业管理

作业管理又称处理机管理或进程管理，其主要任务是解决谁来使用计算机和怎样使用计算机的问题。在操作系统中，把用户请求计算机完成的一项完整的工作任务称为一个作业。当有多个用户同时要求使用计算机时，允许哪些作业进入、不允许哪些进入、怎样安排已进入作业的执行顺序等，这些就是处理机管理模块的任务。

作业管理所运用的一项技术是"分时"，它是一种使多个正在运行的程序（称为进程）看上去像是在同时运行的一种方法。因为系统中只有一块 CPU（这里不考虑多处理器系统的情况），因此这种"同时"只是一种假象，在给定的一个小时间段里，真正能够运行的只有一个程序（实际为进程[①]。为避免涉及过多概念，以下用"程序"描述）。

那么，这种"假象"是如何获得的呢？答案是：让所有的程序轮换着运行，就是使各项任务分时间段使用处理器，每个程序轮流占用处理器一段很少的时间（如图 1-23 所示），时间到了就退出等待，直到下次轮到再继续运行。

例如，假设有 A、B、C、D 4 个程序要运行，规定每个程序占用 CPU（资源）运行 20 ms。程序 A 首先运行 20 ms，无论是否运行结束，都必须让出 CPU 给 B（此时 A 处于运行挂起状态）；B 占有 CPU 运行 20 ms 后转为挂起，将处理器让给 C；之后是 D。然后开始 A 的第二轮，……，如此循环往复，直到 4 个程序都运行结束为止。

由于整个轮换过程进行得太快，人们无法感觉到程序的"运行"、"挂起"、"运行"……就好像这些程序在同时运行一样（虽然它们实际上只有 1/4 的时间在运行）。

当程序获得 CPU 资源时，处于运行状态，当所有条件都满足但只差 CPU 这个"东风"时的状态称为就绪，当"时间到"进入运行挂起时，就进入"等待"状态。整个分时过程可用图1-24示意。

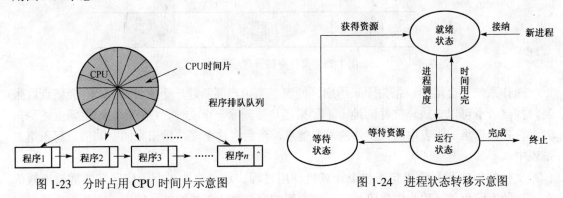

图 1-23　分时占用 CPU 时间片示意图　　　　图 1-24　进程状态转移示意图

2. 文件管理

在操作系统中，文件是存储在外存中的信息的集合，它可以是计算机处理的数据、图像、文本、程序等。因此，文件管理也称信息管理。

计算机中存放着成千上万个文件，人们在使用计算机时，随时都在对文件进行操作。

---

① 进程是执行起来的程序（"活着"的程序），是系统进行资源调度和分配的独立单位。程序是静态的，可多次、反复执行；进程则是动态的，具有从创建、执行，暂停到撤销这样的生命周期。这个过程由图 1-24 示意。

通常看到的文件是按照目录组织的，从最上层的根目录（如 C 盘盘符）到下一层子目录（文件夹），再到更下一层子目录，直到底层的文件。这种提供给用户看的组织结构称为文件的逻辑结构，这是比较熟悉的一种结构。

文件是存放在存储器中的，文件在存储设备上的存放形式称为文件的物理结构。文件管理的主要作用是管理存储在外存储器上的文件。

由于计算机要处理的信息量很大，而内存容量非常有限，因此，计算机中的文件都存放在外存储器（主要为硬磁盘）中，只有在运行时才会进入内存。如果要人们自己去管理这些文件，就需要了解文件在磁盘中是如何保存、如何提取、如何删除等物理细节，这需要编写大量的程序。对于多个用户使用同一台计算机的情况，既要保证各用户的信息在外存上存放的位置不会发生冲突，又要防止占着外存空间不用；既要保证任一用户的文件不被其他用户窃取和破坏，又要允许在一定条件下的多用户共享文件。这些都要靠文件管理系统来解决。因此，文件管理的功能就是有效地管理文件的存储空间，合理地组织和管理文件系统，并为文件访问和文件保护提供更有效的方法及手段。

硬盘是按磁道和扇区组织的。一个文件在磁盘中存放时，不一定存放在一块连续的物理区域中，当一个文件大到不能在一个扇区中放下时，就需要将其分成若干个"文件块"，存放在不同的扇区中，而这些扇区可能分散于磁盘中的不同地方。为了能有效地管理和组织文件，操作系统会维护一个显示所有文件在硬盘中的起始扇区信息的表（当然，这张表本身也在硬盘中），找到了文件存放的起始扇区（文件第一块的存放处），就可以通过"链指针"的方式找到文件第二块的存放地址，直到找到最后一块。这里所谓的"链指针"，就是在每个文件块的末尾处给出的下一块文件的扇区地址（如图1-25所示）。

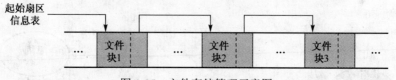

图 1-25 文件存储管理示意图

操作系统还会维护一张关于未用扇区的表。当用户要新建一个文件时，OS 会核查这张表，找到一个可以安放该文件的地方。如果用户要删除一个文件，OS 会同时更新上述两张表。首先删除第一张表中的该文件的入口信息，然后将这个文件腾出来的空间信息写入第二张表中。

文件的创建和删除贯穿于整个计算机使用过程，这可能造成空闲扇区零零散散地散落在磁盘的不同角落（称为磁盘碎片），这会影响存储器的工作性能，特别是在数据查找时，会造成查询时间过长。因此，现代操作系统中都有磁盘碎片整理工具，可以将磁盘中的文件重新进行排列，使得磁盘上每个独立文件中文件块的存放扇区能够尽可能地靠近，以提高磁盘的读/写性能。

3. 存储器管理

存储器管理解决的是内存的分配、保护和扩充问题。计算机要运行程序就必须有一定的内存空间。通常情况下，计算机处理的数据和程序都存放在外存中，在使用（运行）时需要调入内存。它们是如何调入内存的？将调入内存的什么地方？当内存不够用时，如何将暂时不用的数据和程序"搬回"外存中暂存，再将急需的数据和程序调入内存？当有多道程序运行时，如何分配内存空间才能最大限度地利用有限的内存为多道程序服务？等等，这些就是 OS 中存储器管理要解决的问题。

（1）存储分配。要执行程序时，根据需要按一定的策略和算法为程序分配相应的内存空间。

（2）地址变换。将程序在外存空间中的逻辑地址转换为在内存空间中的物理地址；用程序设计语言编写的程序，规定必须用符号名来表示数据存放的地址。在源程序经过编译后生成的二进制代码表示的机器语言程序（目标程序）中，符号名表示的地址转换为逻辑地址。当程序要装入内存时，再将逻辑地址转换成实际的内存物理地址。CPU 在访问内存时根据这个物理地址进行数据的读/写。

（3）存储保护。保护各类程序（系统的、用户的、应用程序的）及数据区免遭破坏。

（4）存储扩充。解决在小的存储空间中运行大程序的问题，即虚拟存储技术。虚拟存储器由内存和部分硬磁盘组成（如图 1-26 所示），主要目的是克服内存容量的局限性，实现在"在小内存中求解大问题"。它力求将外存空间作为内存使用，在逻辑上实现内存空间的扩充，使用户在编程时只考虑逻辑地址空间，而不考虑实际内存的大小。

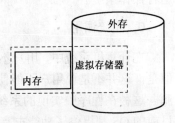

图 1-26　虚拟存储器示意图

程序在虚拟存储器环境中运行时，并不是一次把全部程序都装入内存，而是只将那些当前要运行的程序段装入内存，其余部分则存留在外存中。如果在程序的执行过程中所要访问的程序段尚未装入内存，则向 OS 发出请求，将它们调入内存；如果此时内存已满，无法再装入新的程序段，则请求 OS 进行置换，将内存中暂时不用的程序段置换到外存，腾出足够大的内存空间后，再将所要访问的程序段调入，使程序能够继续运行。

4．I/O 设备管理

设备管理主要是对计算机系统中的输入/输出设备进行分配、回收、调度和控制。其主要任务是控制和操纵所有 I/O 设备，实现不同类型的 I/O 设备之间、I/O 设备与 CPU 之间、I/O 设备与通道之间、I/O 设备与控制器之间的数据传输，使它们能协调地工作，为用户提供高效、便捷的 I/O 操作服务。

操作系统控制着系统中的所有基本 I/O 设备，禁止用户和应用程序直接处理这些 I/O 设备。例如要读取磁盘中的某个文件，不需要给出文件在磁盘中的物理存放地址，只要简单地单击鼠标或调用一个函数，到磁盘上去找文件的具体工作就由 OS 完成了。

5．系统启动

希望运行一个应用程序时，操作系统会将它装载进内存。但操作系统本身是如何被装入内存并执行的呢？处理上述过程的术语称为 bootup（自举）。

计算机启动时，CPU 会使其内部的程序计数器 PC 指针指向一个特殊的位置，如 Intel 处理器会使 PC 指针指向内存（通常为 ROM）中地址为 0xFFFFFFF0H 的地方。自举程序 boot loader 就存放在以该地址为首的区域里。所以，一旦计算器启动，首先运行的就是 boot loader 程序。

boot loader 程序的目的是将 OS 从磁盘中装载进内存中，一种比较简单的方式是，boot loader 程序会读取磁盘中的一段特定的区域，将该区域中的内容（就是 OS）复制进内存中，然后在 boot loader 程序的最后执行一条"无条件转移"指令，转移到该内存地址——OS 便开始运行了。

一个典型的操作系统（如 Windows）会定义磁盘分区。例如，假设一块磁盘有 1000 个柱面，可以将前 200 个柱面作为一个分区，中间的 500 个柱面作为第二个分区，剩下的 300 柱面作为第三个分区。这些分区信息汇总为一张表，称为分区表，存放在物理磁盘的第一个块（Master Boot Record，MBR）中。

Intel 处理器将 boot loader 程序包含在 BIOS 中。当计算机启动时，BIOS 中的 boot loader 程序会读取分区表，将操作系统装入内存，然后跳转到操作系统第一条指令的存放处，开始运行操作系统。

6. 系统调用

在计算机系统中，用户不能直接管理系统资源，所有资源的管理都是由 OS 统一负责的。但是，这并不是说用户不能使用系统资源，实际上用户可以通过系统调用的方式使用系统资源。这种在程序中实现的系统资源的使用方式称为系统调用，或称为应用编程接口（API）。目前的 OS 都提供了功能丰富的系统调用功能。

不同 OS 所提供的系统调用功能有所不同。常见的系统调用分类如下。

（1）文件管理：包括对文件的打开、读/写、创建、复制、删除等操作；
（2）进程管理：包括进程的创建、执行、等待、调度、撤销等操作；
（3）设备管理：用于请求、启动、分配、运行、释放各种设备的操作；
（4）进程通信：用来在进程之间传递消息或信号等操作；
（5）存储管理：包括存储的分配、释放、存储空间的管理等操作。

*1.4 计算机应用技术

虽然发明计算机的初衷是军事领域中大数据量计算的需要，但信息技术的进步使今天的计算机的功能已经远远超出了"计算的机器"这样狭义的概念，计算机的应用已深入到社会的各个领域。其应用方向也不再限于单纯的数值计算，而是逐渐拓展到了包括信息处理、人工智能、电子商务、计算机辅助设计和制造等多个方面。近年来，随着计算机技术特别是网络技术的发展，新的计算机应用技术不断提出并实现。限于篇幅，以下仅简要介绍近年来得到飞速发展的几种计算机应用技术。

1.4.1 普适计算

只有当机器进入人们生活而不是强迫人们进入机器世界时，机器的使用才能像在林中漫步一样新鲜有趣。

案例 1：在一个智能教室环境下，如果投影设备的显示效果不是很理想，教师可以通过自己的掌上电脑向学生的掌上电脑发送电子课件。当教师走近学生讨论组时，其掌上电脑会动态加入该组，下载该组正在讨论的材料。

这就是一个普适环境，它由投影机、教师掌上电脑、学生掌上电脑组成，该系统通过可重新配置的上、下文敏感中间件，突出对环境的感知和动态自组网络通信的支持。

案例 2：一个普适医疗服务系统，可以提供任何时间、任何地点的医疗服务访问。在一辆急救车上配备无线定位系统，就可以准确地定位突发事故现场，同时利用无线网络获取实时的交通信息。另外，在事故现场，通过便携式或移动式设备监测患者的脉搏、血压、呼吸等数据，通过无线网络访问分布式的医疗服务系统，下载有关病历数据等必要信息。

除了基于定位系统的应急响应机制，普适医疗服务系统的功能还包括基于移动设备和无线网络的远程医疗诊断、远程患者监护及远程访问具有患者病历信息的医疗数据库。

施乐公司 Palo Alto 研究中心的首席技术官 Mark Weiser 曾经说过，最深刻和强大的技术应该是"看不见"的技术，是那些融入日常生活并消失在日常生活中的技术。这个被称为"普适计算之父"的人在 20 世纪 90 年代初就声称：受社会学家、哲学家和人类学家的影响，他重新审视了网络计算模式。他指出，21 世纪的计算将是一种无所不在的计算（Ubiquitous Computing）。

因此，普适计算也称为普及计算（Pervasive Computing 或 Ubiquitous Computing），强调将计算和环境融为一体，而让计算本身从人们的视线中消失，使人的注意力回归到要完成的任务本身。它的含义是：在普适计算的模式下，人们能够在任何时间、任何地点、以任何方式进行信息的获取与处理。简单地说，是一种无处不在的计算模式。

互联网应用的兴起使计算模式继主机计算和桌面计算之后进入一种全新的模式，也就是普适计算模式。这种新的计算模式强调把计算机嵌入人们日常生活和工作环境中，使用户能方便地访问信息和得到计算的服务。

普适计算包括移动计算，但普适计算更强调环境驱动性。这要求普适计算对环境信息具有高度的可感知性，人机交互更自然化，设备和网络的自动配置和自适应能力更强，所以普适计算的研究涵盖传感器、人机交互、中间件、移动计算、嵌入式技术、网络技术等领域。

1.4.2　网格计算

随着计算机的普及，个人计算机开始进入千家万户，随之产生的问题是计算机的利用率问题。越来越多的计算机处于闲置状态，即使在开机状态下，CPU 的潜力也远不能被完全利用。可以想象，一台家用计算机将大多数时间花费在"等待"上，即使是实际运行时，CPU 依然存在不计其数的等待（如等待输入）。互联网的出现使得连接调用所有这些拥有限制计算资源的计算机系统成为现实。

对于一个非常复杂的大型计算任务，通常需要用大型或巨型计算机来完成，所花费的时间视任务的复杂程度而定。对于一般用户来讲，可能难以拥有这样的大型计算设备。那么，如果能将这个大型计算任务分解为多个小的计算任务片段，然后将它们分发到网络中不同物理位置的、处于闲置状态的个人计算机中进行处理，处理完后只需要将计算结果汇总，就可以方便地完成一个大型计算任务。对于用户来讲，关心的是任务的完成结果，并不需要知道任务是如何切分及哪台计算机执行了哪个小任务。这样，从用户的角度看，就好像拥有了一台功能强大的虚拟计算机，这就是网格技术。

网格计算（Grid Computing）是利用互联网上计算机 CPU 的闲置处理能力来解决大型计算问题的一种计算科学，它研究如何将一个需要巨大计算能力才能解决的问题分成许多小任务，然后根据网络中计算资源当前的实际利用情况，将这些小任务分配给相应的计算设备进行处理，最后把这些计算结果综合起来得到最终结果。

网格计算的目的是将整个网络中的计算机、各种存储设备、数据库等资源整合成为一体，形成一台巨大的超级计算机，而不用考虑提供资源的计算机的具体信息，为用户提供"即插即用"的"即连即用"式服务，实现包括计算、存储、数据、信息等各类资源的全面共享。到目前为止，网格技术已经被应用于不同的领域来解决存储、计算能力等方面的诸多问题。

网格计算包括任务管理、任务调度和资源管理，它们是网格计算的三要素。用户通过任务管理向网格提交任务，为任务指定所需的资源，删除任务并检测任务的运行；用户提交的任务由任务调度按照任务的类型、所需的资源、可用资源等情况安排运行日程和策略；资源管理则负责检测网格中资源的状况。

1.4.3 云计算

云计算（Cloud）的概念是由 Google 提出的，是分布式计算、并行计算和网格计算的发展，或者说是这些科学概念的商业实现，指通过网络以按需、易扩展的方式获得所需的服务。

云计算的核心思想是：将大量用网络连接的计算资源统一管理和调度，构成一个计算资源池，向用户按需服务。提供资源的网络被称为"云"。"云"中的资源在使用者看来是可以无限扩展的，并且可以随时获取、按需使用、随时扩展，按使用情况付费。

云计算是网格计算的发展（虽然与网格计算有所不同），强调某个机构内部的分布式计算资源的共享，由于确保了用户运行环境所需的资源，可将用户提交的一个处理程序分解成较小的子程序，使在不同的资源上进行处理成为可能。

云计算的基本原理是通过使计算分布到大量的分布式计算机上（而非本地计算机或远程服务器中），使得企业能够将资源切换到所需要的应用上，根据需求访问计算机和存储系统。

在云计算模式下，用户不再需要购买复杂的硬件和软件，只需要支付相应的费用给"云计算"服务提供商，通过网络就可以方便地获取所需要的计算、存储等资源。从服务的角度看，云计算是一种全新的网络服务模式，将传统的以桌面为核心的任务处理转变为以网络为核心的任务处理，利用互联网实现一切处理任务，使网络成为传递服务、计算力和信息的综合媒介，真正实现按需计算、网络协作。

1.4.4 人工智能

人工智能（Artificial Intelligence）是研究、开发用于模拟、延伸和扩展人的智能的理论、方法、技术及应用系统的一门新的技术科学。是计算机科学的一个分支，它企图了解智能的实质，并生产出一种新的能以人类智能相似的方式做出反应的智能机器。

人工智能的基本研究内容主要包括如下几项。

（1）机器感知，主要包括计算机视觉和计算机听觉，研究用计算机来模拟人和生物的感官系统功能，使计算机具有"感知"周围世界的能力；具体来说，就是让计算机具有对周围世界的空间物体进行传感、抽象、判断的能力，从而达到识别、理解的目的。根据其处理过程的先后及复杂程度，计算机视觉的任务可以分成下列几个方面：图像的获取、特征抽取、识别与分类、三维信息理解、景物描述和图像解释。计算机听觉建立在机器识别语言、声响和自然语言理解的基础上。语言理解包括语音分析、词法分析、句法分析和语义分析。机器感知是计算机获取外部信息的基本途径，是使机器具有智能不可缺少的组成部分，对此人工智能中已经形成两个专门的研究领域：模式识别和自然语言理解。

（2）机器思维，指计算机对通过感知得来的外部信息及其内部的各种工作信息进行有目的的处理。正像人的智能来源于大脑的思维活动一样，机器智能也是通过机器思维实现的，因此，机器思维是人工智能研究中最重要、最关键的部分。为了使计算机能模拟人类的思维活动，需要开展以下几个方面的研究：

① 知识的表示，特别是各种不精确、不完全、非规范知识的表示；
② 知识的组织、累积和管理技术；
③ 知识的推理，特别是各种不精确推理、归纳推理、非单调推理、定性推理；
④ 各种启发式搜索及控制策略；
⑤ 神经网络、人脑的结构及其工作原理。

（3）机器学习。学习是人类具有的一种重要智能行为，人类能够获取新的知识、学习新技巧，并在实践中不断完善、改进。机器学习就是要使计算机具备这种学习能力，在不断重复的工作中使本身能力增强或得到改进，使得在下一次执行同样任务或类似任务时，会比现在做得更好或效率更高，并且能克服人类在学习中的局限性，如遗忘、效率低、注意力分散等。

（4）机器行为。与人的行为能力相对应，机器行为主要是指计算机的表达能力，如"说"、"写"、"画"等。对于智能机器人，还应具有人的四肢功能，能走路、能操作。

（5）智能系统及智能计算机构造技术。人工智能的最终目标就是要构造智能系统及智能机器，因此需要开展对系统分析与建模、构造技术、建造工具及语言的研究。

1950年，计算机理论的奠基人艾伦·图灵在哲学性杂志《精神》上发表了一篇题为《计算机和智能》（Computingmachinery and intelligence）的著名文章，文章提出了一个检验计算机是否具备人类"思维"的方法，后来被称为"图灵测试"或"图灵检验"。

被测试者中有一个是人，另一个是声称有人类智力的机器。测试时，测试人与被测试者分开，测试人通过一些装置（如键盘）向被测试者提出问题，这些问题可以是任何问题。提问后，如果测试人能够正确地分出谁是人谁是机器，那么机器就没有通过图灵测试，如果测试人没有分出，则这个机器就是有人类智能的。

当然，目前还没有一台机器能够通过图灵测试，也就是说，计算机的智力与人类还相差很远。但图灵指出："如果机器在某些现实的条件下，能够非常好地模仿人回答问题，以至提问者在相当长时间里误认它不是机器，那么机器就可以被认为是能够思维的。"

虽然成功通过图灵测试的计算机还没有，但已有计算机在测试中"骗"过了测试者。著名的"深蓝（DeepBlue）"机器人就是一个很好的例证。1997年5月11日，由IBM公司研制的名为"深蓝（DeepBlue）"的超级计算机AS/6000 SP，与"人类最伟大的棋手"——前苏联国际象棋世界冠军卡斯帕洛夫进行的人机象棋大赛，最终计算机以微弱优势取胜。这个案例及众多的影视作品都不禁会让人设想：未来会出现能够骗过大多数人的计算机吗？

1.4.5　物联网

物联网（The Internet of things），顾名思义，就是"物物相连的互联网"，是新一代信息技术的重要组成部分。它是通过射频识别（Radio Frequency Identification，RFID）、红外感应器、全球定位系统、激光扫描器等信息传感设备，按约定的协议，把任何物体与互联网相连，进行信息交换和通信，以实现对物体的智能化识别、定位、跟踪、监控和管理的一种网络。

物联网的核心和基础仍然是互联网，是在互联网基础上延伸和扩展的网络。其用户端可延伸和扩展到任何物体与物体之间，实现物体与物体之间的信息交换和通信。

物联网可分为三层：感知层、网络层和应用层（如图 1-27 所示）。感知层由各种传感器（如温度传感器、湿度传感器、摄像头、GPS 等感知终端）和传感器网关构成。其作用相当于人的眼耳鼻喉和皮肤等神经末梢，它是物联网识别物体、采集信息的来源，其主要功能是识别物体，采集信息。

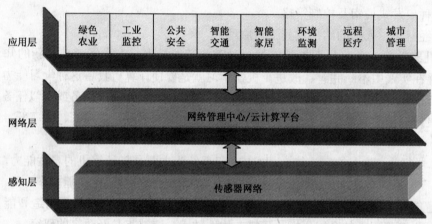

图 1-27　物联网架构示意图

网络层由各种私有网络、互联网、有线和无线通信网、网络管理系统和云计算平台等组成，相当于人的神经中枢和大脑，负责传递和处理感知层获取的信息。

应用层是物联网和用户（包括人、组织和其他系统）的接口，它与行业需求结合，实现物联网的智能应用。

目前，物联网技术已在多个行业和领域得到应用。例如上海浦东国际机场的入侵防护系统，为了保护机场安全，敷设了 3 万多个传感节点，覆盖了地面、栅栏和低空探测，可以防止人员的翻越、偷渡、恐怖袭击等攻击性入侵。

物联网技术近年来发展迅速，已广泛应用于物流、零售、制药、安保等各个领域，在不断地改变着人们目前的生活方式。未来的物联网将会向更加智能化的方向发展。

习　题　1

1. 第一代计算机的主要部件是由_____构成的。
2. 未来全新的计算机技术主要指_____、_____和_____。

3. 按照 Flynn 分类法，计算机可以分为_____、_____、_____和_____四种类型。

4. 计算机系统主要由_____和_____组成。

5. 说明以下计算机中的部件是属于主机系统、软件系统，还是属于外部设备。

    （1）CPU；

    （2）内存条；

    （3）网卡；

    （4）键盘和鼠标；

    （5）显示器；

    （6）Windows 操作系统。

6. 控制芯片组是主板的核心部件，它由_____部分和_____部分组成。

7. 在计算机系统中，设计 Cache 的主要目的是_____。

8. 计算机各部件传输信息的公共通路称为总线，一次传输信息的位数称为总线的_____。

9. PCIE 属于_____总线标准，而 SATA 则属于_____标准。

10. 在微机输入/输出控制系统中，若控制的外部设备是发光二极管，最好选用的输入/输出方法是_____方式；若控制的对象是高速设备，则应选择_____控制方式。

11. 操作系统的基本功能包括_____、_____、_____、_____和用户接口。

12. 虚拟存储器由_____和_____构成，由操作系统进行管理。

13. CPU 从外部设备输入数据需要通过_____，向外设输出数据则需要通过_____。

14. 简述 CPU 从外部设备输入数据和向外设输出数据的过程。

15. 普适计算的主要特点是_____。

第 2 章　计算机中的信息表示

引言：

信息是个很宽泛的概念，从不同角度有不同的描述。能够被计算机处理的信息可以通称为数据，它们既可以是一般意义上的数值，又可以是文字、声音和图像等。但无论是哪一种类型的信息，在计算机中都以 0 和 1 这样的二进制形式存放和处理。本章主要介绍计算机中的信息的表示方法及二进制数的运算。

教学目的：

- 理解计算机中常用计数制的表示及其相互间的转换；
- 了解二进制数的表示和机器数的概念；
- 掌握二进制数的算术运算和逻辑运算；
- 了解基于计算机的信息处理的一般过程；
- 理解各类多媒体信息的表示和处理；
- 理解声音和图像文件的存储格式。

2.1　计算机中的数制

每看到一个十进制数，在直觉上都很容易有"大"或"小"这样的概念。但由于十进制在实现上的复杂性，而"闭合"和"断开"这样的逻辑关系在电路实现上较为简单，因此现代计算机主要由开关元件构成。

"开"和"关"在逻辑上可以分别用"0"和"1"表示。这样，**计算机硬件能够直接识别**的只有由"0"和"1"构成的二进制码，也就是说，计算机中的数据是用二进制数表示的。

但用二进制数表示一个较大的数时，既冗长又难以记忆，人们在日常生活中仍习惯使用十进制数。借助于软件的辅助，现代计算机也能够**间接理解**十进制等一些其他进制数。所以，在学习计算机的基本原理和应用之前，首先要了解和掌握计算机中数的表示、常用的数制及如何实现其相互间的转换。

2.1.1　位、字节和字长

1. 位

现代计算机几乎全部采用"0"和"1"来表示各种信息，每个"0"或"1"是计算机中的最小数据单位，称为位（bit，它是 binary digit 的缩写），或简写为 b。它表示逻辑器件的一种状态："断开"或"闭合"。在内存储器中，它可以是用于存放信息的晶体管的"开"或"关"，也可以是某个电容的充电或放电；在硬磁盘中，"位"通过磁盘盘片表面的磁场方向表示（"南—北"或"东—西"）；在常用的 CD-ROM 光盘上，它表示光的反射与否；而在计算机所处理和存储的数字音频信号中，可以用"1"表示高音，用"0"表示低音。

一个十进制数可以由多个数位构成。例如 128，就是由 3 个数位构成的，最右边是个位，也是这个十进制整数的最低位，其权值是 10^0。从右向左，依次是十位（次低位）和百位（最高位），相应的权值分别是 10^1 和 10^2。

同样，二进制数的位因其处于数的不同位置而具有不同的权值，其权值的大小从右向左依次增加。例如二进制数 1011，最右边是最低位，权值为 2^0；从右向左，其权值分别为 2^1，2^2，最高位的权值为 2^3。由于最低位的权值是 2^0，因此在计算机中，常用 bit0 来表示一个二进制数的最低位，高位则依次为 bit1，bit2，…

对于一个二进制数，哪一位是最低位、哪一位是最高位，且最低位称为"第 0 位"（不是"第 1 位"），是初学者必须要清楚的问题。

2. 字节

一位"0"或"1"无法表示太多数据，需要将其组合起来。由于计算机对数据的处理多以 8 位二进制数（或 8 位的整数倍）为单位，所以常将 8 位二进制码作为一个整体，称为 1 字节（Byte），简写为 B。1B 是 8 位二进制码，能够表示的最大数是 $2^8-1=255$。

字节是计算机中表示存储空间大小的基本容量单位。例如，计算机内存的存储容量、磁盘的存储容量等都是以字节为单位表示的。此外，为表示更大的数字，将更多字节结合起来，如 2 字节是 16 位，能够表示的最大数是 $2^{16}-1=65\ 535$，依此类推，就有了以下这些表示大数据的单位：千字节（KB，Kilobyte）、兆字节（MB，Megabyte）、十亿字节（GB，Gigabyte Byte）、万亿字节（TB，Terabyte）等。它们之间的换算关系如下：

$$1B=8\ bit$$
$$1\ KB=2^{10}B=1024\ B$$
$$1\ MB=2^{10}\ KB=2^{20}\ B=1024\ KB$$
$$1\ GB=2^{10}\ MB=2^{20}\ KB=2^{30}B=1024\ MB$$
$$1\ TB=2^{10}\ GB=2^{20}\ MB=2^{30}\ KB=2^{40}\ B=1024\ GB$$

3. 字长

在计算机诞生初期，受各种因素限制，计算机一次能够同时（并行）处理 8 bit 二进制数，即一次能够进行 8 位二进制数的运算。随着电子技术的发展，计算机的并行能力越来越强，从 8 位、16 位、32 位发展至今，微型机的并行处理能力一般为 64 位，大型机已达 128 位。将计算机一次能够并行处理的二进制位数称为该机器的字长，也称为计算机的一个"字"。因此，早期的计算机被称为 8 位机，今天常用的个人计算机（Personal Computer，PC）则称为 64 位机。

字长是计算机的一个重要性能指标，直接反映一台计算机的计算能力和精度。字长越长，计算机的数据处理速度就越快。这点可以通过一个例子来说明，如计算 5×8，可以立即得出答案为 40，但如果要计算 55×88，就不可能立即得到正确的答案，这是因为 55×88 的运算已超出了人脑的"字长"。为了得出结果，需要将复杂的问题（如 55×88）进行分解，如分解为（50×80）+（50×8）+（5×80）+（5×8）。这样虽然较容易得出结果，但需要花费比较长的时间。随着数字的增大，需要花费的时间也在变长。

计算机同样如此。计算机能够一次直接处理的最大数取决于计算机的字长。如果所要计算的数据超出了计算机的字长，就必须对数据进行分解。一台字长为 16 位的计算机，可以直接处理 2^{16}（即 65 536）之内的数据，对于超过 65 536 的数，就必须分解之后才能处理。32 位机比 16 位机优越的原因就在于它在一次操作中能处理的数更大（2^{32}，达 40 亿）。能处理的数字越大，则操作的次数就越少，系统的效率也就越高。

2.1.2　计算机中的数制

1．十进制数

十进制数共有 0～9 十个数字符号，用符号 D 标识。一个任意的十进制数可用权展开式表示为

$$(D)_{10} = D_{n-1}\times10^{n-1} + D_{n-2}\times10^{n-2} + \cdots + D_1\times10^1 + D_0\times10^0 + D_{-1}\times10^{-1}$$
$$+ \cdots + D_{-m}\times10^{-m} \tag{2-1}$$
$$= \sum_{i=-m}^{n-1} D_i\times10^i$$

式中，D_i 是第 i 位数码，可以是 0～9 十个符号中的任何一个，n 和 m 为正整数，n 表示小数点左边的位数，m 表示小数点右边的位数，10 为基数，10^i 称为十进制的权。

2．二进制数

二进制数由 0 和 1 两个符号组成，用符号 B 标识，遵循逢二进一的法则。一个二进制数 B 可用其权展开式表示为

$$(B)_2 = B_{n-1}\times2^{n-1} + B_{n-2}\times2^{n-2} + \cdots + B_0\times2^0 + B_{-1}\times2^{-1} + \cdots + B_{-m}\times2^{-m}$$
$$= \sum_{i=-m}^{n-1} B_i\times2^i \tag{2-2}$$

式中，B_i 为 1 或 0，2 为基数，2^i 为二进制的权，m、n 的含义与十进制表达式中的含义相同。为与其他进位计数制相区别，一个二进制数通常用下标 2 表示。

【例 2-1】 二进制数 1011.01 可表示为
$$(1011.01)_2 = 1\times2^3 + 0\times2^2 + 1\times2^1 + 1\times2^0 + 0\times2^{-1} + 1\times2^{-2}$$
$$= 11.25$$

3．十六进制数

十六进制数共有 16 个数字符号，0～9 和 A～F，用符号 H 标识，其计数规律为逢十六进一。一个十六进制数 H 的权展开式为

$$(H)_{16} = H_{n-1}\times16^{n-1} + H_{n-2}\times16^{n-2} + \cdots + H_0\times16^0 + H_{-1}\times16^{-1} + \cdots + H_{-m}\times16^{-m}$$
$$= \sum_{i=-m}^{n-1} H_i\times16^i \tag{2-3}$$

式中，H_i 在 0～F 范围取值，16 为基数，16^i 为十六进制数的权；m、n 的含义与十进制表达式中的含义相同。十六进制数也可用下标 16 表示。

【例 2-2】 十六进制数 38EF.A4H 可表示为

$$(38EF.A4)_{16} = 3 \times 16^3 + 8 \times 16^2 + 14 \times 16^1 + 15 \times 16^0 + 10 \times 16^{-1} + 4 \times 16^{-2}$$
$$= 14\,575.640\,625$$

4．其他进制数

除以上介绍的二进制、十进制和十六进制三种常用的进制外，计算机中还可能用到八进制数。八进制数有 0～7 共 8 个数符，用符号 O 标识，其计数规律为逢八进一。其权展开式可参照式（2-4）进行归纳。

下面给出任一进制数的权展开式的一般形式。一般地，对任意一个 K 进制数 S，都可用权展开式表示为

$$(S)_k = S_{n-1} \times K^{n-1} + S_{n-2} \times K^{n-2} + \cdots + S_0 \times K^0 + S_{-1} \times K^{-1}$$
$$+ \cdots + S_{-m} \times K^{-m} \tag{2-4}$$
$$= \sum_{i=-m}^{n-1} S_i \times K^i$$

式中，S_i 是第 i 位数码，可以是所选定的 K 个符号中的任何一个；n 和 m 的含义与式（2-1）中的相同，K 为基数，K^i 称为 K 进制数的权。

需要注意的一点是：在默认情况下，**十进制标识符 D 可省略**，而其他进制数则须标明标识符。即当数字后无标识符时，计算机将默认其为十进制数。例如，1101B 是二进制数，而 1101 默认为十进制数。

2.1.3　各种数制之间的转换

人们习惯的是十进制数，计算机采用的是二进制数，编写程序时多采用十六进制数，因此必然会产生在不同计数制之间进行转换的问题。

1．非十进制数转换为十进制数

非十进制数转换为十进制数的方法比较简单，只要将它们按相应的权展开式展开，再按十进制运算规则求和，即可得到它们对应的十进制数。

【例 2-3】 将二进制数 1101.101 转换为十进制数。

解：根据二进制数的权展开式，有

$$(1101.101)_2 = 1 \times 2^3 + 1 \times 2^2 + 0 \times 2^1 + 1 \times 2^0 + 1 \times 2^{-1} + 0 \times 2^{-2} + 1 \times 2^{-3}$$
$$= (13.625)_{10}$$

【例 2-4】 将十六进制数 64.CH 转换为十进制数。

解：根据十六进制数的权展开式，有

$$(64.C)_{16} = 6 \times 16^1 + 4 \times 16^0 + C \times 16^{-1} = 6 \times 16^1 + 4 \times 16^0 + 12 \times 16^{-1}$$
$$= (100.75)_{10}$$

2．十进制数转换为非十进制数

十进制数转换为非十进制（K 进制）数时，整数和小数部分应分别进行转换。整数部分转换为 K 进制数时采用"除 K 取余"的方法，即连续除 K 并取余数作为结果，直至商为 0，得到的余数从低位到高位依次排列即得到转换后 K 进制数的整数部分。对于小数部分，则用"乘 K 取整"的方法。即对小数部分连续用 K 乘，以最先得到的乘积的整数部分为最高位，直至达到所要求的精度（或小数部分为零）为止。

【例2-5】 将十进制数 115.25 转换为对应的二进制数。

解：

整数部分	小数部分
$115/2=57\cdots\cdots$余数$=1$ （最低位）	$0.25\times2=0.5\cdots\cdots$整数$=0$ （最高位）
$57/2=28\cdots\cdots$余数$=1$	$0.5\times2=1.0\cdots\cdots$整数$=1$
$28/2=14\cdots\cdots$余数$=0$	
$14/2=7\cdots\cdots$余数$=0$	
$7/2=3\cdots\cdots$余数$=1$	
$3/2=1\cdots\cdots$余数$=1$	
$1/2=0\cdots\cdots$余数$=1$	

从而得到转换结果$(115.25)_{10} = (1110011.01)_2$。

【例2-6】 将十进制数 301.6875 转换为对应的十六进制数。

解：

整数部分	小数部分
$301/16=18\cdots\cdots$余数$=D$	$0.6875\times16=11.0000\cdots\cdots$整数$=(11)_{10}=(B)_{16}$
$18/16=1\cdots\cdots$余数$=2$	
$1/16=0\cdots\cdots$余数$=1$	

所以 $301.6875 = 12D.BH$。

【例2-7】 将十进制数 301.6875 转换为对应的八进制数。

解：

整数部分	小数部分
$301/8=37\cdots\cdots$余数$=5$	$0.6875\times8=5.5\cdots\cdots$整数$=5$（最高位）
$37/8=4\cdots\cdots$余数$=5$	$0.5\times8=4.0\cdots\cdots$整数$=4$
$4/8=0\cdots\cdots$余数$=4$	

所以有 $301.6875 = (455.54)_8$。

3．非十进制数之间的转换

由于 $2^4=16$，$2^3=8$，故二进制数与十六进制数、八进制数之间都存在特殊的关系。一位十六进制数可用 4 位二进制数来表示，而一位八进制数可用 3 位二进制数表示，且它们之间的关系是唯一的。这就使得十六进制数与二进制数之间、八进制数与二进制数之间的转换都非常容易。由于二进制数在书写上比较烦琐和冗长，因此，在计算机应用中，虽然机器只能识别二进制数，但在数字的书写表达上更广泛地采用十六进制数或八进制数。

计算机中常用的二进制数、十六进制数、八进制数和十进制数之间的关系如表 2-1 所示。

表 2-1　数制对照表

十 进 制 数	二 进 制 数	十六进制数	八 进 制 数
0	0000	0	0
1	0001	1	1
2	0010	2	2
3	0011	3	3
4	0100	4	4
5	0101	5	5
6	0110	6	6
7	0111	7	7
8	1000	8	10
9	1001	9	11
10	1010	A	12
11	1011	B	13
12	1100	C	14
13	1101	D	15
14	1110	E	16
15	1111	F	17

将二进制数转换为十六进制数的方法是：从小数点开始分别向左和向右把整数部分和小数部分每 4 位分为一组。若整数最高位的一组不足 4 位，则在其左边补零；若小数最低位的一组不足 4 位，则在其右边补零。然后将每组二进制数用对应的十六进制数代替，则得到转换结果。

用同样的方法，可实现二进制数到八进制数的转换。即：从小数点开始分别向左和向右将数每 3 位分为一组。若整数最高位的一组不足 3 位，则在其左边补零；若小数最低位的一组不足 3 位，则在其右边补零。

相应地，十六进制数和八进制数转换为二进制数时，可用 4 位/3 位二进制数取代对应的一位十六进制/八进制数。

【例 2-8】　将二进制数 110100110.101101B 转换为十六进制数。

解：

二进制数　　　　0001　　1010　　0110.1011　　0100

　　　　　　　　↓　　　　↓　　　　↓　　　↓　　　↓

十六进制数　　　　1　　　A　　　6 . B　　　4

所以有 $(110100110.101101)_2 = 1A6.B4H$。

【例 2-9】　将八进制数 $(273.64)_8$ 转换为二进制数。

解：

八进制数	2	7	3	.	6	4
	↓	↓	↓		↓	↓
二进制数	<u>010</u>	<u>111</u>	<u>011</u>	.	<u>110</u>	<u>100</u>

从而得（273.64）$_8$= 010111011.110100B。

2.2 二进制数的表示和运算

2.2.1 二进制数的表示

在计算机中，用于表示数值大小的数据称为数值数据。计算机能够处理的数值可以是整数，也可以是小数。计算机对整数的处理比较容易，但对小数，就会有些烦琐。例如小数点处于不同的位置，数的大小会不同。计算机中，对小数点位置的表示有定点表示法和浮点表示法两种。

1. 定点表示法

定点表示法就是规定一个固定的小数点位置上。用这种方法表示的数称为定点数。方便起见，通常把小数点固定在最高数据位的左边，称为纯小数。如果考虑数的符号，小数点的前边可以再设一个符号位。纯小数的定点数可表示为

$$X = X_s . X_{-1}X_{-2}\cdots X_{-(n-1)}X_{-n}$$

这里，X_s 是符号位，用于表示数的正负。小数点是人为规定的，X_{-1} 至 X_{-n} 为数码部分，表示数值大小。其中，X_{-1} 表示最高有效位，X_{-n} 是最低有效位。当数码有 n 位时，定点小数所能表示的数值范围为

$$-(1-2^{-n}) \leqslant X \leqslant (1-2^{-n}) \tag{2-5}$$

用纯小数表示法进行数据处理时，需先将数转化为绝对值小于 1 的纯小数，并保证运算的中间结果和最终结果的绝对值也都小于1，在输出真正结果时，再按相应比例将结果扩大。

纯小数是将小数点固定在最高有效位之前的，若将小数点固定在最低有效位之后，则此时的数就变成了下面讨论的纯整数。任意一个整数都可表示为

$$X = X_s X_{n-1}\cdots X_1 X_0 \tag{2-6}$$

同样，X_s 表示符号，后边的 n 位表示数值部分。纯整数所能表示的数值范围为

$$-（2^n-1) \leqslant X \leqslant 2^n-1$$

定点法中将小数点的位置固定，运算起来比较方便。缺点是要求对原始数据先进行处理，用比例因子转化为纯小数或纯整数，计算的结果又要再用比例因子折算成真实值；另外，这种方法能表示的数范围小，精度也较低。

2. 浮点表示法

所谓浮点数，是指小数点的位置可以左右移动的数据。在十进制中，一个数可以写成多种表示形式。例如 58.123 可以写成 0.58123×10^2、0.058123×10^3、58123×10^{-3} 等。同样，一个二进制数也可以写成多种表示形式。例如1011.101 可以写成 0.1011101×2^4、0.01011101×2^5 等。一个二进制数可以用如下形式表示：

$$X = \pm 2^E \times F \tag{2-7}$$

式中，E 称为阶码，指数值，为带符号整数；F 表示尾数，通常是纯小数。将用阶码和尾数表示的数称为浮点数，将这种表示数的方法称为浮点表示法。

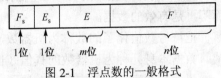

图 2-1 浮点数的一般格式

浮点数的一般格式如图2-1所示。

图2-1 中，F_S 为尾符，表示尾数的符号，安排在最高位，它也是整个浮点数的符号位，表示该浮点数的正负；E_s 是阶符，表示阶码的符号，即指数的符号，决定浮点数范围的大小；E 是阶码的值，F 是尾数的值。

可以看出，浮点数的表示不是唯一的。当小数点的位置改变时，阶码也随之改变，同一个数可以有多种表现形式。为了便于浮点数之间的运算和比较，为了提高数据的表示精度，规定浮点数的尾数用纯小数表示，即小数点右边第 1 位不为 0；阶码用整数表示，称这样的浮点数为规格化浮点数。对于不满足要求的数，可通过修改阶码并同时左右移动小数点位置的方法使其变为规格化浮点数，这个过程称为浮点数的规格化。

无论是浮点数还是定点数，在计算机中都要存放在存储器中，而存储器的字长和容量是有限的。因此，定点数有表数范围，浮点数同样也有。浮点数的表数范围主要由阶码决定，精度主要由尾数决定。采用图 2-1 所示格式表示的规格化二进制浮点数的表数范围为

$$2^{-(1+2^m)} \leq |X| \leq (1-2^{-n}) \times 2^{2^m-1} \tag{2-8}$$

早期计算机中只有定点数，采用定点数的优点是硬件结构比较简单；缺点是除数据的表示范围比较小之外，还必须在运算前将所有参加运算的数据的小数点都对齐到最高位，运算结束后再恢复，运算速度比较慢，浪费了很多存储空间。现在，随着硬件成本的大幅降低，现代通用计算机中都能够处理包括定点数、浮点数等在内的多种类型的数值。引入浮点数表示法，可使数的表示范围、精度及运算速度大幅提高。有关浮点数的进一步描述，请有兴趣的读者参阅其他相关书籍。

*2.2.2 机器数的表示

无论采用定点表示法还是浮点表示法，计算机中存储和处理的二进制数可通称为机器数。十进制数有正数和负数，二进制数也可以有正负之分。十进制数的正数和负数分别用"+"和"−"表示，这是因为人能够识别"+"和"−"。由于计算机只能识别"0"和"1"，所以，机器数的正和负无法用"+"和"−"表示。

机器数分为无符号数和有符号数两种。所谓无符号数，就是不考虑数的符号（这在十进制中没有对应），一个数中的每一位 0 或 1 都是有效的或有意义的数据。例如，10010110B 是一个二进制数，该数中的每一位都是有意义的，由式（2-2）的权值展开式可以得出其对应的十进制数为 150。

有符号数的含义是：该数具有"正"或"负"的性质。此时，数据的最高位不是有意义的数据，而是符号位，用来表示数的正或负。与十进制数不同的是，机器数的正号和负号需要用 0 和 1 来表示。即，在需要考虑数据符号的有符号数中，一个数的最高位的"0"或"1"

表示的是该数的性质，"0"表示正数，"1"表示负数，最高位不再是数据本身。以 8 位字长为例，D_7 是符号位，$D_6 \sim D_0$ 为数值位；若字长为 16 位，则 D_{15} 为符号位，$D_{14} \sim D_0$ 为数值位。这样，有符号数中的有效数值就比相同字长的无符号数要小了，因为其最高位代表符号，而不再是有效的数据。

把符号数值化了的数称为机器数，如 00010101 和 10010101 就是机器数；把原来的数值（数据本身）称为机器数的真值（也可以理解为绝对值），如 +0010101 和 –0010101。

机器数的表示方法有三种：原码、反码和补码。

1. 原码

原码表示法可以简单地表达成如下形式：

符号位+真值

一个数 X 的原码可记为 $[X]_原$。在原码表示法中，无论数的正负，数值部分均为真值。

【例 2-10】 已知真值 $X = +42$，$Y = -42$，求 $[X]_原$ 和 $[Y]_原$。

解：因为 $(+42)_{10} = +0101010B$，$(-42)_{10} = -0101010B$，根据原码表示法，有

$$[X]_原 = \underline{0}\ \underline{0101010} \qquad\qquad [Y]_原 = \underline{1}\quad \underline{0101010}$$

$\qquad\qquad\quad\uparrow\qquad\uparrow\qquad\qquad\qquad\qquad\qquad\quad\uparrow\qquad\quad\uparrow$

$\qquad$符号位 数值部分$\qquad\qquad\qquad\qquad$符号位 数值部分

注意，在原码表示法中，真值 0 的原码可表示为两种不同的形式，即 +0 和 –0。以 8 位字长数为例：

$$[+0]_原 = 00000000$$
$$[-0]_原 = 10000000$$

原码表示法的优点是简单、易于理解、与真值间的转换较为方便；缺点是进行加减运算时较麻烦，不仅要考虑是做加法还是做减法，还要考虑数的符号、绝对值大小及运算结果的符号，这使运算器的设计较为复杂，并降低了运算器的运算速度。

2. 反码

反码是在原码基础上的变形。对于正数来讲，反码的表示方法与原码相同，即最高位为"0"，其余是数值部分。但**负数的反码表示与原码不同**，其最高位依然是符号位，用"1"表示，但其余的数值部分不再是原来的真值，而是将真值的各位按位取反。即原先为 0 的变为 1，为 1 的变为 0。

【例 2-11】 已知真值 $X = +42$，$Y = -42$，求 $[X]_反$ 和 $[Y]_反$。

解：因为 $(+42)_{10} = +0101010B$，$(-24)_{10} = -0101010B$，根据反码表示法，有

$\quad [X]_反 = 00101010 \qquad$ 对正数：$[X]_反 = [X]_原$

$\quad [Y]_反 = 11010101 \qquad\quad$ 对负数：$[Y]_反 = [Y]_原$的符号位不变，数值部分按位取反

由该例可以看出，对于一个用反码表示的负数，其数值部分不再是真值。

在反码表示法中，与原码一样，数 0 也有两种表示形式（以 8 位字长数为例）：

$\quad [+0]_反 = 00000000$

$\quad [-0]_反 = 11111111$

在原码和反码表示法中，数值 0 的表示都不唯一，且运算器的设计比较复杂。因此，目前在微处理器中已较少使用这两种表示方法（原码表示法主要用于浮点数中的阶码表示）。

3. 补码

补码由反码演变而来，其定义为：对于正数，补码与反码和原码的表示方法相同，即最高位为"0"，其余是数值部分。但**负数的补码表示与原码和反码不同**，其最高位的符号位不变，但其余的数值部分是反码的数值部分加 1，即将原码的真值按位取反再加 1。

真值 X 的补码记为 $[X]_{补}$。可用下式表述：

若 $X \geqslant 0$ $[X]_{补}=[X]_{反}=[X]_{原}$

若 $X<0$ $[X]_{补}=[X]_{反}+1$

【例 2-12】 已知真值 $X = +42$，$Y = -42$，求 $[X]_{补}$ 和 $[Y]_{补}$。

解：因为 $X>0$，所以：

$$[X]_{补} =[X]_{反} =[X]_{原} = 00101010$$

因为 $Y<0$，所以：

$$[Y]_{补} = [Y]_{反} + 1 = 11010101 + 1 = 11010110$$

不同于原码和反码，数 0 的补码表示是唯一的。仍以 8 位字长的数为例，由补码的定义知：

$$[+0]_{补} = [+0]_{反} = [+0]_{原} = 00000000$$

$$[-0]_{补} = [-0]_{反} + 1 = 11111111 + 1 = \boxed{1}\,00000000$$

$$\downarrow$$

自然丢失

即对 8 位字长的数来讲，最高位的进位因超出字长范围，会自然丢失，所以：

$$[+0]_{补} = [-0]_{补} = \quad 00000000$$

事实上，补码的概念在日常生活中也很常见。例如钟表，若要从 9:00 拨到 4:00，可以有两种拨法：

逆时针拨到 4 点，9−5=4。

顺时针拨到 4 点，9+7=4。

两个方向都能拨到 4:00，是因为在时钟系统中有 12 这个最大数，它称为该系统的模，它是自然丢失的。对时钟系统的模 12 而言，9−5=9+7，7 称为−5 的补数。所以，−5 的补数可用下式得到：

$$（-5）_{补}=12-5=7$$

即： $9-5 = 9 + （-5） = 9 + （12-5） = 9+7 = 12+4 = 4$

$$\downarrow$$

模，自然丢失

由此可见，引入补码可以将减法运算转换为加法运算。可以将此概念推广到整个二进制系统。二进制计数系统的模为 2^n，这里的 n 表示字长。

【例 2-13】 设字长 $n=8$，用补码的概念计算 96−20。

解：因为：$n=8$，故：模为 $2^8 = 256$。

则有：96−20=96+（−20）=96+（256−20）=96+236=256+76=76

$\downarrow$

模，自然丢失

即：在模为 2^n 的情况下，96−20=96+236。

−20 表示为二进制数 11101100，该数正好是十进制数 236。这样就利用了负数的补码概念，将减法运算转换成了加法运算。即：

$$[X{-}Y]_{补} =[X]_{补} +[-Y]_{补}$$

所以，引入补码的目的就是将减法运算转换为加法运算，另外，由上述分析已知，在补码表示法中，数 0 的表示是唯一的。因此，在微机中，凡涉及符号的数都是用补码表示的。

2.2.3　二进制数的算术运算

二进制数只有 0 和 1 两个数符，故其运算规则比十进制数要简单很多。

1．加法运算

二进制数的加法运算遵循"逢二进一"法则，具体如下：

　　　　0+0=0　　　　0+1=1　　　　1+0=1　　　　1+1=0（有进位）

【例 2-14】　求两个二进制数 10110110B 和 01101100B 的和。

解：

```
进  位      111111000
被加数      10110110
加  数  +)   01101100
           100100010
```

即：　　　　10110110B+01101100B ＝ 100100010B

2．减法运算

对于二进制数减法，有如下法则：

　　　　0−0=0　　　　1−0=1　　　　1−1=0　　　　0−1=1（有借位）

【例 2-15】　求两个二进制数 11000100B 和 00100101B 的差。

解：

```
借  位      01111110
被减数      11000100
减  数  -)   00100101
           10011111
```

即：　　　　11000100B−00100101B = 10011111B

3．乘法运算

二进制数乘法与十进制数乘法类似，不同的是二进制数只由 0 和 1 构成，因此其乘法更加简单。法则如下：

　　　　0×0=0　　　　0×1=0　　　　1×0=0　　　　1×1=1

即：仅当两个 1 相乘时结果为才 1，否则结果为 0。运算时若乘数位为 1，就将被乘数照抄加于中间结果，若乘数位为 0，则加 0 于中间结果，只是在相加时要将每次中间结果的最后一位与相应的乘数位对齐。

【例 2-16】 求两个二进制数 1100B 与 1001B 的乘积。

```
        1100          被乘数
    ×   1001          乘  数
    ────────
        1100          部分积
       0000
      0000
     1100
    ────────
     1101100          乘  积
```

可得 1100B×1001B ＝ 1101100B。

从上述运算可以看出，从乘数的最低位算起，凡遇到 1，相当于在最终结果上加上一个被乘数，遇到 0 则不加；若乘数最低位是 1，被乘数直接加在结果的最右边；若次低位是 1，则左移一位后再相加；若再次低位是 1，则左移两位后再相加，依此类推。最后将移位和未移位的被乘数加在一起，就得到两数的乘积。这种将乘法运算转换为加法和移位运算的方法就是计算机中乘法运算的原理。

4. 除法运算

二进制数的除法是乘法的逆运算，其方法和十进制数一样，而且比十进制数的除法更简单。

【例 2-17】 求两个二进制数 100111B 与 110B 的商。

```
              110.1
        110)100111
            110
            ───
            111
            110
            ───
            110
            110
            ───
              0
```

二进制数的除法采用试商的方法求商数，分析例 2-17 的过程，可得出二进制数的除法运算可转换为减法和右移运算。

2.2.4　二进制数的逻辑运算

计算机由逻辑器件组成，有必要了解一下逻辑运算的基本概念。

逻辑运算与算术运算不同，算术运算是将一个二进制数的所有位综合为一个数值整体来考虑的，低位的运算结果会影响到高位（如进位等）；而逻辑运算是按位进行的运算。例如，一个数最低位和另一个数的最低位运算，结果不会对次低位产生影响。即逻辑运算没有进位或借位。基本逻辑运算包括"与"、"或"、"非"及"异或"四种运算。

1. "与"运算

"与"运算的规则是按位相"与",一般用符号"∧"表示。其运算规则如下:

$$1 \wedge 1 = 1 \qquad 1 \wedge 0 = 0 \qquad 0 \wedge 1 = 0 \qquad 0 \wedge 0 = 0$$

即参加"与"操作的两位中只要有一位为 0,则"与"的结果就为 0;仅当两位均为 1 时,其结果才为 1。相当于按位相乘(但不进位),又叫做"逻辑乘"。

【例2-18】 计算 11011010B∧10010110B。

解:

$$
\begin{array}{r}
11011010 \\
\wedge 10010110 \\
\hline
10010010
\end{array}
$$

即 11011010B∧10010110B = 10010010B。

"与"运算是通过称为"与门"的逻辑器件实现的。"与门"可以有多位输入,但只有一位输出。仅当输入信号全为"1"时,输出才为"1";否则输出为"0"。

2. "或"运算

"或"运算是两个数按位相"或"的运算,又叫做"逻辑加",一般用符号"∨"表示。其规则如下:

$$0 \vee 0 = 0 \qquad 0 \vee 1 = 1 \qquad 1 \vee 0 = 1 \qquad 1 \vee 1 = 1$$

即参加"或"操作的两位中仅当两位均为 0 时,其结果才为 0,只要有一位为 1,结果就为 1。

> 试比较二进制数的"或"运算和加法运算的异同。

【例2-19】 计算 11011001B∨11111111B。

解:

$$
\begin{array}{r}
11011001 \\
\vee 11111111 \\
\hline
11111111
\end{array}
$$

即　　　　　　　　11011001B∨11111111B = 11111111B

同"与"运算类似,"或"运算通过称为"或门"的逻辑器件实现。"或门"也可以有多位输入,有一位输出。仅当输入信号全为"0"时,输出才为"0";否则输出为"1"。

3. "非"运算

"非"运算是按位取反的运算,即 1 的"非"为 0,而 0 的"非"为 1。"非"属于单边运算,即只有一个运算对象,其运算符为一条上横线。

$$\bar{1} = 0 \qquad \bar{0} = 1$$

【例2-20】 求数 10011011 的非。

解:只要对 10011011 按位取反即可。

$$\overline{10011011B} = 01100100B$$

4. "异或"运算

"异或"运算相当于"按位相加"（不进位），进行"异或"操作的两个二进制位不相同时，结果为1；两位相同时，结果为0。"异或"运算符用符号⊕表示。

$$0 \oplus 0 = 0 \qquad 1 \oplus 1 = 0 \qquad 0 \oplus 1 = 1 \qquad 1 \oplus 0 = 1$$

【例 2-21】 计算 11010011B ⊕ 10100110B。

解：

$$\begin{array}{r} 11010011 \\ \oplus 10100110 \\ \hline 01110101 \end{array}$$

即   11010011B ⊕ 10100110B = 01110101B。

二进制数的"异或"运算可以看做不进位的"按位加"，也可以看做不借位的"按位减"。同样，"非"运算和"异或"运算也有相应的"逻辑门"。

2.3 计算机中的信息表示与处理

本节主要介绍计算机中的信息表示和基于计算机的信息处理过程。

2.3.1 计算机中信息处理的一般过程

对于信息，至今仍没有唯一的定义。《辞源》中将信息定义为"信息就是收信者事先所不知道的报道"。《简明社会科学词典》中对信息的定义是"作为日常用语，指音信，消息。作为科学术语，可以简单地理解为消息接收者预先不知道的报道"。

虽然对信息的定义众说纷纭，但确定的一点是：信息是一种宝贵的资源，与材料（物质）、能源（能量）一起成了社会物质文明的三大要素。

今天的时代，已称为信息时代，要使各种信息能够最大限度地发挥作用，为人类所用，必须利用计算机这个信息时代最重要的工具。只有通过计算机高效的处理，信息才能真正在广泛的领域中实现"可用"。例如，只有通过计算机对大量气象数据信息进行快速分析和计算，才能有准确的天气预报；各种商务网站因为有计算机的管理，才有可能为用户提供网上购物服务等。

利用计算机实现对信息的处理和利用，需要经过以下过程，即信息采集、信息表示和压缩、信息存储和组织、信息传输、信息发布和检索。

1. 信息采集

利用计算机对信息进行处理，必须将现实生活中的各类信息转换成智能机器能识别的符号，然后才能加工处理成新的信息。将信息转换成具体的符号就是数据，数据是信息的符号化，是信息的具体表示形式。数据可以是文字、数值、声音、图像和视频等。

文字和数值信息的采集方法很多，传统的有键盘输入，随着技术的发展，语音输入、手写输入、扫描加模式识别等输入方法日渐普及。

声音、图像和视频信息常简称为多媒体信息。对这类信息采集的方法也很多，常用的如录音笔、数码照相机、数码摄像机等。

需要明确的一点是，无论哪种设备和方法，它们所采集的各类信息最终在计算机中都必须转换为计算机能够识别和处理的、由"0"和"1"组成的二进制码，而这些二进制码可以通称为数据。

计算机是电子设备，所谓的"0"和"1"事实上是"低电平"和"高电平"。所以，一串二进制码表示的数据事实上是一串电脉冲信号，或者说信号是数据的电磁或光脉冲编码，是各种实际通信系统中适合信道传输的物理量。信号可以分为模拟信号（在时间和幅值上都连续变化的信号）和数字信号（在时间和幅值上都不连续变化的一种离散信号）。

"信息"、"数据"和"信号"这三个名词，严格地讲，是三个不同的概念。但在基于计算机的信息处理中，它们相互间是有关系的。信息的采集需要通过信道、以信号的形式输入系统，再转换为具体的符号（也就是数据），之后才能进行处理。

2．信息表示和压缩

计算机可处理的信息包括数值、文字、声音、图形图像和视频。所谓数值信息，就是由"0"和"1"组成的二进制数，其在计算机中的表示在 2.1 节有详细描述。对文字信息和其他多媒体信息的表示方法将分别在 2.3.2 节和 2.3.3 节及 2.3.4 节介绍。

信息采集到计算机中后需要存储到外存储器中。虽然硬磁盘的容量在不断增大，同时还有脱机外存，但受信道传输效率、硬盘容量、处理器速度等各种因素的限制，在很多情况下，仍然希望能够在尽可能小的数据量中包含尽可能多的信息。

通常，多媒体信息的数据量都较大。例如，一张写满文字的 A4 纸的数据量约为 50 KB，一幅 3264×2448 的未经压缩的照片的数据量约为 4 MB，1 分钟的 MPEG1 压缩视频大约需要 10 MB 的存储空间。庞大的数据量造成传输和存储的不便，因此，需要对所采集的信息进行压缩。

压缩的任务就是在保持信源信号在一个可以接受的质量下，把需要的数据量（比特数）减到最少，以降低存储和传输的成本。

有关数据压缩的详细介绍请参阅相关专业书籍。

3．信息存储和组织

由第 1 章的描述知，计算机中的信息都存放在外存储器中，在需要处理时才调入内存储器。存储器的管理和内、外存储器间的数据交换均由操作系统负责。

当今时代被称为信息爆炸时代，通过网络等各种媒介可以获得大量的各类信息。那么，这些信息，特别是电子信息是如何存放的？为什么可以快速地就找到它们？这就是信息的组织。

计算机通过文件和数据库技术来对信息进行组织和管理。文件是指存放于计算机中、具有唯一文件名的一组相关信息的集合。计算机中所有的信息，包括各种不同类型的程序都是以文件的形式存放的。文件包括有结构文件和无结构的流式文件两种类型。流式文件指由字符序列集合组成的文件，如源程序文件。

有结构文件（如图2-2所示）由一条条记录组成，如一件商品的商品名、规格、生产厂、定价等就可以形成一条记录。

商品编号	商品名	规格	定价	生产厂
100001	圆头螺钉	M4	￥1.20	西安金属材料厂
100002	方头螺钉	M6	￥2.50	西安金属材料厂
100003	六角螺钉	M6	￥3.00	西安金属材料厂
200001	螺母	M4	￥0.60	西安金属材料厂
200002	螺母	M6	￥0.80	西安金属材料厂
200003	六角螺母	M6	￥1.80	西安金属材料厂

图 2-2　有结构文件示意图

一组同类的记录可以形成一个文件，一组相关的文件可以形成数据库。

文件系统使用方便，但存在很多缺陷，如数据冗余（同样的数据出现在多个文件中）、数据不一致性（当一个文件中的数据被修改时，另一个文件中的相同信息没有同步修改）、安全性差等。

为了弥补传统文件系统的不足，诞生了数据库（Database，DB）技术。就像仓库是用于存放产品一样，数据库中存放的是大量的数据。仓库中存放的产品会按类型、用途、生产厂等分门别类地排放在不同的地方，并且由统一的仓库管理员进行相应的入库和出库登记。数据库中的数据也按一定的规则存放和管理，并为不同的用户提供需要的数据服务和信息共享。对应于仓库管理员，数据库的管理由数据库管理系统（Database Management System，DBMS）完成。它是一种软件产品，对数据库中的数据进行集中、有效的管理，并为应用程序提供数据资源访问。事实上，之所以能够通过网络查询到各种信息，除搜索引擎（如"百度"）外，还依赖于各个 DBMS 到数据库中去找到相应的数据。

数据库与文件系统最主要的区别是，数据库中的数据是相关的。例如，一名在校学生可能有个人学籍信息、健康信息、选课信息等，这些信息会出现于不同的表格中、存放在不同的部门，在某学生中途离校后，该生的学籍信息会被取消，同时其他所有表格中该生的信息也都会被修改。这一点是文件系统所无法实现的。当然，数据库技术还克服了上述文件系统所故有的其他缺点。图2-3所示是一个"工厂产品管理数据库"的结构示意图。

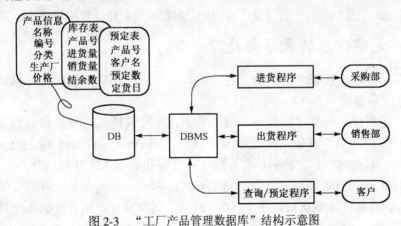

图 2-3　"工厂产品管理数据库"结构示意图

4. 信息传输

今天，可以通过电子邮件、即时通信等方法与世界各地的朋友取得联系；为了获取知识，可以利用搜索引擎将存放在世界各地的不同数据库中的信息反馈到查询者的计算机屏幕上。这些，都需要网络技术。

计算机网络源于计算机与通信技术的结合，它利用各种通信手段，如电话线、同轴电缆、无线电线路、卫星线路、微波中继线路、光纤等，将地理上分散的计算机有机地连在一起，相互通信而且共享软件、硬件和数据等资源。网络技术始于 20 世纪 50 年代，自诞生至今发展迅猛，由主机与终端之间的远程通信发展到今天世界上成千上万台计算机的互连，形成了遍布全球的互联网（Internet），从而使网络成为人们生活中不可或缺的一部分。

本书将在第 7 章介绍有关计算机网络的基础知识。

5. 信息检索

在科学研究中，当需要查阅相关文献时，当人们希望到网上商城去"淘"价廉物美的商品时，搜索引擎提供了强大的信息检索功能，实现从海量数据中查找到所需要的信息，这涉及信息检索技术。

信息检索技术是在计算机技术和网络技术的基础上发展和完善起来的，在经历了手工检索、计算机脱机检索、联机检索阶段之后，如今已实现了网络化，并向更高级的智能化方向发展。

信息检索是指将杂乱无序的信息有序化后形成信息集合，并根据需要从信息集合中查找出特定信息的过程。实现检索的前提（或基础）是对一定范围内的信息进行筛选、特征描述、有序化处理，形成信息集合，即建立数据库。检索则是采用一定的方法与策略从数据库中查找出所需信息。所以，信息检索也可以简单地理解为信息查找（Information Search）。

信息检索的实质是将用户的检索标识与信息集合中存储的信息标识进行比较与选择（或称为匹配（Matching）），当用户的检索标识与信息存储标识匹配时，信息就会被查找出来，否则就查不出来。匹配有多种形式，既可以是完全匹配，又可以是部分匹配，这主要取决于用户的需要。

有关信息检索的进一步知识将在本书第 7 章中做简单介绍。

在以上讨论的基于计算机的信息处理中，计算机的硬件和操作系统是平台，网络是信息传输和检索的通道，信息的组织、管理及信息的处理等都需要利用计算机程序设计语言去实现。

2.3.2 文字信息的表示与处理

由于计算机能够直接识别的只有二进制码，因此，计算机内的所有信息都采用二进制编码表示，文字信息也不例外。

文字由字符组成。西文字符包括字母、数字、符号及特殊控制字符。西文字符编码方式有很多，目前国际上广泛使用的是 ASCII 码（American Standard Code for Information Interchange，美国标准信息交换码），有标准 ASCII 码和扩展 ASCII 码两种。

标准 ASCII 码的有效字长为 7 位二进制码（$b_6 \sim b_0$），在内存单元中占用 1 字节，最高位（b_7）是奇偶校验位（默认情况下为 0）。所谓奇偶校验，是指在代码传送过程中用来检验是否出现错误的一种方法，分奇校验和偶校验两种。奇校验规定：正确的代码中，一个字节中 1 的个数必须是奇数，若非奇数，则使最高位 b_7 为 1。偶校验规定：正确的代码中，一个字节中 1 的个数必须是偶数，若非偶数，则使最高位 b_7 为 1。标准 ASCII 码共有 128 个字符（见附录 B），包含 10 个阿拉伯数字，52 个英文大小写字母，33 个符号及 33 个控制符。一个字符对应一个编码。例如字符 'A' 对应的 ASCII 码为 65，而空格对应的 ASCII 码为 32。

7 位编码的标准 ASCII 码字符集只能支持 128 个字符，为了表示更多的欧洲常用字符（如德语中的字母 ü），对 ASCII 进行了扩展。扩展 ASCII 由 8 位二进制数码组成，可以表示 256 种不同的符号。

除 ASCII 码外，较常见的西文字符编码还有 EBCDIC 码，该码用 8 位二进制数（1 字节）表示，共有 256 种不同的编码，可表示 256 个字符。

数值和西文字符可以通过键盘直接输入，而汉字是象形文字，计算机处理汉字的关键是如何将每个汉字变成可以直接从键盘输入的代码——汉字的外码，然后将输入码转换为汉字机内码，之后才能对其进行处理和存储。在输出汉字时，须进行相反的过程，将机内码转换为汉字的字形码。因此，汉字的编码包括外码、机内码、字形码和矢量汉字。

汉字的外码即它的输入码，目前常见的编码法有拼音、五笔、搜狗等。

机内码主要有国标码、BIG5 码（主要在我国台湾和香港地区使用）等。我国国家标准局于 1981 年颁布了"国家标准信息交换用汉字编码基本字符集"（GB 2312—1980），共收集了 6763 个汉字，682 个非汉字符号（外文、字母、数字、各种图形等），每个汉字对应一个国标码。

每个国标码用 2 字节表示，为避免与 ASCII 码冲突，规定汉字国标码每个字节的最高位为"1"。即首位是"0"的为字符，首位是"1"的为汉字。这样的"国标码"就是汉字在计算机中的表示，也就是机内码。

还有一种可以在计算机中表示汉字的编码，是 Unicode 编码（Universal Multiple Octet Coded Character Set）。Unicode 是国际标准组织针对各国文字和符号编制的、在计算机上使用的统一性字符编码，它为每种语言中的每个字符设定了唯一的二进制编码，以满足跨语言、跨平台进行文本转换和处理的要求。

字形码是确定一个汉字字形点阵的代码，字形点阵中的每个点对应一个二进制位。每个汉字对应一个点阵，再编上代号存入存储器中，这就是字模库。汉字在显示时需要在汉字库中查找汉字字模并以字模点阵码形式输出。

汉字的另一种显示方式是矢量汉字显示。矢量字库保存每一个汉字的描述信息，如一个笔画的起始坐标和终止坐标、半径、弧度等。在显示、打印这类字库时，需经过一系列的数学运算才能输出结果。

点阵字库的汉字由若干个点组成，当字体放大时，点会随之放大，使得字看上去比较"粗"。矢量字库保存的汉字理论上可以被无限放大，笔画轮廓仍然能保持圆滑清晰。打印时使用的字库均为矢量字库。Windows 使用的字库为以上两类，在操作系统的"WINDOWS\Fonts"目录下，如果字体文件后的扩展名为 FON，表示该文件为点阵字库；若扩展名为 TTF，则表示该文件是矢量字库。

汉字代码从输入到输出的处理过程如图2-4所示。

图 2-4　汉字代码的处理过程

51

2.3.3　声音信息的表示与处理

计算机中存储和处理的信息除数值和文字外，还有各类被称为多媒体的信息，包括声音、图像、视频等。这些多媒体信息不同于字符编码，它们是连续变化的模拟信号，无法直接用计算机进行存储和处理，必须首先转换为由 0 和 1 组成的二进制位串，这一过程称为数字化。

1. 声音的基本参数

声音是通过空气传播的一种连续的波，叫声波（Sound Wave）。当声波到达人耳鼓膜时，而使人感到压力的变化，这就是声音（Sound）。简言之，声音是连续变化的波形。这种连续性体现为：幅值大小是连续的，可以是实数范围内的任意值；在时间上是连续的，没有间断点。将这种在时间和幅值上都连续变化的信号称为模拟信号。相应地，将在时间上或幅值上不连续的信号称为离散信号。模拟声音信号和数字声音信号如图2-5所示。

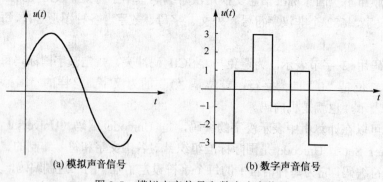

(a) 模拟声音信号　　　　　(b) 数字声音信号

图 2-5　模拟声音信号和数字声音信号

表征声音的基本参数有以下几个。

（1）幅度（Amplitude）：指声音的大小或强弱程度，幅度越大，声音越高。

（2）频率（Frequency）：指信号每秒钟变化的次数，用赫兹（Hz）表示。频率越高，声音听上去就越"尖锐"。低于或高于一定频率后，人耳就听不到了。

（3）带宽（Band Width）：声音信号的频率范围。例如高保真声音的频率范围为 10～20 000 Hz，它的带宽约为 20 kHz。

（4）亚音信号（Subsonic）：频率小于 20 Hz 的、人听不到的声音信号。人们对声音的感知不仅与声音的幅度有关，还与声音的频率有关。中频或高频中可感知的相同的音量在处于低频时需要更高的能量来传递。例如，大气压的变化周期很长，要以小时或天数计算，一般人不容易感到这种气压信号的变化，更听不到这种变化。

（5）音频信号（Audio）：频率范围为 20 Hz～20 kHz 的、人耳能够听到的声音信号。

（6）超音频信号（Supersonic）：也称超声波（Ultrasonic），高于 20 kHz 的信号。

计算机中处理的声音信号主要是音频信号，包括音乐、语音、风声、雨声、鸟叫声、机器声等。音频信号的带宽（频率范围）越宽，声音的质量（音质）就越好。

2. 声音信号的数字化

要使连续变化的声音信号（模拟信号）能够被计算机处理，必须要将其转变为离散（不连续）的数字信号。将时间和幅值均连续变化的模拟声音信号转换为在时间和幅值上均离散的数字信号的过程称为声音信号的数字化，这是声音信号进入计算机的第一步。数字化的主要工作就是采样（Sampling）和量化（Measuring）。

采样是指定期在某些特定的时刻对模拟信号进行测量。采样的结果是得到在时间上离散、在幅值上连续变化（幅值可以是任意一个实数值）的离散时间信号（Discrete Amplitude Signal）。

对于这种连续幅值的离散时间信号，计算机是无法处理的，还需要将信号幅度的取值数目加以限定，使任意实数值的幅值由有限个数值组成，使信号在时间和幅值上都离散，成为离散幅度信号。例如，设输入电压的范围是 0～0.7 V，而它的取值仅限定在 0 V, 0.1 V, 0.2 V, …, 0.7 V 共 8 个值。如果采样得到的幅值是 0.123 V，则近似取值为 0.1 V，如果采样得到的幅值是 0.271 V，则它的取值就近似为 0.3 V，这种数值称为离散数值。对幅值进行限定和近似的过程称为量化，把时间和幅度都用离散数字表示的信号称为数字信号（Digital Signal）。

对声音的数字化实质上就是采样和量化。只有将连续变化的模拟音频信号转换为离散的数字音频信号，计算机才能处理和存储。可以想象，在一个规定的时间里对模拟音频信号采样的次数越多，对原始信号的反映（还原）就越准确，近似度就越好。当然，采样的次数越多，所得到的数据量就越多，需占用的存储空间就越大。

将单位时间内的采样次数称为采样频率（Sampling Frequence）。根据奈奎斯特理论（Nyqust theory）：如果采样频率不低于信号最高频率的两倍，就能把以数字表达的声音还原成原来的声音。例如，语音信号的最高频率为 3400 Hz，采样频率至少应为 6800 Hz 才能正确还原（在实际应用中，语音信号的采样频率规定为 8000 Hz）。对于一般音频信号，最高频率为 20 kHz，采样频率在 40 kHz 以上时就能无失真地还原出声音。

除了对采样频率的要求外，数字化声音的不失真还原还与幅值的量化级别有关。量化级别越多，越能反映不同的声音。例如，若只用 1 位二进制码表示声音的量化级别，则只能是有声和无声两种状态；如果用 8 位二进制数表示量化级别，就可以有 256 种幅值。用以表示量化级别的二进制数的位数称为采样精度（Sampling Precision），也叫样本位数或位深度。对于 8 位二进制数表示的声音样本，有 256 种不同的幅值，它的精度是输入信号的 1/256。

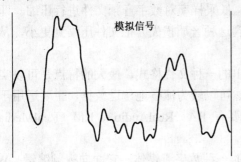
模拟信号

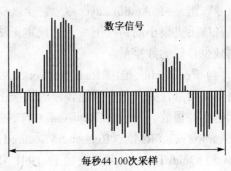
数字信号

每秒44 100次采样

图 2-6　声音的采样和量化

采样频率越高，样本位数越多，声音的还原性越好，质量越高，所占用的存储空间也越大。一个声音文件的大小可用下式计算：

声音文件的数据量 = 采样频率（Hz）×样本位数（bit）×声道数×时间（s）

【例 2-22】 设采样频率为 16 kHz，样本位数为 8 位，分别计算 1 分钟的单声道和双声道声音文件的数据量。

$$1 \text{ 分钟单声道数据量}=16 \text{ kHz}\times8 \text{ bit}\times60 \text{ s}=7680 \text{ kb}=960 \text{ KB}$$
$$1 \text{ 分钟双声道数据量}=16 \text{ kHz}\times8 \text{ bit}\times60 \text{ s}\times2=15360 \text{ kb}=1920 \text{ KB}$$

可以看出，声音文件的数据量是比较大的。为了节省存储空间，对于不需要高品质音效的应用程序可以使用较低的采样频率。以 Windows XP 中的录音机程序为例，如果设定语音采样频率为 8 kHz，采样精度为 8 位，单声道，则文件大小只有以 44.1 kHz、16 位、双声道录制的相似声音文件的 1/22。当然，这样的声音质量比较低，但在录制语音信号时（如英文阅读）已能满足要求。

3. 声音文件的格式

声音文件的格式就是数字声音在存储器中的存放形式。相同的数据可以有不同的存放形式，所以有多种文件格式。

声音的存储格式较多，不同的格式其文件的扩展名不同（如*.WAV），每种格式都具有特定的应用场合。计算机中广泛应用的数字化声音文件有两类：一类是采集各种声音的机械振动得到的数字文件（也称波形文件），其中包括音乐、语音及自然界的效果音等；另一类是专门用于记录数字化乐声的 MIDI 格式文件。常见的波形声音文件格式有：WAV 文件、MP3 文件、RealAudio 文件等。

（1）WAV 格式是微软公司开发的一种声音文件格式，也叫波形声音文件，是最早的数字音频格式，被 Windows 平台及其应用程序广泛支持，主要用于自然声的保存与回放，其特点是声音层次丰富，还原性好，表现力强。如果使用足够高的采样频率和采样精度，可以获得极好的音质，但文件的数据量比较大。该格式的文件可以被几乎所有的多媒体软件使用，易于编辑。

（2）CD 存储格式与 WAV 格式一样，采样频率为 44.1 kHz，量化位数为 16 位，记录的是波形流，是一种近似无损的格式。

（3）MP3 格式属于压缩存储格式，全称是 MPEG（Moving Picture Expert Group，运动图像专家组）–1 Audio Layer 3，它能以高音质、低采样率对数字音频文件进行压缩。即能够在音质丢失很小的情况下（人耳根本无法察觉到这种音质损失）把文件压缩到更小，从而大幅减少存储的数据量。

（4）RealAudio 是由 Real Networks 公司推出的一种文件格式，最大的特点是可以实时传输音频信息，尤其是在网速较慢的情况下，仍然可以较为流畅地传送数据，主要适用于网络上的在线播放。目前的 RealAudio 文件格式主要有 RA（RealAudio）、RM（RealMedia，RealAudio G2）、RMX（RealAudio Secured）三种。

（5）QuickTime 是苹果公司于 1991 年推出的一种数字流媒体，它面向视频编辑、Web 网站创建和媒体技术平台，QuickTime 支持几乎所有主流的个人计算平台，可以通过互联网提供实时的数字化信息流、工作流与文件回放功能。

乐器数字接口（Musical Instrument Digital Interface，MIDI）是数字音乐/电子合成乐器的国际统一标准。它定义了计算机音乐程序、数字合成器及其他电子设备交换音乐信号的方式，规定了不同厂家的电子乐器与计算机连接的电缆和硬件及设备间数据传输的协议，可以模拟多种乐器的声音。凭借各种 MIDI 软件工具、个人计算机和 MIDI 硬件，作曲家可以谱出复杂的、具有专业水平的乐曲。

MIDI 文件就是 MIDI 格式的文件，以.mid、.cmf 或.rol 扩展名进行存储。MIDI 文件中存储的是一些指令，把这些指令发送给声卡，由声卡按照指令将声音合成出来。MIDI 文件比波形文件更为紧凑，3 分钟的 MIDI 音乐仅仅需要 10 KB 的存储空间，而 3 分钟的波形音乐则需要 15 MB 的存储空间。

经采样、量化后的数字音频信号通常还需要进行一定的处理，包括编辑（如删除不需要的噪声、杂音、口误、重复等声音片段）和添加各种效果（如淡入淡出、频率均衡和混响等）。

声音文件播放得顺利与否取决于播放器（播放声音的软件）能否正确识别相应的文件格式。一种声音文件可以由一种以上的播放器播放，一种播放器也能播放多种声音文件。

2.3.4　图像信息的表示与处理

在信息化社会中，图像（或图形）在信息的表示中起着非常重要的作用。俗话说"百闻不如一见"，人类从自然界获取的信息中，视觉信息占了极大的比重。有些花费很多语言也很难表达清楚的事物，若用一幅图像描述，可以做到"一目了然"。例如，一本好的设备使用说明书中，总是在文字说明的同时配有详细的操作示意图，阅读时，这些简图有利于理解相应的文字说明，并使读者大致了解设备的基本构造和使用方法。因此，图像也是计算机处理的重要信息类型。

"图"在一般意义上指的是图像，它是自然界的景物通过人们的视觉器官在大脑中留下的印象。各种相片、图片、海报、广告画等均属于图像。图像可以是简单的黑白图像，也可以是全真色彩的相片。最简单的图像是单色图像（二值图像），所包含的颜色仅有黑色和白色两种。彩色图像包含了各种色彩（颜色），自然界中的任何一种颜色都是由红、绿、蓝（R、G、B）三种颜色值之和确定的，它们构成一个三维的 RGB 矢量空间，不同的 R、G、B 三色值混合，可以得到不同的颜色。

日常生活中看到的图像都模拟图像，表现为图像的光照位置和光照强度均是连续变化的。例如，用胶卷拍出的相片就是模拟图像，它的特点是空间上连续，无论洗一寸相片还是洗二寸相片，不会影响视觉效果。

模拟图像可以通过胶片拍照、手绘等方法生成，但要使图像能被计算机处理和存储，必须进行离散化，即转换为数字图像。

1. 图像的数字化

图像是在二维空间坐标上连续变化的函数，连续图像的数字化过程是空间和幅值的离散化过程。将空间连续坐标 (x, y) 的离散化称为图像的采样（Image Sampling），幅值 $f(x, y)$ 的离散化称为整量。

采样是将一幅图像变换为 $f(x, y)$ 坐标中的一个个点（称为像素点）。每一个像素点具有颜色空间中的某一种颜色（灰度值）。

采样所得到的像素点的灰度值是连续的（如同采样后的声音信号），为便于处理，必须进行整量。整量是用有限个二进制数来表示某个像素点的灰度值，所用的二进制数位越长，可以表示的灰度等级就越多。如果仅用一位二进制数表示像素点的灰度，该像素点就只有"黑"、"白"两种颜色；若用 4 位二进制数来表示，则该像素点就可以有 16 种不同的颜色（或由黑到白 16 种不同的灰度等级），相应的图像称为 16 色图像。

将一幅连续图像按一定的顺序在 x 和 y 方向进行等间隔采样，就将图像变换为由 $N \times N$ 个像素点组成的数组，再对这些像素点的灰度用等间隔进行整量，就得到了一幅 $N \times N$ 的数字图像（Digital Image）。例如，对于图 2-7 所示图像，在横向和纵向各取 10 个点进行采样，可以得到 10×10 个数值，由于其中只有黑白两色，可以用一位二进制数来表示一个点的颜色（灰度），即二级量化（如用"0"表示黑，用"1"表示白）。这样，就得到 10×10 个取值为"0"或"1"数据，将这些数据按采样的行列位置排列成如图 2-8 所示的形式，就是一幅二值图像在计算机中的表示。

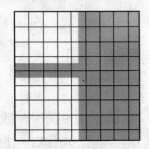 

图 2-7　图像的数字化　　　　　图 2-8　数字图像在计算机中的表示

数字图像中表示每个像素颜色所使用的二进制数的位数称为像素深度（Pixel Depth）或位深度。像素深度越大，图像能表示的颜色数越多，色彩越丰富，占用的存储空间越大。常见的像素深度有 1 位、4 位、8 位和 24 位，分别用来表示黑白图像、16 色或 16 级灰度图像、256 色（或 256 级灰度）图像和真彩色（2^{24} 种颜色）图像。

2．图像的主要性能参数

一幅图像的采样点数称为图像分辨率（Image Resolution），用点的"行数×列数"表示。如果一幅图像只取一个采样点，则只得到一个数据，量化后这幅数字图像就只有一种颜色。对于相同尺幅的图像，采样的点数越多，图像的分辨率就越高，所得的数字图像看上去就越逼真，越"细腻"；反之，图像显得越粗糙。例如，图像分辨率为 640×480 的数码相机拍摄的相片就远比分辨率为 1128×764 的相机拍摄的相片差。

图像分辨率就是组成数字图像的像素数。在用扫描仪扫描图像时，还涉及另外一种分辨率，称为扫描分辨率（Scanning Resolution）。扫描分辨率用每英寸所含像素点数（Dots Per Inch，DPI）表示，用于使不同尺寸的图像获得相同的扫描精度。

扫描分辨率和图像分辨率不同，扫描分辨率是采样时单位尺寸内采样的点数；图像分辨率是组成数字图像的像素数。例如，用 200 DPI 来扫描一幅 6×8 的图像，得到一幅 1200×1600 个像素的数字图像。

图像文件的大小由图像分辨率和像素深度决定。一幅位图图像文件的大小可由下式估算：

$$图像文件数据量 = 图像分辨率 \times 像素深度$$

【例 2-23】计算一幅图像分辨率为 640×480 的真彩色图像（位深度 24 位）的文件大小。

$$图像文件数据量 = 640×480×24=3\ 732\ 800（bits）$$
$$= 921\ 600（B）$$

由例 2-23 可以看出，图像的分辨率越高，样本位数越多，图像文件占用的存储空间就越大，其传输需要的时间也就越长。从因特网下载一个 640×480 大小的 256 色位图一般要花费半分钟或更长时间，而下载 16 色同样大小的图像文件则可以减少一半的时间。

数字图像的视觉效果与图像输出设备有关，图像在屏幕上的显示尺幅称为图像的显示分辨率（Display Resolution）。分辨率低的图像可以以高分辨率显示，分辨率高的图像也可以以低分辨率显示，只要不以图像的正常分辨率显示，就会引起图像的失真。所以，使用图像时应按需要设置图像的分辨率和像素深度。

3. 图形

计算机中处理的"图"除了图像之外还有图形，图形（Graphics）使用直线和曲线来描述，其元素是一些点、线、矩形、多边形、圆和弧线等，它们都是通过数学公式计算并由程序设计语言实现的。例如，对于直线，可以通过 line, start_point, end_point 表示；对于圆，则表示为 circle, center_x, center_y, radius；而一幅画的矢量图可以由线段形成外框轮廓，通过设定外框的颜色及外框所封闭的颜色决定画显示出的颜色。

由于矢量图形可通过公式计算获得，因此绘制出的图形不会随尺寸改变而改变，也不存在采样分辨率的问题，只与显示器的尺寸和分辨率有关。在创建矢量图的时候，可以用不同的颜色来绘制线条和图形。然后计算机将这一连串线条和图形转换为能重构图的指令。计算机只存储这些指令，而不存储真正的图像。矢量图看起来没有位图图像逼真，如图2-9所示。

图 2-9　矢量图的常见效果

矢量图最大的优点是可以不随尺寸变化而变化，放大、缩小或旋转都不会使图形失真，且具有可任意上色、移动、删除等特点，因此在工程、创意和设计领域得到了广泛应用。例如，假设某矢量图中包含一辆银色的汽车，可以方便地把它移到不同的位置，把它放大、缩小或改变颜色。位图图像在放大时会因像素点放大而出现齿痕，但矢量图在任何尺寸下都可以保持平滑。

虽然矢量图具有位图图像所没有的优势，但它也有不足，其最大的缺点是难以表现色彩层次丰富的逼真图像效果，如一幅照片，很难用数学方法进行描述，只能使用位图图像来表示。所以，位图和矢量图具有各自不同的应用领域。

位图通常通过扫描仪、数字照相机、摄像机等设备获取，这些设备将连续的图像信号变换为离散的数字图像。相对于位图文件，矢量图的存储空间要小很多。其存储空间的需求依图形的复杂度而定，图形中的线条、图形、填充模式越多，所需要的存储空间越大。

对于矢量图的绘制，可以在矢量图绘制软件环境下使用画图工具来创建图形或物体。例如，可以使用画圆工具画一个圆，并填充以颜色，通过选择和改变对象的位置、大小和颜色将创建的多个对象进行组合，以构成一个完整的图形。常见的矢量图软件包有 Microsoft Office Visio（设计界面如图2-10所示）、Corel DRAW、亿图等。

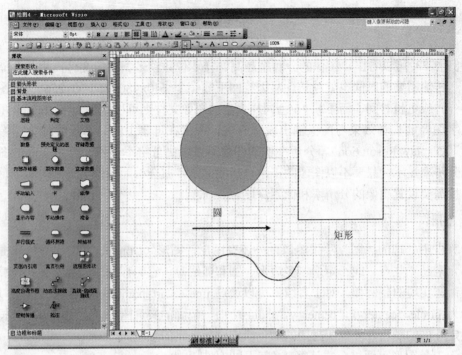

图 2-10　Visio 2003 设计界面

4．图像文件的存储格式

图像文件格式是图像数据在文件中的存放形式，常用的图像文件格式有位图文件格式（BMP）、索引文件格式（GIF）和 JPEG 压缩文件格式（JPG）等。

BMP 格式是 Windows 采用的图像文件存储格式，在 Windows 环境下运行的所有图像处理软件都支持这种格式，它能够在任何类型的显示设备上显示。BMP 位图文件默认的文件扩展名是 BMP 或 bmp。位图文件是一种不压缩的存储格式，图像质量较高，没有数据损失，但占用的存储空间较大。

GIF（Graphics Interchange Format）格式是 CompuServe 公司开发的图像文件格式，属于压缩存储方式，因此占用的存储空间很小，在网络中被广泛采用。GIF 格式文件还支持透明图像属性和动画图像属性，但表示的颜色数量有限，适合存储颜色较少的卡通图像、徽标等手绘图像。

JPEG（Joint Photographic Experts Group）是由 ISO（International Standard Organization，国际标准化组织）和 IEC（International Electrotechnics Committee，国际电工委员会）两个组织联合开发的算法，称为 JPEG 算法，又称 JPEG 标准，相应的文件存储格式为 JPG（或 jpg）格式。JPEG 是一个适用范围很广的静态图像数据压缩标准，既可用于灰度图像又可用于彩色图像。

JPG 文件在压缩时可以调节图像的压缩比和图像保真度，从而根据需要得到不同质量和不同文件大小的图像。JPG 格式的文件比较适合存储色彩丰富的照片，虽然数据压缩时图像数据有所损失，但在一定分辨率下，视觉感受并不明显，因此得到了软件、硬件厂商的普遍支持，几乎所有数字照相机中存放的都是 JPG 格式的照片文件。

为了改善图像的视觉效果，数字化后的图像通常需要经过一定的处理，如噪声平滑、锐化、缩放等。另外，如果要对图像进行进一步分析，还可利用图像的特征提取、分割等图像处理技术。有兴趣的读者可参阅图像处理的相关书籍。

习 题 2

1. 在计算机内，一切信息的存取、传输和处理都是以_____形式进行的。

2. 在微型计算机中，信息的最小单位是_____。

3. 在计算机中，1 KB 表示的二进制位数是_____。

4. 完成下列数制的转换：

  （1）10100110B=_____D=_____H；

  （2）0.11B =_____D；

  （3）253.25 =_____B =_____H；

  （4）1011011.101B =_____O =_____H =_____D。

5. 完成下列二进制数的算术运算：

  （1）10011010+01101110 =_____；

  （2）11001100−100 =_____；

  （3）11001100×100 =_____；

  （4）11001100÷1000 =_____。

6. 写出下列真值对应的原码和补码。

  （1）$X = -1110011B$；

  （2）$X = -71D$；

  （3）$X = +1001001B$。

7. 完成下列二进制数的逻辑运算。

  （1）10110110∧11010110 =_____；

  （2）01011001B∨10010110 =_____；

  （3）$\overline{11010101}$ =_____；

  （4）11110111B ⊕ 10001000 =_____。

8. 若"与门"的3位输入信号分别为1、0、1，则该"与门"的输出信号状态为_____。若将这3位信号连接到"或门"，那么"或门"的输出又是什么状态？

9. 采用16位编码的一个汉字存储时要占用的字节数为_____。

10. 目前国际上广泛采用的西文字符编码是标准_____，它用_____位二进制数表示一个字符。

11. 位图文件的存储格式为_____，用数码相机拍摄的照片的文件格式一般为_____。

12. 如果量化成256种幅值，在计算机中需要用_____位二进制数表示。

13. 根据奈奎斯特定理，若电话语音的信号频率约为 3.4 kHz，则采样频率应选择_____。

14. 某图像是16位的图像，则该图像可以表示_____种不同的颜色。

15. 在信息处理时，下列信息中信息量相对较小的是（ ）。

  A. 文字   B. 图片   C. 声音   D. 电影

16. 连续变化的声音信号是指（　　　）。

    A. 时间上连续的信号　　　　　　　　B. 幅度上连续的信号

    C. 时间和幅度都连续的信号　　　　　D. 时间和幅度之一连续的信号

17. 在某些特定的时刻对模拟信号进行测量叫做（　　　）。

    A. 量化　　　　　　B. 离散化　　　　　　C. 采样　　　　　　D. 测量

18. 若采用 22.1 kHz 的采样频率和 16 bit 的位深度对 1 分钟的双声道声音进行数字化，需要多大的存储空间？

19. 使用 300 DPI 的扫描分辨率，扫描一幅 5×3.4 英寸的普通相片，得到的图像分辨率是多少？

20. 计算一幅图像分辨率为 2596×1944 的真彩色图像（位深度 24 位）的文件大小。

21. 简述基于计算机的信息处理的一般过程。

第3章 微型计算机原理

引言：

艾伦·图灵奠定了计算机的理论基础，冯·诺依曼则建立了现代计算机的基本原理和体系结构。本章通过一定的示例描述，介绍了图灵机模型工作原理和冯·诺依曼计算机结构，详细描述了程序和指令的概念、程序的执行过程、现代微型计算机的基本结构和原理，分析了冯·诺依曼计算机所存在的局限，以及非冯·诺依曼计算机的相关研究。

教学目的：

- 理解图灵机模型及其工作原理；
- 了解图灵机的形式化描述；
- 了解图灵机和计算机的关系；
- 理解冯·诺依曼计算机的基本结构；
- 深入理解冯·诺依曼计算机的工作原理；
- 理解微型计算机的一般工作过程；
- 了解数据流计算机结构和哈佛结构。

3.1 图灵与图灵机

3.1.1 Alan·Turing

半个多世纪以来，计算机技术得到了飞速的发展，广泛、深入地影响着社会的进步和人类的生产生活。在享受着计算机所带来的诸多便利的同时，需要记住两位对计算机科学发展做出巨大贡献的人：艾伦·麦席森·图灵（以下称艾伦·图灵）

图 3-1　Alan Mathison Turing

和冯·诺伊曼。艾伦·图灵的研究奠定了计算机的理论基石，而冯·诺伊曼开创了现代计算机的基本原理和体系结构。

艾伦·麦席森·图灵（Alan Mathison Turing）是英国著名的数学家和逻辑学家，被称为计算机科学和人工智能之父，是计算机逻辑的奠基者。他所做出的最大的贡献，就是用图灵机模型讲清楚什么是"算法"——这个在当时已被讨论了近 30 年但没有明确定义的名词。正是因为有了图灵所奠定的理论基础，人们才有可能在 20 世纪发明出给整个社会文明进步带来巨大推动作用的电子计算机。因此，艾伦·图灵被称为计算机理论之父。

艾伦·图灵曾就读于英国剑桥大学国王学院，并于 1938 年获普林斯顿大学博士学位，他的博士论文"以序数为基础的逻辑系统（Systems of Logic Based On Ordinals）"对数理逻辑研究产生了深远的影响。

艾伦·图灵在 1936 年发表了他的重要论文"论可计算数及其在判定问题中的应用"（On computable numbers，with an application to the Entscheidungsproblem），全面分析了人的计算过程，给出了理论上可计算任何"可计算序列"——某个 0 和 1 的序列——的通用计算机概念，解决了德国数学家 D. 希尔伯特（Hillbert)提出的一个著名的判定问题[①]。论文将计算归结为最简单、最基本、最确定的操作动作，从而用一种简单的方法来描述这种直观上具有机械性的基本计算程序，使任何机械的程序都可以归约为这些动作。这种简单的方法以一个抽象自动机概念为基础，第一次把计算和自动机联系起来，对后世产生了巨大的影响，这种"自动机"后来被人们称为"图灵机"，它是计算机的理论模型，目前还是计算理论研究的中心课题之一。

艾伦·图灵在 1937 年发表的文章"可计算性与λ可定义性"（Computability and λ-definability）中，提出了著名的"丘奇–图灵论点"，对计算理论的严格化、计算机科学的形成和发展具有奠基性的意义。他在1950 年发表的"机器能思考吗？"（Can a machine think?）的文章，成为人工智能的开山之作。

1945 年，艾伦·图灵开始从事"自动计算机"（ACE）的逻辑设计和研制工作。1945 年年底，艾伦·图灵发表的关于 ACE 的设计说明书，最先给出了存储程序控制计算机的结构设计。同时，在这份说明书中，还最先提出了指令寄存器和指令地址寄存器的概念，提出了子程序和子程序库的思想，这都是现代电子计算中最基本的概念和思想。但出于保密的需要，图灵的 ACE 设计说明书直到 1972 年才得以发表。

艾伦·图灵是第一个提出利用某种机器实现逻辑代码的执行，以模拟人类的各种计算和逻辑思维过程的科学家。这成为后人设计实用计算机的思路来源，也是当今各种计算机设备的理论基石。当今计算机科学中常用的程序语言、代码存储和编译等基本概念，就来自图灵的原始构思。

艾伦·图灵在数理逻辑和计算机科学方面取得了举世瞩目的成就，他的研究成果构成了现代计算机技术的基础，为了纪念他对计算机科学的巨大贡献，美国计算机协会从 20 世纪 60 年代起设立一年一度的图灵奖，以表彰在计算机科学领域做出突出贡献的人，它被公认为计算机界的"诺贝尔"奖。目前已有 50 余位科学家获得此项殊荣，其中有一位华人。

3.1.2　图灵机模型

1. 图灵机模型

图灵机（Turing Machine）是艾伦·图灵于 1936 年提出的一种抽象的计算模型，其基本思想是用机器来模拟人用纸笔进行数学运算的过程。

艾伦·图灵将人的计算过程看做两个简单的动作：① 在纸上写或擦除某个符号；② 将注意力从纸的一个位置移动到另一个位置，而人每一次的下一步动作走向依赖于人当前所关注的纸上某个位置的符号及人当前的思维状态。

为了模拟人的这种运算过程，艾伦·图灵构造出一台假想的（抽象的）机器（如图 3-2 所示），该机器由以下几部分组成。

① 一条无限长的纸带 Type。纸带被划分成一个个连续的方格。每个格子上可包含一个

---

① 是否存在一种算法，能够判定一个给定的自然数 n 是否属于集合 D。

来自有限字母表的符号，字母表中有一个特殊的符号表示空白。纸带上的格子从左到右依次被编号为 0, 1, 2, …, n，纸带的右端可以无限延长。

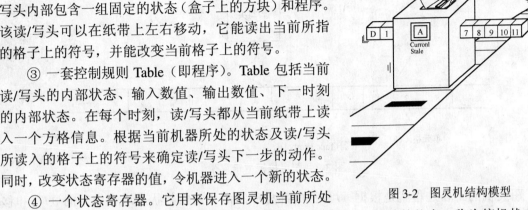

② 一个读/写头 Head（图 3-2 中间的大盒子）。读/写头内部包含一组固定的状态（盒子上的方块）和程序。该读/写头可以在纸带上左右移动，它能读出当前所指的格子上的符号，并能改变当前格子上的符号。

③ 一套控制规则 Table（即程序）。Table 包括当前读/写头的内部状态、输入数值、输出数值、下一时刻的内部状态。在每个时刻，读/写头都从当前纸带上读入一个方格信息。根据当前机器所处的状态及读/写头所读入的格子上的符号来确定读/写头下一步的动作。同时，改变状态寄存器的值，令机器进入一个新的状态。

④ 一个状态寄存器。它用来保存图灵机当前所处

图 3-2　图灵机结构模型

的状态。图灵机的所有可能状态的数目是有限的，并且有一个特殊的状态，称为停机状态。

图灵机根据程序的命令和内部的状态在纸带上进行移动和读/写，它的每一部分都是有限的，但它有一个潜在的无限长的纸带。因此，这种机器只是一个理想的设备。图灵认为这样的一台机器能模拟人类所能进行的任何计算过程。

2. 图灵机的形式化描述

形式上，图灵机（**TM**）可以描述为一个七元组：

$$M = (Q, \ \Sigma, \ \Gamma, \ \delta, \ q_0, \ B, \ F)$$

式中

Q：图灵机状态的有穷集合。

Σ：输入符号的有穷集合，不包含空白符。

Γ：带符号的完整集合，Σ 是 Γ 的子集，有 $\Sigma \in \Gamma$。

δ：转移函数，$\delta(q, X)$ 的参数是状态 q 和带符号 X。$\delta(q, X)$ 的值在有定义时是三元组 (p, Y, D)，其中 p 是下一状态，属于集合 Q；Y 是在当前扫描的单元中写下的符号，属于 Γ 集合，代替原来单元里的符号；D 是方向，非 L 即 R，分别表示"向左"和"向右"，说明带头移动方向。

转移函数 δ 是一个部分函数，对于某些 q 和 X，$\delta(q, X)$ 可能没有定义，如果在运行中遇到下一个操作没有定义的情况，机器将立刻停机。

q_0：初始状态，属于 Q，开始时图灵机就处于 q_0 状态。

B：空格符。这个符号属于 Γ 但不属于 Σ，即不是输入符号。开始时，空格出现在除包含输入符号的有穷多个初始单元之外的所有单元中。

F：终结状态或接受状态的集合，是 Q 的子集。

*3.1.3　图灵机的工作过程

图灵机模型示意图如图 3-3 所示。首先将输入符号串（有穷长度的、从输入字母表中选择的符号串），从左到右依次填在纸带的格子（带单元）上（图 3-3 中用符号 X_i 表示），

其他带单元保持空白（即填以空白符，用符号 *B* 表示）。空格是带符号，但不是输入符号，除了输入符号和空格之外，还可能有其他的带符号。若读/写头（带头）位于某个带单元之上，说明图灵机正在读/写这个单元。

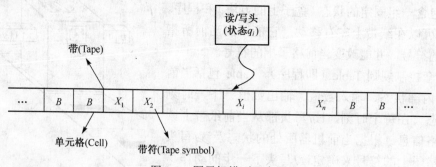

图 3-3　图灵机模型示意图

图灵机的工作过程就是根据读/写头内部程序的命令及内部状态进行纸带的读/写和移动。在初始状态下，读/写头位于输入的最左边单元上（第 0 号格子），图灵机的移动是当前状态和扫描的带符号的函数，每移动一步，图灵机将：

（1）改变状态，下一个状态可以是任何状态，可与当前状态相同；

（2）在扫描的单元中写带符号，这个带符号代替扫描的单元中的任何符号，所写符号可以是任意的带符号，可与当前单元的符号相同；

（3）向左或向右移动带头。在本书中要求带头移动而不允许带头保持静止。这个限制并不约束图灵机的计算能力；因为包含静止带头的任何操作都可连同下一个带头移动一起被压缩成单个状态改变、写入新的带符号及向左或向右移动的操作。

设 M 是一台图灵机，若 M 在输入字符串 ω 并运行后可进入接受状态并停机，则称 M 接受串 ω。M 所接受的所有字符串的集合称为 M 所识别的语言，简称 M 的语言。

因此，图灵机的工作过程可以简单地描述为：读/写头从纸带上读出一个方格中的信息，然后根据它内部的状态对程序进行查表（规则表 Table），得出一个输出动作，确定是向纸带上写信息还是使读/写头向前或向后移动到下一个方格。同时，程序还会说明下一时刻内部状态转移到哪里。

图灵机根据每一时刻读/写头读到的信息和当前的内部状态，查表就可确定它下一时刻的内部状态和输出动作。因此，只要改变程序（规则），图灵机就可以做不同的工作。就像编写不同的程序就会使计算机做不同的运算一样。所以，图灵机就是一个最简单的计算机模型。

为了进一步理解图灵机的工作过程，这里用一个从简单动作到复杂动作的小虫模型的不同程序来比喻。

1．程序一

先做这样的假设：一只小虫爬在一条被分为若干小格的无限长的纸带上，纸带上的每个方格为白色或黑色，小虫仅能感受到方格的颜色。即：所在位置方格的颜色是小虫的输入信息，在纸带上向前爬一个方格或向后爬一个方格是小虫的输出动作。

仅有以上条件还不够，小虫还不知道该做怎样的输出，即不知道是该向前爬还是向后爬。于是需要再为它指定行动的规则，这就是程序。这里，程序需要表述的主要信息是：当输入给定时（如方格为黑色），小虫应选择何种输出（向前或向后）。

如果将上述小虫的输入信息集合表示为 IN，输出信息集合表示为 OUT，且有：

$$IN = \{黑色，白色\}$$
$$OUT = \{向前，向后\}$$

则程序可用以下规则表示。

程序 1：

> ① 从最左端起始；
> ② 若读入黑色，前移一格；
> ③ 若读入白色，后移一格。

该程序表示：当小虫读到黑色方格时就向前走一个方格，若读到白色方格则向后退一个方格。设小虫所处的环境如图 3-4 所示，小虫从最左端开始，下面分析一下在上述程序控制下小虫的行动。

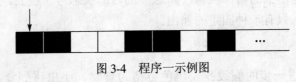

图 3-4　程序一示例图

① 读到黑色，向前移动一格；
② 读到黑色，再前移一格；
③ 读到白色，向后退一格；
④ 读到黑色，向前移动一格；
⑤ 读到白色，向后退一格；

　　　　　　⋮

可以看出，小虫将在左起第 2 到第 3 个格子之间不断地向前向后移动，无限循环下去，且程序中没有给出停止的条件。在现实社会中，这样的不停止的无限循环是没有意义的。造成这一结果的原因是程序编写得有问题。因此，需要对程序一进行修改。

2．程序二

在程序一假设的基础上做进一步假设：小虫可以修改纸带上方格的颜色（就像小虫看到食物会吃掉一样），见到黑色修改为白色，见到白色则改为黑色。这样，小虫的输出动作集合就变为

$$OUT=\{向前，向后，涂黑，涂白\}$$

此时程序可用以下规则表示。

程序 2：

> ① 从最左端起始；
> ② 读入黑色，前移一格；
> ③ 白色涂黑，原地不动。

设小虫处在图3-4所示的环境，按照程序二，小虫的行动过程如下：

① 读到黑色，向前移动一格；

② 读到黑色，再前移一格；

③ 读到白色，将方格涂黑；

④ 读到黑色（该方格已被涂黑），向前移动一格；

⑤ 读到白色，将方格涂黑；

⑥ 读到黑色（该方格已被涂黑），向前移动一格；

⋮

可以看出，小虫将会不断地向前移动，并在移动的过程中将所有的格子涂成黑色。

与程序一相比，程序二没有在某一处单调无限地循环下去，但依然存在缺陷：

（1）程序中没有给出停止条件；

（2）给定输入则有固定的输出。

现实中的小虫并不是任何时候碰到食物都会吃，如果它饱了，就不会再吃了。这里的"饱"与"不饱"，就是小虫的内部状态。将这样的内部状态考虑进去，就可以修改程序，使其不再是对于一种输入只有一种固定的输出。

3. 程序三

在上述基础上做进一步的假设：设黑色方格为食物，小虫碰到食物后会吃掉（将黑色涂白）；吃完后即饱；当再读入白色信息时，虽然没吃但依然处于"饱"的状态，只有再次读到黑色时才会感到饥饿。小虫的内部状态 S 可以表示为以下集合：

$$S = \{吃饱，饥饿\}$$

这样，小虫的输出就不再单纯地依赖于输入，还需要结合其内部的状态。因此，此时的程序要比以上两种复杂，输出的动作既要考虑输入信息，又要考虑内部状态。程序三的规则如下。

程序3：

> ① 从最左端起始，初始时处于饥饿状态；
> ② 若读入黑色且为饥饿状态则涂白并变为吃饱状态；
> ③ 若读入黑色且为吃饱状态则后移一格并变为饥饿状态；
> ④ 若读入白色且为饥饿状态则涂黑并仍保持饥饿状态；
> ⑤ 若读入白色且为吃饱状态则前移一格并仍保持吃饱状态。

为描述方便，将小虫所处环境简化为图 3-5，按照程序三，小虫的行动过程如下。

（1）读到黑色，因处于饥饿状态，由程序三中规则②，将黑色涂白，转为吃饱状态，并停在该方格处；

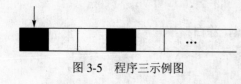

图 3-5　程序三示例图

（2）读到白色（第 1 格已被涂白），且为吃饱状态，由规则④，前移一格，并保持吃饱状态（走到第 2 格处）；

（3）读到白色，且为吃饱状态，继续前移一格（走到第 3 格处）；

（4）读到白色，且为吃饱状态，继续前移一格（走到第4格处）；

（5）读到黑色，且为吃饱状态，由程序三中规则③，向后退一格，并转为饥饿状态（走回到第3格处）；

（6）读到白色，且为饥饿状态，由规则④，将方格涂黑，并保持饥饿状态；

（7）读到黑色，且为饥饿状态，将黑色涂白，转为吃饱状态；

（8）读到白色，为吃饱状态，前移一格，并保持吃饱状态；

$$\vdots$$

可以看出，第（8）步与第（4）步的情况已完全一样，因此小虫会重复第（5）～（8）步的动作，并一直循环下去。第二次碰到的黑色方格成了小虫的门槛，无论怎样也迈不过去了。

虽然程序三和程序一都会陷入无限循环中，但两者在本质上已有所不同。程序一对给定的输入能够预测到一个确定的输出。但程序三由于考虑了内部状态，使对给定的输入不能预测到确定的输出。

以上三个程序段有一些共同点，即都有输入信息、输出信息、程序及第三段程序中添加的内部状态。这些正是图灵机模型中的四大要素。所以，小虫模型就是图灵机模型的抽象。

如果将这里描述的小虫的能力和生存环境扩大，使小虫不仅能感受到方格的颜色，还能有嗅觉、听觉等，环境也可以不再是简单的平面纸带，而是三维空间。那么，上述小虫模型中的输入集合就会扩充为三维，范围也会扩大；可能的输出集合也会丰富得多，小虫的内部状态也会增多，因此程序会变得很复杂。但无论怎样变化，都含有输入集合、输出集合、内部状态和固定的程序。

用小虫的抽象描述了图灵机及其工作过程。事实上，人也可以这样被抽象。例如，人在所处环境中感知的各种信息就是输入状态集合，可能的输出集合就是人的一言一行，人各种神经细胞的状态组合，包括记忆、情绪、情感等都可以视为内部状态的集合。人的思维（对某种输入所做出的反应）就可以是输出集合。虽然人的行为可能会是多种多样、很不固定的，但在一定的条件下，大脑的运作也有可遵循的规律，或说是程序。所以，图灵相信，人脑也不会超出图灵机模型，即人工智能是可能的。

上述小虫模型虽然包括了图灵机模型的 4 个主要部分，但少了停止的条件，从而出现了无限循环下去的情况。因此，完整的图灵机模型是七元组 $M = (Q, \Sigma, \Gamma, \delta, q_0, B, F)$。

*3.1.4　图灵机的格局

将图灵机在计算时机器所处的状态、纸带上已被写上符号的所有格子及当前读写头的位置这三项构成的整体称为图灵机的格局。图灵机从初始格局出发，按程序一步步把初始格局改造为格局的序列。此过程可能无限制地继续下去，也可能遇到指令表中没有列出的状态、符号组合或进入结束状态而停机。在结束状态下停机所达到的格局是最终格局，此最终格局如果存在，就包含了机器的计算结果。

虽然在原则上图灵机的带长是无限的，但在任何有穷步移动之后，只能访问有穷多个单元，尽管访问过的单元个数可能逐渐超过任何有穷的界限。因此，在任何格局中，都有未访问单元的无穷单元前缀和无穷单元后缀。所有单元都必须包含空格或有穷多种输入符号中的一种。所以，在格局中只说明最左边与最右边非空格之间的单元。特殊情况下，当带头正在扫描前面或后面的空格之一时，带的非空格部分的左边或右边的有穷多个空格也必须包含在格局中。使用字符串 $X_1X_2\cdots X_{i-1}qX_iX_{i+1}\cdots X_n$ 表示格局，其中：

① q 是图灵机的状态；

② 读/写头当前正在扫描左起第 i 个符号；

③ $X_1X_2\cdots X_n$ 是带的最左边与最右边非空格之间的部分。

如果读/写头在最左非空格的左边或在最右非空格的右边，则 $X_1X_2\cdots X_n$ 的某个前缀或后缀将是空格，而 i 分别是 1 或 n。

用记号 $\vdash_M$ 来描述图灵机 M=（Q，Σ，Γ，δ，q_0，B，F）的移动。当图灵机 M 已知时，将只用 $\vdash$ 来表示移动。

（1）向左移动

假设 $\delta(q, X_i)=(p, Y, L)$，这里 p 是下一状态；Y 是要向当前扫描单元中写下的符号，取代原来单元里的符号；L 表示下一步移动向左。则

$$X_1X_2\cdots X_{i-1}qX_iX_{i+1}\cdots X_n \vdash_M X_1X_2\cdots X_{i-2}pX_{i-1}YX_{i+1}\cdots X_n$$

有以下两个例外。

① 如果 $i=1$，则 M 移动到 X_1 左边的空格。在这种情况下：

$$qX_1X_2\cdots X_n \vdash_M pBYX_2\cdots X_n$$

② 如果 $i=n$ 且 $Y=B$，则在带上写下的符号 B 将加入到后面空格的无穷序列，于是将不出现在下一个格局中。此时：

$$X_1X_2\cdots X_{n-1}qX_n \vdash_M X_1X_2\cdots X_{n-2}pX_{n-1}$$

（2）向右移动

假设 $\delta(q, X_i)=(p, Y, R)$，即下一步是向右移动。则

$$X_1X_2\cdots X_{i-1}qX_iX_{i+1}\cdots X_n \vdash_M X_1X_2\cdots X_{i-1}YpX_{i+1}\cdots X_n$$

这里，这个移动表示读/写头已经移动到单元 $i+1$。同样有如下两个例外。

① 如果 $i=n$，则第 $i+1$ 个单元包含空格，并且这个单元不是前一个格局的一部分。因此：

$$X_1X_2\cdots X_{n-1}qX_n \vdash_M X_1X_2\cdots X_{n-1}YpB$$

② 如果 $i=1$ 且 $Y=B$，则在 X_1 上写下的符号 B 加入前面空格的无穷序列，并且不出现在下一个格局中。因此：

$$qX_1X_2\cdots X_n \vdash_M pX_2\cdots X_n$$

图灵机接受的语言是这样一些字符串的集合，开始时，这些字符串放在图灵机的纸带上，图灵机处于状态 q_0，且读/写头处在纸带最左边的单元上，这些字符串将使图灵机进入某个终止状态。设当输入被接受时，图灵机将停止，没有下一个动作，即图灵机停机。已经证明，图灵机的停机是不可判定的，但可以假设，如果不特殊说明，图灵机到达终点后一定停机。

图灵机就是一种可以对输入信息进行变换然后给出输出信息的装置。例如前边讲到的小虫，纸带上方格的颜色就是对小虫的输入；而小虫所做的动作就是输出。这种"变换"实际上可以理解为是广义的计算。例如，将二进制数变换为十进制数，将变量 x 变换为函数 $f(x)$

等，都属于计算。当然，这样的"计算"过于简单。但就像复杂的工作可以分解为若干简单工作的组合一样，多项简单计算也可以组合为一项复杂计算。

图灵机的主要功能就是计算。如果把图灵机的内部状态解释为指令，用字母表中的符号来表示，与输入字和输出字一样，都存储在机器中，就成为电子计算机了。事实上，图灵机就是一个理论计算机模型。

3.1.5 图灵机与计算机

1. 模拟

在解释图灵机与今天所使用的计算机之间的关系之前，先来看一下"模拟"这个名词。

"模拟"是一个很难给出确切定义的名词。简单地说，模拟是一种模仿或复制。例如，A向B做了一个鬼脸，然后B也照着A的样子向A做了个鬼脸。这就是B对A进行了模拟。

从这个简单的例子可以看出模拟的基本条件，B之所以能够对A进行模拟，是因为B的手可以对应A的手，B的眼睛可以对应A的眼睛……即A与B之间存在有一系列的对应关系。所以，B能够模拟A的关键条件是要具有对应关系：如果B中的元素可以完全对应A中的元素，那么B就可以模拟A。（请注意：这句话隐含了在此条件下，A不一定能模拟B。）

再假设：有A和B两个人，A对B做了个鬼脸，但B没有冲着A做鬼脸，而是将A的鬼脸动作记在了日记本上。几天后，C根据B在日记本上的描述记录，对其他人做了鬼脸，与A的完全一样。这里，C将日记本上的文字翻译成了动作，完成了对A的模拟。这个"翻译"的过程是对信息的变换，而变换本身可以理解为是一个计算的过程，也就是可以用图灵机实现的算法过程。

如果上述的A和B不是做鬼脸的人，而是两台图灵机，是否可以相互模拟呢？模拟的条件是要有对应关系。如果一台图灵机A包含的输入集合、输出集合、内部状态集合和程序规则表这四个要素与另一台图灵机B的这些元素都存在对应关系，就认为A机和B机可以相互模拟。考虑到图灵机的功能是实现对输入信息进行变换以得到输出信息，人们关心的也仅仅是输入和输出之间的对应关系。因此，若要使图灵机A模拟图灵机B，不一定要模拟B所有的输入、输出、内部状态和程序规则等元素，只要在给定输入时，能模拟B的输出就可以了。

若设图灵机A的输出为O，而B的输出为O'，为了使B能模拟A，再通过一台图灵机C，C能够将O'变换为O，那么就相当于B模拟A了（如图3-6所示）。

如果图灵机A能够模拟图灵机B，并且B也能模拟A，则说A和B是计算等价的。能够模拟其他所有图灵机的图灵机称为通用图灵机（Universal Turing Machine）。现代电子计算机其实就是这样一种通用图灵机的模拟，它能接受一段描述其他图灵机的程序，并运行程序实现该程序所描述的算法。

关于模拟，有这样一个例子，有三句话："请把

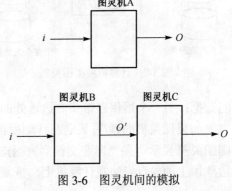

图 3-6 图灵机间的模拟

门关上"、"Please close the door"、"01001110101"。将这三句话分别讲给中国人、英国人和机器人。这是三句在形式上完全不同的话，但最后形成的结果是一样的，都是关上了门。如果将中国人、英国人和机器人都视为图灵机，将听了话后的动作看做图灵机的输出，那么，这三台图灵机有相同的输出结果，也就是说，这三台图灵机之间是可以相互模拟的。

比较图灵机与日常使用的普通计算机，这些模型似乎相当不同，但能接受恰好相同的语言，即递归可枚举语言。由于"普通计算机"的概念不是以数学方式良好地定义的，所以本节的论证只是非形式化地说明一下。必须求助于计算机能做什么的直觉，特别是当涉及的数字超过了这些机器体系结构上固定的通常限制（如 32 位地址空间）时。这里要说明的断言可分为两个部分：

（1）计算机能够模拟图灵机；

（2）图灵机能够模拟计算机。

2．用计算机模拟图灵机

从图灵机的构成及其四要素（输入信息、输出信息、内部状态、规则）出发，考虑用计算机模拟图灵机的可行性。

给定一个图灵机 M，要使计算机能够模拟 M，根据模拟的概念，需要该计算机与 M 有同样的输出，而要使计算机实现某种输出，只要编写出执行结果等于该输出的程序即可。因此，用计算机模拟图灵机 M，首要的一点就是编写出执行结果与 M 输出结果相同的程序。

M 的内部只有有穷多种状态和有穷多条规则，所以计算机可以把状态编码成字符串，将规则放入规则表中，程序可以通过查规则表来确定每一步的移动。

M 纸带中的符号是有穷多种的，可以把带符号编码成固定长度的字符串，以使计算机能够处理。

图灵机模型中的纸带上有有穷多种符号，这相当于计算机中的存储设备。但可以无穷地增长，而计算机的存储器（主存、磁盘或其他存储设备）都是有穷的。固定大小的存储器能模拟无穷的带吗？答案是：如果没有机会更换存储设备，事实上就不能。但是普通计算机都有可交换的存储设备，如可能是"压缩"磁盘。事实上，典型的硬盘是可拆卸的，可以更换。

因为在可使用多少磁盘的问题上没有明显的限制，可以假设计算机需要多少磁盘就有多少磁盘可用。将磁盘安放在如图3-7所示的两个堆中，一个堆保存位于带头左边远处带单元中

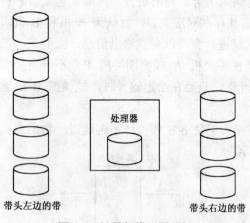

图3-7　计算机模拟图灵机

的数据；另一个堆保存带头右边远处的数据。在堆中的位置越向下，数据就离带头越远。

如果图灵机的读/写头向左移动得很远，到达计算机中目前安装的磁盘不能表示的单元，则图灵机显示消息"向左交换"。操作人员卸下当前安装的磁盘，放到右边堆的顶上，把左边堆顶上的磁盘安装在计算机上，恢复计算。

类似地，如果图灵机的读/写头到达右边很远的单元，使得所安装的磁盘不能表示这些单元，则显示"向右交换"信息。操作人员把目前安装的磁盘移动到左边堆的顶端，把右边堆顶端的磁盘安装到计算机中。如果任意一边的堆空了，则图灵机进入了带上的全空格区域。在这种情况下，操作人员必须去买新的磁盘安装上。

由此可见，可以用计算机来模拟图灵机的工作。

计算机可以模拟图灵机，那么图灵机是否能够模拟计算机呢？或者说是否存在普通计算机能做但图灵机不能做的事情？

这个问题需要暂时先放一下。为了能有效理解图灵机模拟计算机的工作过程，必须首先了解现代计算机的工作原理。

3.2 冯·诺依曼计算机

3.2.1 冯·诺依曼

艾伦·图灵为计算机的发展奠定了理论基础，而美籍匈牙利科学家约翰·冯·诺依曼（John Von Neumann）则在图灵机模型的基础上，确立了现代计算机的体系结构。他的主要贡献是提出并实现了"存储程序"的概念。

冯·诺依曼 1903 年生于匈牙利，1931 年成为美国普林斯顿大学第一批终身教授，是 20 世纪最杰出的数学家之一。他在短暂的 54 年生命中，在计算机科学、计算机技术、数值分析和经济学中的博弈论等领域都做出了很多开拓性的工作，而他所有贡献的精髓是二进制思想与存储程序思想。

1946 年，第一台电子计算机 ENIAC 投入运行，它以每秒 5000 次运算的计算速度震惊了世界（这在当时是不可想象的）。但事实上，在它未完工之前，一些人，包括它的主要设计者就已经认识到，它的控制方式已不适用了。ENIAC 并不像现代计算机那样用程序来进行控制，而是利用硬件，即利用插线板和转换开关所连接的逻辑电路来控制运算。

1945 年年初，在与 ENIAC 研制小组成员共同讨论的基础上，冯·诺依曼、莫奇利等人发表了著名的"存储程序通用电子计算机方案"（Electronic Discrete Variable Automatic Computer，EDVAC），方案提出关于存储程序控制的电子计算机的总体设想，明确指出了计算机应由五个部分组成，包括运算器、逻辑控制装置、存储器、输入设备和输出设备，并描述了这五部分的职能和相互关系。同时，方案还论证了计算机设计的两大设计思想。

图 3-8　约翰·冯·诺依曼

（1）设计思想之一是二进制。冯·诺依曼根据电子元件双稳工作的特点，建议在电子计算机中采用二进制（在此之前的研究都关注于十进制）。报告提到了二进制的优点，并预言，二进制的采用将大大简化机器的逻辑线路。

实践证明了冯·诺依曼预言的正确性。如今，逻辑代数的应用已成为设计电子计算机的重要手段，在 EDVAC 中采用的主要逻辑线路也一直沿用至今，只是对实现逻辑线路的工程方法和逻辑电路的分析方法进行了改进。

（2）设计思想之二是程序存储。通过对 ENIAC 的考察，冯·诺依曼敏锐地抓住了它的最大弱点——没有真正的存储器。ENIAC 只有 20 个暂存器，它的程序是外插型的，指令存储在计算机的其他电路中。这样，解题之前，需首先写好所需的全部指令，通过手工把相应的电路连通。这种准备工作需要花几小时甚至几天时间，而计算本身却只需几分钟。计算的高速与程序的手工操作存在着巨大的反差。

针对这个问题，冯·诺依曼提出了程序存储的思想：把运算程序存放在机器的存储器中，程序设计员只需要在存储器中寻找运算指令，机器就会自行计算。这样，就不必每个问题都重新编程，从而大大加快了运算进程。这一思想标志着自动运算的实现，也标志着电子计算机的成熟，成为电子计算机设计的基本原则。

现在使用的计算机，其基本工作原理就是存储程序和程序控制。

1946 年，冯·诺依曼和戈尔德斯廷、勃克斯在 EDVAC 方案的基础上，又提出了一个更加完善的设计报告《电子计算机逻辑设计初探》。这两份既有理论又有具体设计的文件在全世界掀起了一股计算机热，它们的综合设计思想便是著名的"冯·诺依曼计算机"，其核心思想就是存储程序原则——指令和数据一起存储。

这个概念被誉为计算机发展史上的一个里程碑。它标志着电子计算机时代的真正开始，指导着之后的计算机设计。

3.2.2 程序和指令

现代计算机不仅能够进行各种复杂的数值计算，还能模拟人类的思维进行分析和处理各种问题。那么，计算机为什么能够做这么多的事情？它是如何完成每一项任务的？

计算机之所以能够按照要求完成一项一项的工作，是因为人向它发出了一系列的"命令"，这些命令通过输入设备以一定的方式送入计算机，并且能够为计算机所识别。将这种能够被计算机识别的命令称为指令，一台计算机能够识别的所有指令的集合称为该计算机的指令系统，而保证对指令的执行能力的是计算机的硬件系统。

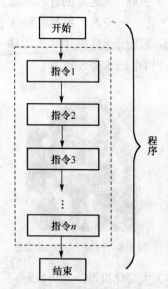

图 3-9　程序中的指令

当人们需要计算机完成某项任务的时候，首先要将任务分解为若干个基本操作的集合，并将每一种操作转换为相应的指令，按一定的顺序组织起来，这就是程序。计算机完成的任何任务都是通过执行程序完成的。例如，在需要解一道数学题时，要先把解题步骤按照一定的顺序用计算机能够识别的指令书写出来，命令计算机执行规定的操作。这些指令的序列就组成了程序，如图3-9所示。

计算机硬件能够直接识别并执行的指令称为机器指令，它们全部由"0"和"1"这样的二进制编码组成，其操作通过硬件逻辑电路实现。

不同的计算机系统通常都有自己特有的指令系统，其指令在格式上也会有一些区别，但一般都包含这样三种信息：指令操作的性质（如加、减、乘、除等）、操作对象的来源（如参加操作的数据或存放数据的地址）及操作结果的去向（存放结果的地址）。指令操作的性质（或者说操作的种类）称为操作码，表征操作对象的部分通常具有地址的含义，相应地称为地址码①。指令的一般格式如图3-10所示。

操作码（OPC）	操作数的目标地址，操作数的源地址

图 3-10   指令的一般格式

每台计算机都拥有由各种类型的机器指令组成的指令系统。指令系统的功能是否强大、指令类型是否丰富，决定了计算机的能力，也影响着计算机的结构。指令按不同方式组合可以构成完成不同任务的程序。计算机严格按照程序安排的指令顺序，有条不紊地执行规定的操作，完成预定任务。因此，程序是实现既定任务的指令序列，其中的每条指令都表示计算机执行的一项基本操作。一台计算机的指令种类是有限的，但通过人们的精心设计，可编写出无限多个实现各种任务的程序。

3.2.3 冯·诺依曼计算机基本结构

20 世纪初期，科学家们开始关注用于数值计算的机器应该采用什么样的结构。由于人一直习惯于十进制，所以当时的焦点更多地集中在基于十进制的模拟计算机研究上，但研究的进展极为缓慢。

1946 年研制出的第一台电子计算机 ENIAC 证明了电子真空技术可以大大提高计算机的计算能力。但 ENIAC 本身存在两大缺点，使计算的"高速"被准备工作抵消了。

针对 ENIAC 存在的问题，冯·诺依曼等人在 1945 年发表的 EDVAC 方案中首次说明了计算机应由运算器、逻辑控制装置、存储器、输入设备和输出设备五部分组成，同时提出了采用二进制计数及建立程序存储器的思想，即把运算程序存放在机器的存储器中，程序设计员只需要在存储器中寻找运算指令，机器就会自行计算。这样就不必每个问题都重新编程，从而大大加快了运算进程。这就是"冯·诺依曼计算机"的核心设计思想。

冯·诺依曼计算机的主要特点有：

（1）将计算过程描述为由许多条指令按一定顺序组成的程序，并放入存储器保存；

（2）程序中的指令和数据都采用二进制编码（抛弃了十进制计数的设计思路），且能够被执行该程序的计算机所识别；

（3）指令和数据可一起存放在存储器中，并进行同样的处理；

（4）指令按其在存储器中存放的顺序执行，存储器的字长固定并按顺序线性编址；

（5）由控制器控制整个程序和数据的存取及程序的执行；

（6）计算机由运算器、逻辑控制装置、存储器、输入设备和输出设备五部分组成，以运算器为核心，所有程序的执行都经过运算器。

冯·诺依曼计算机的设计思想简化了计算机的结构，大大提高了计算机的工作速度。图 3-11 所示是冯·诺依曼计算机结构示意图。

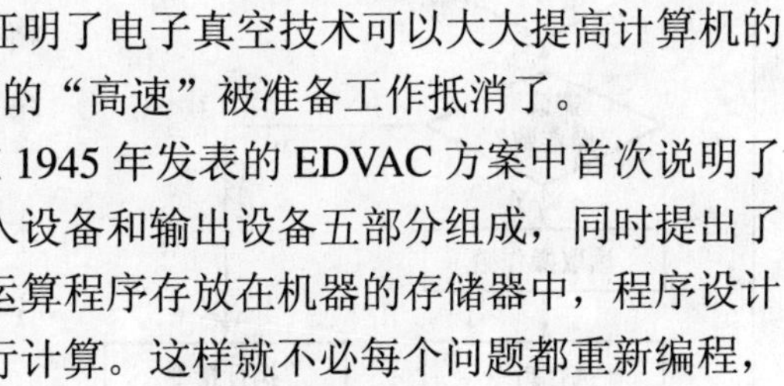

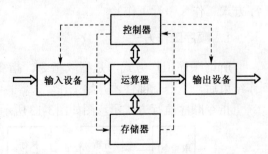

图 3-11   冯·诺依曼计算机结构示意图

---

① 这里所说的是广义的地址码，它可以是操作数的地址，也可以是操作数本身。

半个多世纪过去了，虽然计算机软/硬件技术都有了飞速发展，但直至今天，计算机本身的基本结构形式并没有明显的突破，仍属于冯·诺依曼架构。

3.3 微型机的基本工作原理

计算机的工作过程就是执行程序的过程，而程序是指令的序列。所以，计算机的工作过程就是执行指令的过程。

3.3.1 指令的执行过程

指令是控制计算机完成某种操作并能够被计算机硬件所识别的命令。因此，指令有如图 3-10 所示的格式。根据冯·诺依曼计算机的原理，程序在被执行前先要存放在（内）存储器中，而程序的执行需要由 CPU 完成。因此，计算机在执行程序时，首先需要按某种顺序将指令从内存储器中取出（一次读取一条指令）并送入微处理器，处理器分析指令要完成的动作，再去存储器中读取相应的操作数，然后执行相应的操作，最后将运算结果存放到内存储器中。这一过程直到遇到结束程序运行的指令为止。

因此，指令的执行过程可简单地描述为五个基本步骤：取指令、分析指令、读取操作数、执行指令和存放结果。图3-12给出了一条指令的执行流程。

图 3-12 中的"需读取操作数？"的分支，表示不是每一条指令都需要到内存中去读取操作数。当然，这不表示指令没有操作的对象，而是操作的对象可能是处理器本身。

以下讨论只包括取指令、分析指令（也称指令译码）和执行指令这三个基本步骤时指令的执行方式。

在现代微处理器中，取指令、分析指令和执行指令的工作是由三个部件分别完成的。这三个部件可以同时工作（并行工作），也可以按顺序方式工作（串行工作）。

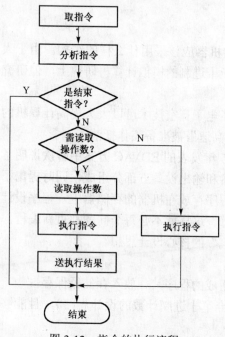

图 3-12　指令的执行流程

1. 顺序工作方式

所谓顺序工作方式，是指取指令、指令译码和执行三个部件依次工作，前一个部件工作结束后，下一个部件才开始工作。

指令顺序执行方式示意图如图3-13所示。早期计算机系统中均采用这样的执行方式。

图 3-13　指令顺序执行方式示意图

顺序工作方式的优点是控制系统简单，实现比较容易；节省硬件设备，使成本降低。缺点主要有两个：一是微处理器执行指令的速度比较慢，因为只有在上一条指令执行结束后才能够执行下一条指令；二是处理器内部各个功能部件的利用率较低。以图3-13所示的流程工作，则在取指令部件从内存中读取指令时，分析指令部件和执行指令部件都处于空闲状态；同样，在指令执行时也不能同时取指令或分析指令。因此，顺序执行方式时系统总的效率是比较低的，各功能部件不能充分发挥作用。采用顺序方式执行 n 条指令所用时间可用式（3-1）表示。

$$T_0 = \sum_{i=1}^{n} (t_{\text{取指令}\,i} + t_{\text{分析指令}\,i} + t_{\text{执行指令}\,i}) \tag{3-1}$$

若假设计算机取指令、分析指令和执行指令所用的时间相等，均为 Δt，则完成一条指令的时间是 $3\Delta t$，而执行完 n 条指令需要的时间为

$$T_0 = 3n\Delta t \tag{3-2}$$

2. 并行工作方式

并行工作方式是使三个功能部件同时工作，即在指令被取入处理器、开始进行分析的时候，取指令部件就可以去取下一条指令；而当指令分析结束开始被执行时，指令分析部件就可以进行下一条指令的译码工作，同时取指令部件又可以再去取新的指令……，依次进行，在进入稳定状态后，就可以实现多条指令的并行处理。

图3-14为指令并行执行方式示意图。图中，当第 1 条指令进入指令分析部件时，取指令部件就开始从内存中取第 2 条指令，假如这三个功能部件的执行时间完全相等，均为 Δt，执行第 1 条指令需要的时间为 $3\Delta t$，之后每过一个 Δt 时间，就有一条指令执行完成，则执行 n 条指令所需要的时间为

$$T = 3\Delta t + (n-1)\,\Delta t = (2+n)\,\Delta t \tag{3-3}$$

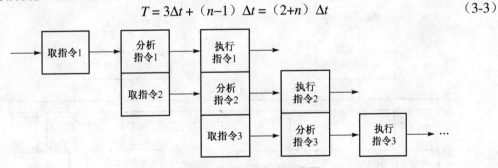

图 3-14　指令并行执行方式示意图

由式（3-3）可以看出，与采用顺序执行方式所用的时间 T_0 相比，并行执行方式缩短了系统执行程序的时间，且这种时间上的收益率会随着指令数量 n 的增加而更加显著。

相对于顺序执行方式，并行方式减少的时间量可用系统加速比 S 来描述：

$$\begin{aligned} S &= T_0 / T \\ &= 3n\Delta t / [2(2+n)\Delta t] \\ &= 3n / (2+n) \end{aligned} \tag{3-4}$$

【例 3-1】 某程序段经编译后生成 10 000 条机器指令，假设取指令、分析指令和执行指

令所用的时间均为 t。分别求出使用顺序执行方式和并行执行方式完成该程序段所需的时间，并说明使用顺序执行方式比并行执行方式慢多少（即系统的加速比）。

由题目知，$n = 10000$，$\Delta t = t$，则由式（3-2），顺序执行完该程序所需时间为

$$T_0 = 3nt = 30000t$$

采用并行执行方式执行该程序需要的时间为

$$T = （2+n）t = 10002t$$

顺序执行方式与并行执行方式所耗费时间的比为

$$S = T_0 / T = 30000t / 10002t = 30000 / 10002 \approx 3$$

可见，顺序执行方式所花费的时间约为并行执行方式的 3 倍。

图 3-14 所示的模型是现代计算机流水线控制技术的基本模型。该模型所给出的是理想的情况，即每个部件的工作时间完全相同，仅在这样的假设下，所示模型的流水线才不会"断流"。这在实际的系统中是几乎不可能的。

为了解决流水线的"断流"问题，在现代计算机系统中，在取指令和指令译码部分都设置有指令和数据缓冲栈，可以实现指令和数据的预取和缓存。指令执行部分设置有独立的定点算术逻辑运算部件、浮点运算部件等。另外，加入了预测、分析、多级指令流水线等多项技术，实现对指令和数据的预取和分析，以尽可能地保证流水线的连续。

3.3.2　微处理器的基本结构及工作原理

CPU 是微型计算机的核心芯片，是整个系统的运算和指挥控制中心。不同型号的微型计算机，其性能的差别首先在于 CPU 的性能。无论哪种 CPU，其内部基本组成都大同小异，均包括控制器、运算器和寄存器组三个主要部分。图 3-15 给出了微处理器基本结构示意图。

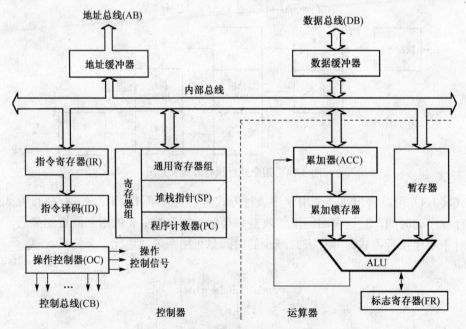

图 3-15　微处理器基本结构示意图

图中的控制器部分主要负责产生各种控制信号，以及读取指令、读取参加运算的数据及存放指令执行的结果。读取程序指令的地址由程序计数器（Program Counter，PC）产生，PC 也称为指令指针，它表示下一条要读取的指令在内存中的存放地址；读取或写入数据的地址则由指令本身确定（即图 3-10 所示的指令格式中的操作码部分）。这些地址信号通过地址总线传送。

运算器部分的核心是算术逻辑单元（Arithmetic Logic Unit，ALU），包括算术运算、逻辑运算、移位操作等功能，主要负责指令的执行。运算可能产生的中间结果可以存放在累加器和暂存器中，标志寄存器（FR）中存放的是运算结果的特征，如是否有进位、结果是否为零、结果的符号位状态等。

运算需要的操作数、运算的结果及指令码则通过数据总线传送。

在现代计算机中，指令的执行采用了并行流水线方式。因此，实际的微处理器结构要比图 3-15 所示的结构复杂很多，功能也强很多，不仅包含了这些基本部件，还包括专门的存储器管理、指令和数据缓存、流水线管理和执行部件等。图 3-16 所示为 Intel NetBurst 微体系结构，它主要包含三个组成部分：一是有序执行的前端流水线（Front End）；二是乱序执行内核；三是有序的指令流卸出部件。

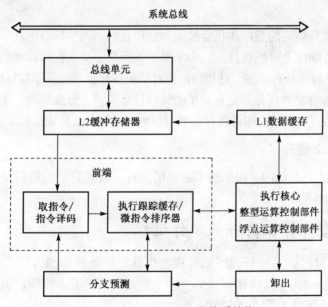

图 3-16　Intel NetBurst 微体系结构

1. 前端流水线控制部件

前端流水线控制部件负责取指令和指令译码，并把它们分解为简单的微操作。它的作用是按照程序原来的顺序为具有极高运行速度的乱序执行内核提供指令。

为了保证指令执行能够以并行流水方式进行，需要使取指令部件和执行部件能够并行工作。为此，CPU 中设置了指令和数据的预取功能，即在还没有执行时就预先将未来要执行的若干指令取入 CPU，从而使 CPU 内部的"取指令"时间可以忽略不计。这种方式在顺序执行情况下可以使流水线不"断流"。但在遇到分支转移、转子程序等指令时，程序的执行过程就不再是顺序的，由于无法预知未来的程序走向，预取的指令及已分析完成的下一条指令就有可能作废，也就是说会出现"断流"的情况。

为了减少流水线执行速度上的损失，现代微处理器中设置了"执行跟踪缓存"，把已译码的指令保存在执行跟踪缓存中。这样，当重复执行某些指令（循环程序）时，就可从执行跟踪缓存中取出译码后的指令直接执行，以节省对这些指令的重复译码；另外，当出现对分支程序的转移预测错误时，能够从执行追踪缓存中快速地重新取得发生错误前已经译码完成的指令，从而加速流水线填充过程。

2．执行核心

执行核心也称乱序执行内核。乱序执行能力是并行处理的关键所在，它使得处理器能够重新对指令排序，这样当一个微操作由于等待数据或竞争执行资源而被延迟时，后面的其他微操作仍然可以绕过它继续执行。处理器拥有若干个缓冲区来平滑微操作流。这意味着当流水线的一个部分产生延迟时，该延迟能够通过其他并行的操作予以克服，或通过执行已进入缓冲区中排队的微操作来克服。

执行核心包括整型运算控制部件和浮点运算控制部件等。

3．指令卸出

卸出部分接收执行核心的微操作执行结果并处理它们。执行核心的乱序执行能力使原先的程序中的指令在执行顺序上可能被打乱。为了保证执行在语义上正确，卸出部分根据原始的程序顺序来更新相应的程序执行状态，使指令的执行结果在卸出前按照原始程序的顺序进行提交。

卸出部分还跟踪分支的执行并把更新了的转移目标送到"分支预测"中以更新分支历史。这样，不再需要的轨迹被清除出跟踪缓存，并根据更新过的分支历史信息取出新的分支路径。

4．L1 缓存和 L2 缓存

L1 和 L2 分别是一级 Cache 和二级 Cache 的简称。设置它们的目的是保证指令的并行执行，并提高 CPU 的性能。

3.3.3 微型计算机的一般工作过程

计算机的工作过程就是执行程序的过程，也就是逐条执行指令序列的过程。由于每一条指令的执行都包括取指令（含指令译码）和执行指令两个基本阶段，所以，微机的工作过程就是不断地取指令和执行指令的过程。

需要计算机完成某项任务时，最基本的工作是首先使用某一种计算机语言编写出相应的程序。编写完成后首先存放在外存储器中（通常以文件的形式存放），运行时在操作系统控制下由输入设备送入到内存。

进入内存后的程序会按照逻辑上的顺序依次存放在内存各单元中。若假设程序已存放到内存，当计算机要从停机状态进入运行状态时，处理器内部的程序计数器（PC）会指向程序的第一条指令。当 PC 所指向的指令被取出后，处理器将自行修改 PC 的值，使其指向下一条指令。指令的执行结果会暂存在内存中，最后在操作系统控制下存入外存或由输出设备送出。图3-17给出了程序进入内存后，计算机按顺序执行方式执行一条指令的工作过程：

（1）控制器将要读取的指令在内存中的地址赋给 PC（图 3-17 中假设为 04H），并送到地址寄存器 AR；

（2）PC 自动加 1，AR 的内容不变；

（3）将地址寄存器 AR 的内容发送到地址总线上，并送到内存储器，经地址译码器译码，选中相应的内存单元；

（4）CPU 的控制器发出"读"控制信号；

（5）在读命令控制下，所选中的内存 04H 号单元中的内容（即指令码，图 3-17 中假设为 97H）被读出送到数据总线上，并送入数据寄存器 DR；

（6）DR 将读出的指令码送到指令寄存器 IR，然后送指令译码器 ID，进行指令分析。

至此，就完成了一条指令的读取。读取的指令经译码后，若需要再到内存中读取操作数，则继续下述过程：

（7）发送运算所需操作数的地址；

（8）读取操作数；

（9）使运算器开始执行指令；

（10）发送保存运算结果的地址；

（11）将运算结果暂存在内存中。

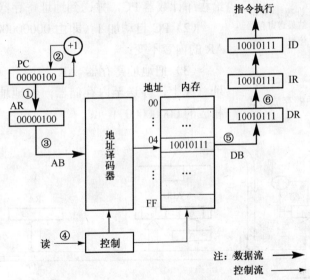

图 3-17　冯·诺依曼计算机工作过程示意图

一条指令执行结束后，就转入了下一条指令的取指令阶段。如此周而复始地循环，直到程序中遇到暂停指令才结束。

上述整个工作过程中，控制器将会发出相应的各种控制信号（如"读"信号、"写"信号等），协调和控制各部件的运行。

应当指出，读操作完成后，04H 单元中的内容 97H 仍保持不变，这种特点称为非破坏性读出（Non Destructive Read Out）。这一特点很重要，因为它允许多次从某个存储单元读出同一信息。

处理器向内存中写入执行结果的过程与"读"操作过程类似，不同的是，此时控制器发出的是"写"命令。CPU 将要写入的内容放到数据总线上；然后发出"写"控制信号，在该信号的控制下，数据被写入指定的存储器单元中。

应当注意，写操作将破坏该存储单元原存的内容，即新内容代替了原内容，原内容将被清除。

【例 3-2】 以一个简单的加法运算为例，描述计算机的工作过程。

求解 5+8 的机器语言程序为：

机器码	
10110000　00000101	；第一个操作数（5）送到寄存器
00000100　00001000	；5 与第 2 个数（8）相加，结果（13）送到寄存器
11110100	；停机

该段程序在内存中的存放形式如图 3-18 所示。由于读取每一条指令都由一系列相同的操作组成，简便起见，这里仅给出读取第一条指令的过程描述（如图3-19所示）。

读取第一条指令的过程如下：

（1）将指令在内存中的地址（这里为 0000 0000）赋给程序计数器 PC，并送到地址寄存器 AR；

（2）PC 自动加 1（即由 00000000 变为 00000001），AR 的内容不变；

（3）把地址寄存器 AR 的内容（00000000）放在地址总线上，并送至内存储器，经地址译码器译码，选中相应的 00000000 单元；

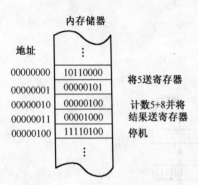

图 3-18　指令在内存中的存放形式

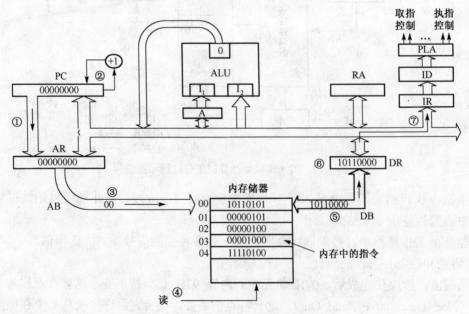

图 3-19　读取第一条指令操作码的过程

（4）控制器发出读命令；

（5）在读命令控制下，把所选中的 00000000 单元中的内容即第 1 条指令的操作码 10110000 读到数据总线；

（6）把读出的内容 10110000 经数据总线送到数据寄存器 DR；

（7）取指阶段的最后一步是指令译码。因为取出的是指令的操作码，故数据寄存器 DR 把它送到指令寄存器 IR，然后送到指令译码器 ID。

读取存放在内存中的操作数的过程与取指令类似，仅第（7）步不同。例 3-2 中，因指令要求读取的操作数要送到寄存器，故由数据寄存器 DR 取出的内容通过内部数据总线送到寄存器中。由于运算的结果存放在处理器内部的寄存器中，所以不需要再访问内存。

但需要注意的一点是，CPU 内部寄存器只能用于数据（中间运算结果）的暂时存放，最终的结果要存放到存储器中。

*3.3.4　用图灵机模拟计算机

在对微处理器的结构及微型计算机的基本工作原理有了初步的了解之后，讨论用图灵机模拟计算机工作的可行性。

在 3.1.5 节已讨论了计算机对图灵机的模拟，那么是否存在普通计算机能做但图灵机不能做的事情呢？重要的从属问题是：计算机做某些事情能否比图灵机快很多。为讨论图灵机如何模拟计算机，先给出如下真实而非形式化的关于典型计算机操作的模型。

（1）计算机中的存储器（内存储器）由若干单元组成，每个单元存放 1 字节数据。为了区分不同的单元，给每个单元编一个地址（用连续整数编址），如整数 0、1、2 等。当然，实际的计算机对内存的操作（读或写）是按字进行的，一个字的长度取决于该计算机的字长，通常大于 1 字节（现代计算机的字长为 32 位或 64 位）。所以，一个字在内存中要占用多个单元。将存放一个字的地方称"字单元"，它可能是 4 或 8 字节单元。

（3）在真实计算机中，存储器的容量是有限的，即只能存放有限个"字"，但因为希望说明任意个数的磁盘或其他存储设备的内容，所以这里假设存储的字数没有限制。

（4）假设计算机程序保存在存储器的某些单元中，每个字单元中存放一条简单指令。例如，将数据从一个字单元移动到另一个字单元，或者将一个字单元的内容加到另一个字单元上。

（5）现代计算机中允许一条指令的操作数是存放运算数据的地址（"间接寻址"）。这种"引用"能力对于数组访问、表格操作等是非常必要的。

（6）假设每条指令的字长是有限（有穷）的，且每条指令至多改变一个字单元的值。

（7）典型计算机具有寄存器，但通常限制加法这样的操作在寄存器中进行。以下描述中将假设无任何类似的限制，也不考虑在不同存储设备上操作的相对速度，只比较计算机与图灵机的语言识别能力。

图 3-20 显示了如何设计图灵机来模拟计算机。这个图灵机使用多条带（多带图灵机可以采用固定的模式转换为单带图灵机，具体的转换方法可查阅其他详细介绍图灵机的参考书）。

第一条带表示计算机的存储器。假设存储单元的地址按照数值顺序与这些存储单元中的内容交替出现。地址和内容都用二进制书写。符号*和#分别用来表示地址和内容结尾，以及区分二进制串是地址还是内容。标记$表示地址和内容序列的开头。例如 0*表示这里的 0 是地址，而 w_0#表示 w_0 是存放的内容。

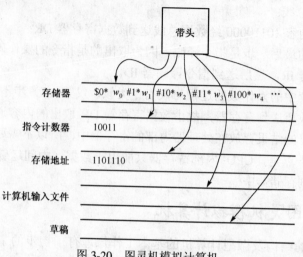

图 3-20　图灵机模拟计算机

第二条带是"指令计数器"（相当于程序计数器 PC）。这条带保存一个二进制整数，它表示第一条带上的一个存储单元的地址，而该存储单元中的内容是将要执行的下一条计算机指令。

第三条带保存数据的"存储地址"或这个地址的内容（当在第一条带上确定地址位置之后）。为了执行指令，图灵机必须找到一个或多个保存着计算所涉及数据的存储地址的内容。首先，把所需地址复制到带 3 上并与带 1 上的地址比较，直到发现匹配为止。将带 1 上地址中对应的内容复制到带 3 上，并移动到所需要的任何地方，典型情况是，移动到表示计算机寄存器的一个低编号地址。图灵机模拟计算机的指令周期如下。

（1）搜索第一条带，寻找与带 2 上指令号匹配的地址。由于带 2 上保存的是下一条要执行的指令的地址，从第一条带上$处开始，向右移动，比较每个地址与带 2 中的内容。比较的过程是使带头一前一后地向右移动，并验证扫描的符号是否相同。

（2）找到指令地址时检查地址中的内容（指令译码）。由于内容是指令，所以其前几个位（指令码）表示要做的动作（如复制、加、分支等），剩余位表示动作中涉及的一个或多个地址（操作数）。

（3）如果指令的操作数是地址码（即运算对象的存放地址），则这个地址会被复制到带 3 上。同时将指令的位置标记到带 1 的第二道（图 3-20 中没有显示出来），以在必要时能回到这条指令。

（4）执行指令。

（5）在执行指令并确定指令不是跳转之后，给带 2 上的指令计数器加 1，再次开始指令循环。

（6）图灵机如何模拟典型计算机，还有许多其他细节。在图 3-20 中显示了第四条带，这条带保存被模拟的计算机输入，因为计算机必须从文件读取输入，图灵机可以改为从这条带读取输入。图 3-20 还显示了一条草稿带，模拟有些计算机指令可能有效地使用一条或多条草稿带来计算乘法等算术运算。

以下通过一些操作实例来说明图灵机实现机器指令的操作过程。

（1）数据传送操作。

把一个数（源操作数）传送到某个地址（目的地址）中的操作过程：从指令中得到这个源操作数的地址，把这个地址写在带3上，并在带1上搜索这个地址，就能找到这个数；用同样的方法找到目的地址后，把这个源操作数复制到为目标地址保留的空间里，这就实现了"传送"。

如果需要更多的空间来保存这个源操作数，或者源操作数比目的地址中原来的值占用的空间更少，则可以通过平移来改变可用的空间。即：

① 把新的值所占空间右边的整个非空白带复制到草稿带上；

② 把新值写下来，使用这个值的正确的空间数量；

③ 把草稿带重新复制到带1上，紧接着新值的右边。

还可能出现的一种特殊情形是：这个目的地址可能还没有出现在第一条带上，因为在此之前计算机可能还没有用到过它。此时，就在第一条带上找到源数据所属的地方，平移腾出适当的空间，把地址和新值都保存在此处。

（2）把指令中的数加到另外一个地址中的数上。

该操作表示求两个二进制数的和，结果放到目的地址（题中的另一个地址）中。找到指令，从指令中得到另一个地址的位置，在带1上找到这个地址。将这个地址中的值与带3上保存的值执行二进制数加法。即从带的右端扫描这两个值，图灵机能毫无困难地执行逐位进位加法。如果结果需要更多的空间，则使用平移技术在带1上分配空间。

（3）指令是"跳转"操作。

此时，当前指令的操作数是下一条指令的地址，这个地址是现在保存在带3上的值。简单地把带3复制到带2，并且再次开始指令循环。

最后，假设计算机能够"接受"输出确认指令（可能对应着计算机调用的往输出文件上写"yes"的函数）。当图灵机模拟这条计算机指令的执行时，图灵机进入自身的接受状态并停机。

上面的讨论远远不是完整的形式化的图灵机能模拟计算机的证明，但它提供了足够的细节来说明图灵机是计算机能够做什么的有效表示。可以将只使用图灵机作为任意种类的计算机的模拟装置，通过该装置，更好地研究计算机能计算什么并给出严格的表示。

3.4 非冯·诺依曼计算机

3.4.1 冯·诺依曼计算机的局限性

冯·诺依曼的"存储程序计算机结构"为计算机技术的发展做出了巨大的贡献，几十年来，虽然计算机技术有了迅猛的发展，但传统计算机依然采用冯·诺依曼体系结构。

传统的冯·诺依曼计算机结构属于控制驱动方式。它由存放在内存中的程序指明计算机的操作内容，指令的执行顺序受程序计数器的控制，也就是说，由指令控制器控制指令执行的顺序和时机，当它指向某条指令时才驱动该条指令的执行。这种结构的特点是"程序存储，共享数据，顺序执行"。计算中有一条单一的控制流从一条指令传到下一条指令（由程序计数器 PC 提供，执行 K、$K+1$、…、N 指令），执行指令所需要的操作数通过指令中给定的地址来访问，指令执行结果也通过地址存入一个共享的存储器中。因此，存储程序工作方式的冯·诺依曼计算机本质上是顺序处理机，它的软件和硬件完全分离，适合对确定的算法和数据进行数值计算，对非数值的处理显得不足。

随着计算机应用领域的不断拓展，对计算机的性能（特别是对非数值数据的处理）提出了更高的要求，如各类 3D 模型的计算和处理、气象信息处理等，都要求计算机的计算能力能达到万亿次/秒以上。这就使得传统的冯·诺依曼计算机难以满足需求，逐渐暴露出其体系结构上存在的不足，主要表现在以下几方面。

（1）由于 CPU 与存储器之间有大量的数据交互，而总线的传输能力有限，因此使系统的性能受到了总线传输能力的制约，造成总线瓶颈。

（2）按照存储程序原理，指令的执行顺序由程序决定。这就要求在编写程序时必须仔细地分析任务的处理顺序。这对一些大型的、复杂的任务来说是比较困难的（即需要准确地做好需求分析和模块设计）。

（3）由于指令的执行顺序由程序计数器控制，使得即使有关数据已经准备好，也必须逐条执行指令序列。而提高计算机性能的根本方向之一是并行处理，冯·诺依曼计算机难以实现真正的并行处理。

（4）以运算器为中心，I/O 设备与存储器间的数据传送都要经过运算器，使处理效率，特别是对非数值数据的处理效率比较低。

（5）冯·诺依曼计算机具有简单的逻辑运算和判断功能，但远不能适应复杂的问题求解和推理的要求。

由于在体系结构上存在以上这些局限，从根本上限制了计算机的发展，特别是并行计算的发展。因此，从 20 世纪 80 年代起，陆续提出了多种与冯·诺依曼计算机截然不同的新概念模型的系统结构，如并行计算机、数据流计算机、量子计算机、生物计算机等非冯·诺依曼计算机，它们部分或完全不同于传统的冯·诺依曼计算机，在很大程度上提高了计算机的计算性能。

*3.4.2　数据流计算机结构

近年来，对非冯·诺依曼计算机的研究主要表现在以下几个方面。

（1）在冯·诺依曼体制范畴内，对传统冯·诺依曼机进行改造，如采用多个处理部件形成流水处理，依靠时间上的重叠提高处理效率。

（2）由多个运算部件组成阵列机结构，形成单指令流多数据流，提高处理速度。

（3）用多个冯·诺依曼机组成多机系统，支持并行算法结构。

（4）第 4 种结构可称为真正的非冯·诺依曼计算机结构，它是从根本上改变冯·诺依曼计算机的控制流驱动方式。例如，采用数据流驱动工作方式的数据流计算机，只要数据已经准备好，有关的指令就可以并行地执行。它为并行处理开辟了新的前景。

图 3-21 所示是日本 NEC 公司在 1984 年推出的一种非冯·诺依曼计算机结构 DIPS（Dataflow Image Processing System），图 3-21 中的数据流处理机采用数据驱动方式（不是冯·诺依曼计算机的控制驱动），即指令的执行是由数据驱动的。当指令具有所需要的操作

数据且输出端没有数据时，就可以被执行。一旦指令开始执行，其输入端的数据就取消，执行结果会被送到输出端。

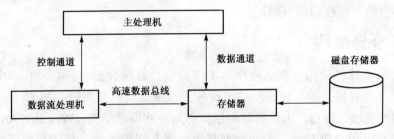

图 3-21　非冯·诺依曼计算机结构示意图

这种结构使得程序的执行顺序不由程序计数器控制，而是由指令间的数据流控制。程序变成了由指令连接的有向图。这样就实现了被处理的数据一到就立刻被处理，从而解决了冯·诺依曼计算机中的总线瓶颈问题。

图 3-22 所示为数据流处理机工作原理示意图。图中，数据流处理机由运算模块和访问模块组成，两者间通过一个环形接口相连。各指令的执行部件和存储器的读/写操作部件通过数据总线连接成环形，以流水方式工作。

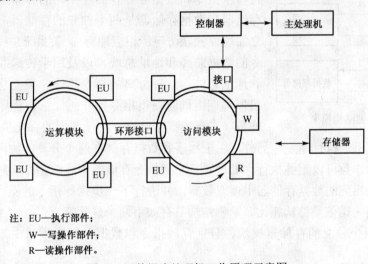

注：EU—执行部件；
　　W—写操作部件；
　　R—读操作部件。

图 3-22　数据流处理机工作原理示意图

当访问部件从存储器中读数据时，读取部件中的程序会对读出的数据赋予数据名并加上要到达的目的地址，然后将其放到数据总线上流动；环形总线上的每个指令执行部件不断检测总线上的数据流，当发现是发向本部件的数据时就立刻捕获并进行处理；处理完成后为其加上新的数据名和目标地址。

由于数据是在执行部件间流动的过程中被处理的，所以处理器和存储器之间不再需要进行输入/输出操作，所以数据流处理机的处理能力受存储器传输速度的影响较小。另外，由于数据由不同的执行部件来标记应送往哪个执行部件执行及执行结果的去向（即目标地址），而不是按存储地址标识的，从而摆脱了传统计算机按照程序规定的顺序执行操作的束缚，实现了数据的并行处理。

非冯·诺依曼计算机结构的主要特征是并行性，实现的主要手段是以存储器为核心，数据驱动。同时，相关的研究还集中在具有逻辑推理和问题求解功能、能够识别自然语言及各种多媒体信息的智能接口等方面。

3.4.3 哈佛结构

冯·诺依曼计算机采用"存储程序"工作原理、以运算器为核心，有一个存储器、一个控制器、一个运算器及输入设备和输出设备。哈佛结构模型如图 3-23 所示，即所有的输入和输出都需要通过运算器。人们将这种结构称为普林斯顿结构（Princeton Architecture）。

由于计算机采用二进制，指令和数据都用二进制代码表示，指令和操作数的地址又紧密相关，因此很自然地采用了将指令和数据统一存放、共享同一总线的结构。但这种结构使得信息流的传输只能采用串行方式，从而影响了计算机性能的提高。例如，完成一条指令的执行需要经过取指令、指令译码、读取操作数、执行和存放结果这样五个步骤。由于指令和数据存放在同一存储器中，公用一条总线（数据总线）传输，取指令时必然无法同时读取操作数。因此，它们无法重叠执行，只能串行执行。

哈佛结构（Harvard Architecture）是一种并行体系结构，其结构模型如图 3-23 所示。它

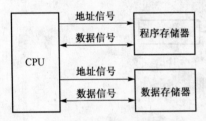

图 3-23 哈佛结构模型

将程序指令和数据分开存储在不同的存储空间中，即程序存储器和数据存储器是两个独立的存储器，每个存储器独立编址、独立访问。相应地有 4 条系统总线：用于传送指令的数据总线和地址总线，以及用于传送数据的数据总线和地址总线。这种分离的指令总线和数据总线允许在一个机器周期内同时获得指令操作码（来自程序存储器）和操作数（来自数据存储器），使数据的吞吐量提高了 1 倍，从而提高了计算机的执行速度。另外，由于程序和数据存储在两个分开的物理空间中，因此取指令和存取操作数可以重叠执行。处理器首先到指令存储器中读取指令，经过译码后得到数据地址，再到相应的数据存储器中读取数据，并进行下一步执行指令的操作。

总之，与冯·诺依曼结构相比，哈佛结构具有如下两个显著特点：

（1）使用两个独立的存储器模块，分别存放指令和数据，每个模块中都不允许指令和数据并存；

（2）使用独立的两组总线，分别作为 CPU 与存储器之间的专用指令和数据的通信通道，这两组总线间毫无关联。

在改进的哈佛结构中，将图3-23中的两组总线合并为一组，公共地址总线用于访问两个存储器模块，公共数据总线则用来完成程序存储器或数据存储器与 CPU 之间的数据传输，两条总线由程序存储器和数据存储器分时公用。

在现代处理器中，程序存储器和数据存储器均采用 Cache，省去了从主存储器中读取指令和数据的时间，大大提高了运行速度。

冯·诺依曼结构和哈佛结构的主要区别在于程序空间和数据空间是否为一体，前者中两个空间重合，而后者是分开的。

冯·诺依曼计算机简单、低成本的总线结构造就了计算机、特别是微型计算机的迅速

发展。目前，虽然已有众多关于非冯·诺依曼计算机的研究，但数据流计算机主要用于大型机系统中，其他如量子计算机、生物计算机等都还处于实验室研究阶段，离进入市场还有相当大的距离。

在现代微型计算机系统中，其总体结构依然是冯·诺依曼结构，但在微处理器内部，由于采用 Cache 技术，实现了指令和数据分开存放，共享公共总线，属于改进型的哈佛结构。

与冯·诺依曼结构相比，哈佛结构复杂度比较高，对外围设备的连接和处理要求较高，不适合存储器扩展。所以，除了在 CPU 内部之外，哈佛结构主要应用于单片机和微控制器中，如 Intel 公司的 51 系列、Microship 公司的 PIC16、ARM 公司的 ARM9-ARM11 等。

习 题 3

1. 图灵机模型主要由哪 4 部分组成？

2. 图灵机在形式上可以用哪 7 个元素描述？它们分别有什么含义？

3. 图灵机模型中的 4 个要素是什么？

4. 什么是图灵机的格局？

5. 试说明指令的执行步骤。哪些步骤是必须的？

6. 如果说图灵机 A 能够完全模拟图灵机 B，则意味着_____。如果图灵机 A 和图灵机 B 能够相互模拟，则表示_____。

7. 图灵机中的纸带相当于计算机中的_____。

8. 计算机硬件能够直接识别的指令是_____。

9. 冯·诺依曼计算机的基本原理是什么？

10. 冯·诺依曼计算机结构以_____为中心。

11. 与冯·诺依曼结构相比，哈佛结构主要具有_____和_____两大特点。

12. 某程序段经编译后生成 98 000 条机器指令，假设取指令、分析指令和执行指令所用的时间均为 2 ns，则使用并行流水线方式完成该程序段所需的时间为_____ns。

13. 简述冯·诺依曼计算机的特点。

14. 简述图灵机的工作过程。

第4章 问题求解

引言：

人类每天都会遇到各种各样的问题，同时，也希望计算机能为自己解决各种复杂的或一般的问题。在利用计算机进行问题求解的过程中，首先需要明确要让计算机做什么，之后，还需要将人们理解的需求逐步转换为计算机能够实现的操作，这是一个很复杂的过程。对于初学者来讲，确定问题域的需求或问题的定义是最困难的工作，也不可能通过本章中简单的介绍就能弄清楚。

作为计算机基础知识读本，本章仅希望能通过浅显的描述，使读者对系统性问题的求解过程有一个初步的认识，同时，对问题求解过程中涉及的算法和程序设计中的基本概念有一定的了解。

教学目的：

- 了解系统性问题求解的一般过程；
- 理解程序设计的基本概念；
- 理解结构化程序设计的思想和基本程序控制结构；
- 掌握算法的表示方法及简单算法描述；
- 了解算法的复杂性评价。

4.1 问题求解的一般过程

日常生活中，每天都会碰到大大小小的各种问题。碰到问题就需要解决问题，那么，是否总结过在遇到问题时怎样建立起解决问题的思路，又怎样选择解决问题的方法呢？

事实上，每个人在遇到问题时都有意识或无意识地经历了以下过程。

（1）首先，会下意识地先对问题是否可以解决做一个快速的评估，即该问题是否可解决。

（2）确定解决问题的方法。对于一个简单的问题，可能不需要过多地思考就能立刻解决。但如果是个大问题（系统性问题），可能就需要对问题进行分解，分配给多个人，花费一定的时间去完成。

（3）每个分到任务的人，会确定解决这个具体问题的方法并完成它。

（4）当每个人分配到的"子问题"都解决之后，需要将所有的结果汇总在一起，以构成大问题的解决结果。为了保证能够将"答案"合成到一起，需要在分配任务时就说清楚提交"答案"的格式。

（5）最后，需要确认问题解决结果的正确性。

这是人类对大问题求解的过程，也是计算机求解系统性问题的一般过程。假设某大学要开发一套利用计算机进行控制的课程管理系统。对于这个问题，需要做哪些工作呢？

作为计算机专业人员，可能对学校的学生管理模式不了解。因此，首先需要了解这个系统应该有些什么功能，这需要和学校有关人员进行沟通。但学校的管理者对计算机技术可能不熟悉，他们不清楚哪些是计算机可以或容易实现的、哪些是很难以实现的（计算机不是万能的）。因此，这样的沟通可能需要进行若干次，沟通的最终目的是弄清楚用户的需求。所以，这个过程称为"需求分析"。

在弄清楚需求之后，就进入了系统的设计阶段。它包括对功能模块的划分、算法设计、程序编写和调试及最后的系统测试。或许在设计、甚至程序编码阶段，会突然发现当初没有正确理解用户的需求，或用户需求发生了变化，那么需要重新修改需求，并修改后续的设计、编码等。

理论上，上述这个过程中的一个步骤结束后才可以开始下一个步骤，但它们又是可以反馈的，下一个步骤进行中可能会发现上一步存在某些不足或不完善处，此时就需要返回去修改。系统性问题求解的一般过程可以用如图4-1所示的模型表示。

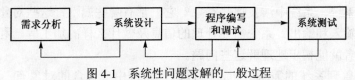

图 4-1　系统性问题求解的一般过程

4.1.1　需求分析与模型建立

需求分析的主要任务是：在充分理解用户需求（如课程管理系统需要有哪些功能）及对目标系统（如课程管理系统）领域知识有一定了解的基础上，确定问题"是否可解决"及"解决什么"。

"是否可解决"即解决问题的可行性，包括计算机科学求解问题的局限性、现有人员的技术水平、可能存在的经济和技术风险等。"解决什么"则是在了解问题所具有的特征、特点等基础上，对问题进行抽象，从而建立起系统模型。

从物理域中弄清楚要解决的问题，并通过对问题的抽象建立起逻辑模型，是一个复杂的过程，主要存在以下几个难点。

（1）问题的复杂性。用户需求涉及的因素繁多，如运行环境和系统功能等，引起了问题的复杂性。

（2）交流障碍。需求分析涉及人员较多，这些人具备不同的背景知识，处于不同角度，扮演不同角色，造成相互之间交流困难。

（3）不完备性和不一致性。用户对问题的陈述往往是不完备的，各方面的需求可能还存在矛盾，需求分析要消除矛盾，形成完备及一致的定义。

（4）需求易变性。把握需求不是一蹴而就的，因此变化是客观存在的。

需求分析的主要工作有以下几项。

（1）问题识别。确定用户对目标系统的综合要求（这里的目标系统就是按照用户需求、最终由计算机软件实现的系统），提出这些需求实现的条件，以及最后应达到的标准，包括功能、性能、可靠性、用户界面等。

（2）分析建模。通过对问题的分析和方案的综合，逐步细化和明确目标系统的各项功能，建立问题求解的模型。

（3）编写需求分析文档。包括编写"需求规格说明书"、"初步用户使用手册"、"确认测试计划"等。

需要说明的一点是：人们常说的计算机软件并不仅指程序，还包括在整个问题求解过程中所编写的各种相关文档资料，即计算机软件是程序、数据及各种相关文档资料的总和。上述的需求分析文档就是这些文档中的一部分。

总之，需求分析的主要目标是建立起系统的逻辑模型。所谓模型，是指对某一真实系统（如课程管理系统、学籍管理系统等）的目标、结构、行为等的抽象描述。模型的内容一般包括对象（概念）和对象之间的关系。建模的过程就是识别概念和概念间关系，并利用对象、联系等基本模型元素来描述系统的结构和行为等的过程。

建模的根本是抽象，就是将问题域中的各种人、物、人和物之间的联系抽象出来，用一些特有的符号或形式表示出来。简单地讲，就是对欲求解问题给出清晰的定义和描述。例如，对课程管理系统，系统中涉及哪些对象？它们都有哪些属性？这些对象间有什么样的关系？有什么样的输入和输出？系统需要处理的信息及做什么样的加工等。利用课程管理这个简单的系统，读者就能初步地理解这些问题。

经过对课程管理系统的需求分析，可以确定系统中应包含的对象有：教师、学生和课程。每个对象都有它们的属性。例如，学生的属性有学号、姓名、性别、年龄、班级等；课程的属性可以有课程代号、课程名、学分、学时等。教师和学生的关系可以是一位教师带多名学生，称为一对多关系。系统的输入就是已知的条件，如学生姓名、学号、选课代号、考试成绩；系统的输出就是希望得到的结果，如在屏幕上显示出某班选修某门课程的所有学生的姓名和考试成绩等；系统所做的处理就是希望计算机对输入信息做什么样的加工，如对某班选修某门课程的所有学生的成绩进行排序，并统计成绩为优秀的学生人数等。

课程管理系统是一个相对简单的系统，当需要解决的问题比较复杂时，对问题的定义也会变得复杂。这时需要借助一些原则、方法和工具。有兴趣的读者可参阅有关软件过程学方面的书籍。

4.1.2 模块设计

需求分析阶段解决"做什么"的问题，设计阶段则解决"怎么做"的问题。设计目标就是说明系统是如何被实现的。

对于复杂的问题（大型系统），理解起来总是比较困难的，这时需要将大问题分解成若干个小问题，以方便理解和解决，这就是系统的模块化。在分析阶段，已经建立了整个系统的模型，并对功能模块进行了大致的划分（层次划分），确定了系统的总体输入、处理和输出。但没有确定该怎么做。所以在设计阶段需要解决以下几个问题：

（1）利用某种设计方法，将复杂问题划分为具体的子问题，即设计出应该包含哪些具体的功能模块；

（2）确定每个模块的功能；

（3）确定模块之间的关系、相互间应传递的信息；

（4）确定模块之间的联系方式（接口）；

（5）确定每个模块功能的实现方法和步骤（即算法）。

对于大多数软件系统，设计阶段还包括对数据结构和数据库的设计。当然，最后还需要编写设计文档。

下边通过一个实例来说明算法的描述方法。算法是某个具体模块功能的实现方法和步骤，是对问题处理过程的进一步细化。它不是计算机可以直接执行的，只是编写程序代码前对处理思想的一种描述，可以用自然语言描述，也可以采用其他方式。4.4 节将对算法做进一步的介绍。

【例 4-1】 给出以下问题的算法描述：统计某班学生的英语和数学这两门课的成绩，找出合计成绩最高并且没有不及格的学生。

算法描述如下。

步骤 1：输入全部学生姓名、学号、英语成绩、数学成绩；

步骤 2：对各个学生成绩求和；

步骤 3：按成绩的和对学生进行排序；

步骤 4：从排序列表中取第一名学生的成绩；

步骤 5：该学生有不及格吗？没有则打印姓名并结束；若有不及格，则取下一位学生的成绩并重复步骤 5。

4.1.3　程序编码与调试

1. 编码

编码就是按照需求分析和模块设计规划好的蓝本，用真正的计算机语言去实现所规划的功能，主要涉及编码的组织及程序语言的选择。

（1）自顶向下、逐步求精的设计方法

对于简单的程序（如十几行的程序），程序怎么组织并不重要，但对于一个复杂的、成千上万行代码的大程序就不一样了（设想一下，连续 100 万行代码，如果连成一片，该怎么管理），需要将其自顶向下、一步步地划分为若干个小程序块，每一个小程序块（子程序，Subprogram）完成相对单一的功能（这就像一个复杂的大问题需要逐级划分为若干个子问题一样），最终形成如图4-2所示的树形结构。

这种模块化的设计，可使程序结构清晰，分工合作容易，编写和修改都比较方便。

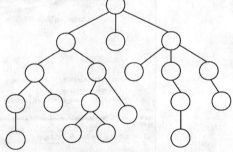

图 4-2　程序的树形结构

（2）程序设计语言的选择

目前可用的计算机语言有数百种之多，不同的语言有不同的特点和表现形式，对于同样的问题，用不同语言编写出的程序也不同，有时甚至会有较大的差别。有的程序语言适合数据库的开发，有的适用于科学计算，有的针对性强，有的功能全面。针对某一具体问题，在选择程序设计语言时，需要考虑不同语言的适用程度及现实的可行性。例如是否简单易学、语句是否容易有二义性、是否能满足对问题求解的需要、编译程序的效率等。

例如，对于数值计算，FORTRAN、C 和 C++语言有着更多的优势；在商业数据处理领域，通常会采用 COBOL、RPG 语言编写程序；在人工智能领域，主要采用 LISP 和 PROLOG 语言；而在实时控制领域，汇编语言依然在广泛应用。

总体上，在完成系统性问题的程序设计时，通常从以下三个方面考虑程序语言的选择。

① 人的因素：编程小组的人精通这门语言吗？如果不精通，需要多长时间来学习？

② 语言的能力因素：这门语言支持所需要的功能吗？它能跨平台吗？它有数据库的接口功能吗？它能直接控制声卡采集声音吗？

③ 其他因素：用这门语言开发这类任务的开发周期通常是多久？这门语言是否经常使用？

有时可能没有太多的选择，如要通过串行接口控制一个外部设备，C 语言加上汇编语言是最明智的选择；有时选择又比较多。了解一些流行的语言，哪怕并不精通，对于做出合理的选择也会有较大的帮助。

2．调试

程序编制可以在计算机上进行，也可以在纸张上进行，最终要让计算机来运行则必须输入计算机，并经过调试（以便找出语法错误和逻辑错误），然后才能正确地运行。因此，程序调试的目的就是诊断和改正程序中可能存在的错误。

不同语言的运行环境差距很大，但调试这一步是必须经过的。图 4-3 所示为一段 Visual Basic 程序在 Visual Studio 2010 环境下编译器报告的语法错误。编译器在下方显示出了程序存在的错误及其位置。

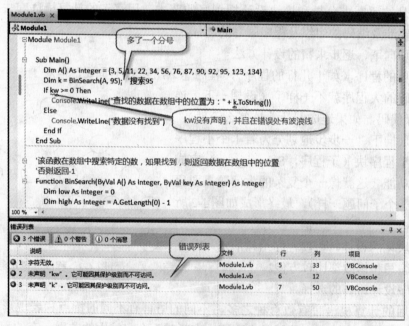

图 4-3　编译环境对程序的出错报告

一般说来，语言的检查功能只能查出语法错误，即程序是否按规定的格式书写，而逻辑错误的排查，则需要依靠程序员自身的能力。例如，编写程序找两个数中的较大者，一不小心写成了如下的形式：

```
If a>b Then
        Temp=a
Else
        Temp=a
EndIf
```

以上语句的意思是：如果 a 大于 b，将 a 赋值给 tmp，否则，将 a 赋值给 tmp。这就有逻辑上的错误，因为总是找到第一个数，在有些情况下得不到正确结果。目前为止，编译程序还检查不出此类错误。

4.1.4　系统测试

测试是为了发现错误而执行程序的过程。它根据整个问题求解过程中各个阶段的文档（该阶段的设计要求和目标），验证系统设计的正确性。包括所有需求的功能是否被正确地实现、可靠性是否满足等。测试活动主要有以下四类。

（1）单元测试。对一个模块或几个模块组成的小功能单元进行测试。

（2）集成测试。最终将本项目所有模块集成，交出完整程序产品。

（3）确认测试。验证是否与需求规格说明的描述相符。包括所有功能需求均满足、所有性能需求均达到、所有文档均已改正、其他需求已满足等。

（4）系统测试。对包括硬件、软件及其他相关设备集成在一起的测试。主要测试可恢复性、安全性、抗无意或恶意攻击的强度等。

计算机软件的整个测试过程可以用图4-4示意。

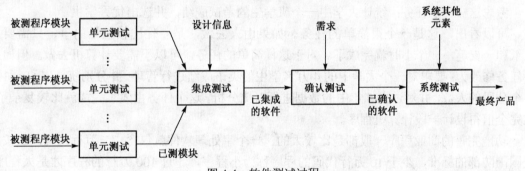

图 4-4　软件测试过程

软件测试可以分为两种：一种称为白盒测试；另一种称为黑盒测试。

黑盒测试是对功能的测试，这种方法中，将软件模块看做一个黑盒子，不关心其内部的逻辑结构，只检查在一定的输入下，其输出是否符合功能要求。

白盒测试是测试模块内部操作是否正确，即需要测试程序的内部逻辑结构。

无论是黑盒测试还是白盒测试，都不可能将所有的输入数据拿来做测试，那样所需要的时间将是个天文数字。举一个简单的例子。对于图4-5所示的程序模块 P，使其在 32 位字长的计算机上运行，输入的 X、Y 为整数。若将所有的 X、Y 值用做黑盒测试的输入，其最大的测试数量为 $2^{32} \times 2^{32} = 2^{64}$。如果程序 P 测试一组 X、Y 数

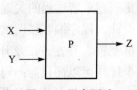

图 4-5　黑盒测试

据需要 1 ms，一天工作 24 小时，一年工作 365 天，则完成 2^{64} 组数据的测试需要 5 亿多年的时间，这是一个不可能完成的任务。因此，真正的测试会采用一些特定的方法，如对可能的输入数据进行分类，每一类选择几个代表作为测试数据，这样就可大大减少测试的工作量和时间。

白盒测试的方法类似，设计好的测试用例，既可以达到有效测试的目的，又可提高测试的效率。有关软件测试的详细描述，可参阅其他相关书籍。

在整个问题求解的过程中，确定需求或问题的定义是最困难的工作。对于初学者来讲，由于缺乏大型系统的开发经验，甚至可能从来没有做过任何一个软件产品的设计，理解起来比较困难。系统测试部分也存在类似的困惑。本书将这些初学者难以理解的内容编写出来，目的是希望使读者能够对整个问题求解的过程有基本的概念，从而能够更好地体会下述内容。

4.2 程序设计基础

4.2.1 程序设计的定义

计算机之所以比电视机、DVD 机、计算器等其他电子设备功能更灵活，是因为计算机软件的"可编程"，也就是说，同样的硬件配置，加载不同的软件就可以完成不同的工作。

当用户使用计算机来完成某项工作时，会面临两种情况：一种是可以借助现成的应用软件完成，如文字处理可使用 Word、表格处理使用 Excel、科学计算可选择 MATLAB、绘制图形可使用 PhotoShop 等；另一种情况是，没有完全合适的软件可供使用，这时就需要使用计算机语言来编制完成某个特定功能的程序，这就是程序设计 (Programming)。

考虑这样一个任务：统计大学中一个班学生的考试成绩，并选出优秀学生。

可以看出，这是一个很简单的任务。如果由人去做，是一件比较轻松的事，只需要几张纸和一支笔，一个小时就完成了。对于这样简单的任务，可以不需要计算机去做。但如果将任务修改为：要求对一个大学中的 4 万名学生的英语成绩进行管理，并分别统计出 60～100各个分段的人数，并对过去 5 年中的数据进行对比分析。这个任务由人工完成就比较复杂了，这完全值得设计一段计算机程序。

功能完善的商业程序一般都是比较大的，一个字处理软件就包含 75 万行代码，而按照美国国防部的标准，少于 10 万行代码的程序称为小程序，超过 100 万行的程序才是大程序。为便于理解，这里以微小的程序作为例子来介绍程序设计的概念。

对前面的任务，由人工完成很简单，但若由计算机去做，仅靠题目中的话是无法完成的。对于计算机来说，所有的任务，即使是微小的任务，也必须有精确的定义，并且必须规定确切的步骤。

计算机程序设计就是用计算机语言编写代码（指令），来驱动计算机完成特定的功能，是问题求解过程的关键步骤之一。对于复杂的系统性问题的求解，需要经过需求分析、软件设计、程序编制和调试、系统测试、文档编写等一系列活动，甚至还包括硬件系统配置、人员配置、开发方法及开发工具选择等各种任务管理。对于小型问题（或称算法类问题），这个过程可以简化为：问题描述、算法设计、代码编制及调试运行。

在本任务中，如果要编写程序，必须首先明确：统计哪几门课的成绩？优秀的含义是什么？优秀学生是指平均分最高，还是单科分最高？若单科不及格但总分最高，是否考虑？应该有怎样的输入和怎样的输出？等等。

> 这些问题的明确就相当于在做"需求分析"。

上述问题弄清楚之后，就需要设计算法，即根据问题描述中定义的信息，确定处理过程的确切步骤（这对应于系统性问题求解中的软件设计）。对于任务中的问题，到现在就可以开始编写程序、调试和运行了。

4.2.2 程序设计语言

在过去的几十年里，人们根据描述问题的需要设计了数千种专用和通用的计算机程序设计语言，有的语言为了编写系统软件而重在提高效率（如 C 语言）；有的语言为了提高程序设计速度，主要面向商业应用（如 COBOL 和 DBase）；还有些语言主要用于教学（BASIC 和 Pascal 都属于此类）。这些语言中只有少部分得到了比较广泛的应用。

1. 程序设计语言的分类

对程序设计语言的分类可以从不同角度进行，如面向机器的程序设计语言、面向对象的程序设计语言、面向过程的程序设计语言等。其中，最常见的分类方法是根据程序设计语言与计算机硬件的联系程度，将其分为：机器语言、汇编语言和高级语言三种类型。前两种类型的语言紧密依赖于计算机硬件，有时也统称为低级语言；高级语言与计算机硬件关系较小。可以说，程序设计语言的演变经历了由低级向高级的发展过程。

（1）机器语言

机器语言（Machine Language）是直接用机器指令的集合作为程序设计手段的语言。机器指令是用计算机所能理解和执行的由"0"和"1"组成的二进制编码表示的命令，它是所有语言中唯一能够被计算机直接理解和执行的指令。如第 2 章中所述，机器指令由操作码和操作数组成，其具体的表现形式和功能与计算机系统的结构相关联。

机器语言是面向机器的语言，其优点是计算机能够直接识别、执行效率高；缺点是可移植性差，且由于由 0 和 1 这样的编码表示，在记忆、书写、编程、可读性等方面都比较困难。表 4-1 是分别用二进制数和十六进制数表示的机器指令代码，功能是求两数之和。由此可以看出，机器指令使用起来是很困难的。

表 4-1　求两数之和的机器语言指令

二进制数表示	十六进制数表示
101000000000000000000000	A10000
000000110000011011001000000000000	0306C800
101000111100110000000000	A3CC00

（2）汇编语言

为了克服机器语言的缺点，人们采用了助记符与符号地址来代替机器指令中的操作码与操作数，如用 ADD 表示加法操作，用 SUB 表示减法操作，且操作数可用二进制数、八进制数、十进制数和十六进制数表示，这种表示计算机指令的语言称为汇编语言（Assembly

Language）。汇编语言也是一种面向机器的语言，但计算机不能直接执行汇编语言程序。用汇编语言编写的程序必须经过汇编程序翻译成机器指令后才能在计算机上执行。目前，由于汇编语言比机器语言的可理解性好，比其他语言的执行效率高，许多系统软件的核心部分仍采用汇编语言编制。

表 4-1 中的机器语言指令代码若用汇编语言编写，可表示为如下 3 行指令：

```
MOV AX，DATA1
ADD AX，DATA2
MOV SUM，AX
```

（3）高级语言

高级语言是更接近自然语言、更接近数学语言的程序设计语言，是面向应用的计算机语言，与具体的计算机硬件平台无关。它的主要优点是符合人类叙述问题的习惯，而且简单易学。目前的大部分程序设计语言都属高级语言，其中使用较多的有 BASIC（Visual Basic）、Pascal（Delphi）、FORTRAN、COBOL、C、C++、Java 等。

用 C++语言完成表 4-1 所示的程序功能只需要一行语句：

```
SUM = DATA1 + DATA2;
```

可以看出，这很接近于自然语言，便于人理解。

目前，高级语言正朝着非过程化发展，即只需告诉计算机“做什么”、“怎样做”，由计算机自动处理。高级语言的发展将以方便用户使用为宗旨。

2. 程序设计语言的语法和语义

程序设计语言有多种，不同的语言在语法和语义上都存在一定的差异。通俗地讲，语义是程序语言所表示功能的描述，如给一个数赋值、比较两个数大小、在屏幕上显示文字等。

不同的程序设计语言可能具有某些相同的功能定义，但在表现形式上不同，即语法不同。不同程序设计语言的区别主要表现在语法（词法）上，即对于同一种功能（相同语义），不同的语言可能有不同的表现形式。例如，给一个变量赋值，下面的两种语言就有两种不同的表示方法：

```
sum := eng + math          Pascal 语言的赋值语句
sum = eng + math;          C++语言的赋值语句
```

又如，要表示“如果数学成绩（math）和英语成绩（eng）都大于 80 就显示姓名（name）和分数合计（sum）”。C++语言的语句是：

```
if（math>80 && eng >80）
    cout << "第一名："<<name<<sum;
```

如果用 BASIC 语言表示，则有：

```
IF math>80 AND eng >80 THEN
    PRINT name1,sum1
END IF
```

可以看出，不同的语言用不同的符号表达了完全相同的含义。很多时候，语言的差异还体现在语义上，即功能的描述上。例如，C++语言和 Pascal 语言中的指针，在很多语言中就没有对等的体现。

3. 程序执行的起始点

程序都从起始点开始执行，但不同的语言对起始点的处理方法有所不同。BASIC 语言中，程序从第一条语句开始执行，无论它是什么（这应当是最直观、最容易理解的方式了）；在 C++程序和 Visual Basic 控制台程序中，程序会从 main 函数的第一条语句开始执行，无论 main 函数处于程序的什么位置（如果没有 main 函数，则无法运行）。

以下是一个 Visual Basic 程序实现的在屏幕上显示"Hello World!"的程序段。

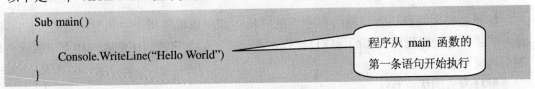

```
Sub main()
{
        Console.WriteLine("Hello World")
}
```

程序从 main 函数的
第一条语句开始执行

程序从起始点开始，按照程序员书写的顺序一条条执行指令。第一条语句先执行，接下来是第二条，…，一直到程序结尾。如果遇到一个子程序，则中断当前程序而转去执行子程序，执行完子程序返回刚才的断点继续执行。

除了顺序执行外，程序执行还有分支、循环等多种控制方式。程序的控制结构将在 4.3.3 节中讨论。

4.2.3　程序的汇编、编译和解释

在程序设计语言中，用除机器语言之外的其他语言书写的程序必须经过翻译或解释，变成机器指令，才能在计算机上执行。因此，各种用于计算机程序设计的语言，都必须配备相应的"翻译程序"。"翻译程序"包括三种类型，分别为"汇编程序"、"编译程序"和"解释程序"。通过它们使人们编写的程序能够最终得到执行的工作方式相应地称为程序的汇编方式、编译方式和解释方式。

1. 汇编方式

用汇编语言编写的程序称为汇编语言源程序，由于计算机只能辨认和执行机器语言，因此，必须将汇编语言源程序"翻译"成能够在计算机上执行的机器语言（称为目标代码程序），这个翻译的过程称为汇编（Assemble），这种工作方式称为汇编方式。称为"汇编"是因其与高级语言的翻译过程有一定的区别。将汇编语言源程序翻译成机器语言目标代码的系统程序叫做汇编程序（Assembler）。目前使用较多的汇编程序是宏汇编（MASM）程序。

2. 编译方式

编译是指将用高级语言编写的程序（称源程序、源代码），经编译程序翻译，形成可由计算机执行的机器指令程序（称为目标程序）的过程。如果使用编译型语言，必须把程序编译成可执行代码。因此，编制程序需要三步：写程序、编译程序和运行程序。一旦发现程序有错，哪怕只是一个错误，也必须修改后再重新编译，然后才能运行。只要编译成功一次，其目标代码便可以反复运行，并且基本不需要编译程序的支持就可以运行。

编译方式的优点主要有：

（1）目标程序可以脱离编译程序而独立运行；

（2）目标程序在编译过程中可以通过代码优化等手段提高执行效率。

编译方式的缺点是：

（1）目标程序调试相对困难；

（2）目标程序调试必须借助其他工具软件；

（3）源程序被修改后必须重新编译连接生成目标程序。

典型的编译型语言是 C、C++、Pascal、FORTRAN。

3. 解释方式

解释是将用高级语言编写的程序逐条解释，翻译成机器指令并执行的过程。它不像编译方式那样先把源程序全部翻译成目标程序再运行，而是将源程序解释一句立即执行一句，然后再解释下一句。

解释方式的优点有：

（1）可以随时对源程序进行调试，有的解释语言即使程序有错也能运行，执行到错误的语句时再报告；

（2）调试程序方便；

（3）可以逐条调试源程序代码。

解释方式的主要缺点是：

（1）被执行的程序不能脱离解释环境；

（2）程序执行进度慢；

（3）程序未经代码优化，工作效率低。

典型的解释语言是 BASIC、Java，现在也都有了编译功能。

无论是汇编程序、编译程序还是解释程序，都需要事先送入计算机内存中，才能对源程序（也在内存中）进行汇编、编译或解释。为了综合编译和解释这两种方法的优点、克服缺点，目前，许多高级语言的编译软件都提供了集成开发环境（IDE），以方便程序设计者。所谓集成开发环境，是指将程序编辑、编译、运行、调试集成在同一环境下，使程序设计者既能高效地执行程序，又能方便地调试程序，甚至逐条调试和执行源程序。

4.3 结构化程序设计

4.3.1 结构化程序设计思想

对于系统性问题的求解，在弄清楚需求之后，事实上就进入了系统开发阶段，包括设计、编码和测试，而设计就成为决定系统开发是否成功的第一步。设计的主要工作是在对需求分析结果进行细化的基础上进行功能模块设计。其方法总体可以分为两大类：一类是结构化程序设计方法；另一类称为面向对象程序设计方法。面向对象技术是非常实用且概念强大的软件开发方法，也是目前广为流行的技术，但限于篇幅，本书将不涉及有关面向对象问题的描述，仅简要介绍结构化程序设计方法。

如果程序只是为了解决一个班的学生成绩统计（或两名学生成绩的排序）问题，那么通常不需要关心程序设计思想（甚至不需要计算机），但对于规模较大的应用开发，就需要有工程的思想指导程序设计。

早期的程序设计语言主要面向科学（数值）计算，程序规模通常较小。20 世纪 60 年代以后，计算机硬件的发展速度异常迅猛，其速度和存储容量不断提高，成本急剧下降。但程序员要解决的问题变得更加复杂，程序的规模越来越大，远远超出了程序员的个人能力。这类程序必须由多个程序员密切合作才能完成。由于旧的程序设计方法很少考虑程序员之间交流协作的需要，所以不能适应新形势的发展，因此编出的软件中的错误随着软件规模的增大而迅速增加，造成调试时间和成本的迅速上升，甚至许多软件尚未出品便已因故障率太高而宣布报废，产生了通常所说的"软件危机"。

有危机就会有革命。1968 年，E.W.Dijkstra 首先提出"goto 语句是有害的"，向传统的程序设计方法提出了挑战，从而引起了人们对程序设计方法讨论的普遍重视，许多著名的计算机科学家都参加了这场论战。结构化程序设计方法正是在这种背景下产生的。

结构化程序设计的基本观点是，随着计算机硬件性能的不断提高，程序设计的目标不应再集中于如何充分发挥硬件的效率方面。新的程序设计方法应以能设计出结构清晰、可读性强、易于分工合作编写和调试的程序为基本目标。

结构化程序设计方法以模块化设计为中心，将待开发的软件系统划分为若干个相互独立的模块，这样使完成每一个模块的工作变得单纯而明确，为设计一些较大的软件打下了良好的基础。由于模块相互独立，因此在设计其中一个模块时，不会受到其他模块的牵连，因而可将原来较为复杂的问题化简为一系列简单模块的设计。模块的独立性还为扩充已有的系统、建立新系统带来了方便，因为人们可以充分利用现有的模块，做积木式的扩展。使用结构化程序设计方法设计出的程序具有结构清晰、可读性好、易于修改和容易验证的优点。

结构化程序设计的基本思想是采用"自顶向下，逐步求精"的程序设计方法和"单入口、单出口"的控制结构。好的程序具有层次化的结构，从问题本身开始，经过逐步细化，将解决问题的步骤分解为由基本程序结构模块组成的结构化程序框图。"单入口、单出口"的思想认为，一个复杂的程序，如果它仅由顺序结构、选择结构和循环结构三种基本程序结构经过组合、嵌套构成，那么这个新构造的程序一定是一个单入口、单出口的程序。据此很容易编写出结构良好、易于调试的程序来。

今天，结构化程序设计方法、面向对象的程序设计方法、第 4 代程序设计语言、计算机辅助软件工程（CASE）等软件设计和生产技术日臻完善，计算机软、硬件技术的发展交相辉映，使计算机的发展和应用达到了前所未有的高度和广度。

4.3.2　面向对象的程序设计思想

面向对象出现以前，结构化程序设计方法是程序设计的主流，结构化程序设计又称为面向过程的程序设计。在面向过程的程序设计中，问题被看做一系列需要完成的任务，函数（在此泛指例程、函数、过程）用于完成这些任务，解决问题的焦点集中于函数。其中函数是面向过程的，即它关注如何根据规定的条件完成指定的任务。

面向过程的程序设计方法采用函数（或过程）来描述对数据结构的操作，但又将函数与其所操作的数据分离开来。作为对现实世界的抽象，函数和它所操作的数据是密切相关、相互依赖的，特定的函数往往要对特定的数据结构进行操作；如果数据结构发生改变，则必须改写相应的函数。这种实质上的依赖与形式上的分离使得用面向过程的程序设计方法编写出的大程序难于调试和修改，而且编写难度也较大。图 4-6 显示了面向过程的程序设计方法中函数和数据的关系。

就教师考评的任务来说，使用面向过程的程序设计方法，要求首先定义数据结构，包括姓名、各项得分、合计等，然后编写对这些数据进行处理的代码。复杂一些的代码会被划分成分程序（函数、过程）进行处理。

面向对象的程序设计方法则将教师看做对象，定义该对象的属性（数据结构）及处理这些属性的方法，并将它们封装在一起（在面向过程的程序设计中，它们是分离的，没有封装的概念和手段），将对象作为一个整体来使用。图 4-7 示例了面向对象的编程和数据之间的关系。

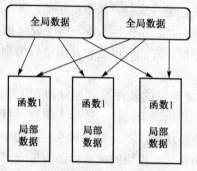

图 4-6　面向过程的程序设计方法中函数和数据的关系　　　图 4-7　面向对象的编程和数据之间的关系

面向对象程序设计方法是对面向过程程序设计方法的继承和发展，它吸取了面向过程程序设计方法的优点，又考虑到现实世界与计算机中空间的关系。面向对象程序设计方法认为，客观世界是由各种各样的实体组成的，这些实体就是面向对象方法中的对象。

一般的，对象（Object）是包含现实世界物体特征的抽象实体，反映了系统为之保存信息和与之交互的能力。每个对象都有各自的内部属性和操作方法，整个程序是由一系列相互作用的对象构成的，对象之间的交互通过发送消息来实现。

消息是向某个对象请求服务的一种表达方式，对象内有方法和数据，外部的用户或对象向该对象提出服务请求可以称为向该对象发送消息；当该对象完成请求服务后，也可以向外部用户或对象发送服务完成或服务中断的消息。

类（Class）是指具有相同属性和操作方法并遵守相同规则的对象的集合。从外部看，类的行为可以用新定义的操作（方法）加以规定。类是对象集合的抽象，规定了这些对象的公共**属性**（Attributes，即数据结构）和**方法**（Methods，即操作数据的函数）；对象是类的一个实例。例如，苹果是一个类，而放在桌上的那个苹果则是一个对象。对象和类的关系相当于一般程序设计语言中变量和变量类型的关系（更形象一点的例子是：图纸和按图生产的汽车之间的关系，类相当于图纸，按此定义的所有对象都是一样的）。

对象的属性可以是简单的数据类型，如整型、字符型，也可以是另一个对象。将其他对象作为其组成部分的对象称为复合对象，如学生对象的属性中包括指导教师，而指导教师又可以表示为另一个对象。复合对象可以表示相当复杂的概念。

从程序设计语言的角度看，对象类是一种构造型数据类型（相对于简单数据类型而言）。

当使用简单数据类型（如整型、字符型等）描述一个外部实体时，需要多个离散的类型及一些过程（函数），共同描述实体的信息，用户对它们之间的对照关系很难理解；由于允许将多个数据类型和处理方法封装，类与其对外部实体的描述是一一对应的，如学生类描述学生、电视机类描述电视机，这种方式易于理解和使用，使得只用统一的对象概念就可以自然地模拟和表示很复杂的外部实体对象。

4.3.3 基本程序控制结构

对于一名程序员来讲，程序设计工作的一个主要内容就是如何将设计好的算法用某种程序语言描述出来。换句话说，就是如何组织程序的结构。在第2章关于计算机工作原理的介绍中曾经描述过，程序是指令序列的集合。按照计算机"本能"的工作过程，当执行开始、取出第一条指令后，程序计数器 PC 会加 1，继续读取下一条指令，并依次执行下去。这样的执行方式就称为顺序执行方式，相应的程序结构就称为顺序结构。

程序的执行除了这种顺序方式外，还有分支、循环等多种执行方式。本节对程序的几种基本控制结构做初步介绍。

在结构化程序设计方法中，模块是一个基本概念。一个模块可以是一条语句、一段程序、一个函数等。在流程图中，模块用一个矩形框表示，如图 4-8 所示。模块的基本特征是其仅有一个入口和一个出口，即要执行该模块的功能，只能从该模块的入口处开始执行（用图 4-8 矩形上面的有向线段表示），执行完该模块的功能后，从模块的出口转而执行其他模块的功能（图 4-8 矩形下面的有向线段），即使模块中包含多个语句，也不能随意从其他语句开始执行或提前退出模块。

按照结构化程序设计的观点，任何算法功能都可以通过由程序模块组成的三种基本程序结构（顺序结构、选择结构和循环结构）的组合来实现。

1．顺序结构

顺序结构按照由前到后的顺序执行，如图 4-9（a）所示，由图可以看出，这两个程序模块是顺序执行的，首先执行"程序模块 1"，然后执行"程序模块 2"。

从逻辑上看，顺序结构中的两个程序模块可以合并成一个新的程序模块，如图 4-9（b）所示。通过这种方法，可以将许多顺序执行的语句合并成一个比较大的程序模块。但无论怎样合并，生成的新程序模块仍然是一个整体，只能从模块的顶部（入口）进入，开始执行模块中的语句，执行完模块中的所有语句之后再从模块的底部（出口）退出。

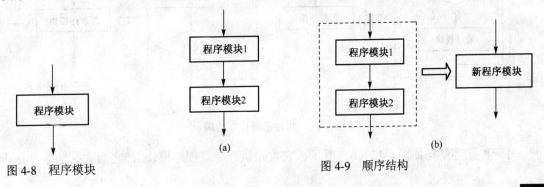

图 4-8 程序模块

图 4-9 顺序结构

顺序结构是最常见的程序结构，在一般程序中大量存在。但是设想一下，是不是所有程序都可以只使用顺序结构编写呢？显然答案是否定的。在求解实际问题时，常常要根据输入数据的实际情况进行逻辑判断，对不同的结果分别进行不同的处理；或者需要反复执行某些程序段落，以避免多次重复编写结构相似的程序段落带来的程序结构上的臃肿。这就需要在程序中引入选择结构和循环结构。一个结构化程序正是由这三种基本程序结构构成的。

2．选择结构

选择结构有两种。一种是如图 4-10 所示的结构，这种选择结构的特点是根据逻辑条件成立与否来决定选择执行"程序模块 1"或"程序模块 2"。虽然选择结构比顺序结构复杂一些，但是仍然可以将其作为新程序模块：一个入口（从顶部进入模块开始判断），一个出口（无论执行了"程序模块 1"还是"程序模块 2"，都从选择结构框的底部出去）。

在编程实践中，还可能遇到另外一种选择结构，其中的一个分支没有实际操作，如图4-11所示。这种形式的选择结构可以看成是图4-10所示的选择结构的特例。

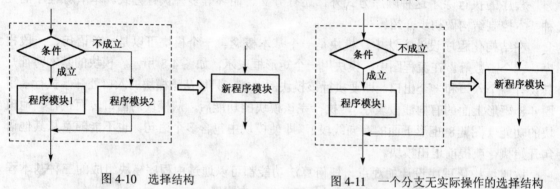

图 4-10 选择结构   图 4-11 一个分支无实际操作的选择结构

3．循环结构

循环结构也有两种形式。

一种是首先判断条件是否成立，如果成立则执行"程序模块"，反之则退出循环结构（如图4-12（a）所示）。这种结构的特点是：循环体中的"程序模块"可能一次也不会被执行。

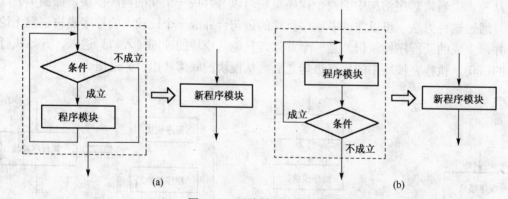

(a)   (b)

图 4-12 两种循环控制结构

另一种循环结构如图4-12（b）所示，它首先执行完"程序模块"，之后去判断条件是否成立，如果条件仍然成立则再次执行内嵌的"程序模块"，循环往复，直至条件不成立时退出循环结构。这种结构的特点是：循环体中的"程序模块"至少会被执行一次。

与顺序结构和选择结构相同，循环结构也可以抽象为一个新的程序模块。

下面看一个用 Visual Basic 语言编写的包含循环结构和选择结构的程序示例。

【例 4-2】 比较一个班中 30 名学生的成绩，找出英语成绩和数学成绩之和最高且两门课都及格的学生。

这个题目的算法已在例 4-1 中给出。显然，这是一件需要不断重复相同操作（比较）的工作，这种重复做同样事情的工作是计算机最擅长的。采用循环结构实现的一个班中 30 名学生的两门课成绩比较并输出的 Visual Basic 程序如图4-13所示。

```
Module Module1
  Sub main( )
      Dim name1 As String
      Dim namebest As String           '姓名，最好学生的姓名
      Dim num1, numbest As Integer      '学号
      Dim eng1, math1 As Doule          '英语成绩和数学成绩
      Dim sum1, sumbest, index As Integer   '合计   循环计数器
      '  ====== 以上为变量定义========
      Sumbest=0
      For index=0 To 29                 '循环控制     循环控制，可以重复执行30次
      Console.WriteLine("请输入学生的姓名、学号、英语成绩、数学成绩")
          name1=Console.ReadLine()
          num1=Convert.ToDouble(Console.ReadLine())
          eng1= Convert.ToDouble(Console.ReadLine())
          math1= Convert.ToDouble(Console.ReadLine())
          IF eng1>60 And math1>60 Then  '如果都及格的话
              sum1=eng1+math1           分支判断
          EndIf                         '计算合计
          If sum1 > sumbest  Then  '如果当前学生的成绩好于已记录的最好成绩，则取代
              sumbest=sum1              分支判断
              namebest=name1
          EndIf
      Next                              '循环体结束
      Console.WriteLine( "第一名：{0} {1}",name1,sum1)
  EndSub
EndModule
```

图 4-13　统计一个班中 30 名学生的成绩

4.4　算法

算法（Algorithm）一词来源于阿拉伯数学家 AIKhowarizmi 编写的《波斯教科书》（Persian Textbook），书中概括了进行算术四则运算的法则。后来的《韦氏新世界词典》将其定义为"求解某种问题的任何专门的方法"。

对于复杂的系统性问题，需求分析建立起相应的业务模型和数学模型、模块设计确定

了相应的系统结构和数据结构，在此基础上，算法设计对模块功能进一步细化，是求解问题的方法的描述。算法设计包括确定算法的控制结构（顺序、循环或选择）及实现的具体步骤和操作。算法设计的正确与否、精练与否，决定了程序编码的正确性和有效性。

利用算法求解问题的一般思路如图4-14所示。

图 4-14　利用算法求解问题的一般思路

4.4.1　算法的基本概念

所谓算法，是一个有穷规则的集合。它表现为一个解决某个特定类型问题的运算序列。通俗地讲，算法定义了解决某个问题的一系列步骤或方法，如果遵循它就可以完成一项特定的任务。算法是定义在逻辑结构上的操作，是独立于计算机的，而它的具体实现则是在计算机上进行的。

例 4-1 曾给出了"统计某班学生的英语和数学这两门课的成绩，找出合计成绩最高并且没有不及格的学生"的算法描述。回顾该算法，可以看出算法应具有如下特性。

（1）有穷性。一个算法必须在执行有穷步后结束，且每一步都能在有限的时间内完成。即一个算法所包含的计算步骤和时间都是有限的。

（2）确定性：算法的每一个步骤都必须具有确切的定义，即算法中所有有待执行的动作，都必须有严格的规定，不能有歧义。

（3）能行性（或称可行性）：算法中所有有待实现的运算都必须是能够精确执行的，且用纸和笔做有穷次运算即可完成。算法的执行者甚至不需要掌握算法的含义即可根据算法的每个步骤进行操作，并最终得出正确的结果。

（4）输入：一个算法应该有 0 个或多个输入。

（5）输出：一个算法应该有 1 个或多个输出。

【例 4-3】　设计求 2+4+6+8+…+10000 的算法。

算法描述如下。

步骤 1：使变量 SUM=0。

步骤 2：使变量 J=2。

步骤 3：计算 SUM+J，结果仍放在 SUM 中，即 SUM=SUM+J。

步骤 4：使 J=J+2。

步骤 5：如果 J 不大于 10000，返回执行步骤 3，否则执行下一步。

步骤 6：输出结果 SUM 的值。

在例 4-3 中，步骤 3 至步骤 5 重复执行了 4999 次，这就是循环结构。另外，步骤 5 是一个逻辑判断过程，判断的结果导致两种可能的执行流程：一种是向上循环执行；另一种是向下执行。这就是选择结构。

对于求 2+4+6+8+…+10000 的算法，还可以有其他计算方法求解。例如，利用公式来计算，即只要计算（1+5000）×5000。这样一来，算法就只有三步：先计算加法，再计算乘法，最后输出结果。

另外，对于例 4-1 中的问题，也可以给出另外一种算法描述。

步骤 1：输入一名学生的姓名、学号、英语成绩、数学成绩。

步骤 2：该学生有不及格科目吗？有则转步骤 1。

步骤 3：求该学生成绩合计并判断该合计是否大于以前学生的合计，大于则记录姓名、学号、合计成绩。

步骤 4：重复步骤 1 直到输入全部学生成绩。

步骤 5：打印姓名、学号、合计成绩。

可见，算法设计是非常灵活的，对同一个问题可以有不同的算法描述。但不同的算法可能有不同的效率。例如对于例 4-1 中的问题，两个算法的效率就不一样。第一个算法要对全部学生处理四遍，而这里给出的第二个算法只需要处理一遍，结果是一样的。

对于复杂问题，算法就更重要了。要在保证求解问题正确的前提下，尽可能地追求算法的效率，也就是要尽可能地设计出复杂度低的算法。有关算法的复杂性问题将在 4.4.3 节中介绍。

4.4.2　算法的表示

算法的表示方法有多种，最简单的是自然语言表示法。除此之外，常用的描述方法还有伪代码、流程图等。

1. 算法的自然语言描述

自然语言就是人们在日常生活中使用的语言，如汉语、英语、日语和俄语等。对于初学者来说，用自然语言描述算法最直接，没有语法、语义障碍，容易理解。但自然语言描述算法文字冗长，不够简明，尤其会出现含义不严格，要根据上下文才能判断出正确的含义。

【例 4-4】　描述求任意两个正整数的最大公因数的算法。

先来看一下著名的欧几里得算法。古希腊数学家欧几里得曾给出求解两个数的最大公因子的算法描述。

步骤 1：如果 $p < q$，则交换 p 和 q；

步骤 2：求出 p/q 的余数 r；

步骤 3：如果 $r = 0$，则 q 就是所求的结果；否则反复做如下工作：

　　　　令 $p = q$，$q = r$，重新计算 p 和 q 的余数 r，

　　　　直到 $r = 0$ 为止。q 就是原来的两正整数的最大公因数。

下面将欧几里得算法进一步细化为：

步骤 1：输入两个正整数，分别放在变量 P 和 Q 中；

步骤 2：如果 $P < Q$，则交换 P 和 Q 的值（即使 $R=P$，$P=Q$，$Q=R$）；

步骤 3：将 P/Q 的余数放在 R 中；

步骤 4：如果 R 等于 0，则执行第 6 步，否则执行第 5 步；

步骤 5：令 $P=Q$，$Q=R$，执行第 3 步；

步骤 6：输出 Q 的值。

2. 算法的伪代码描述

伪代码（Pseudo Code）介于自然语言和计算机语言之间，由计算机语言的语句加上自然语言构成（尽可能地融入编程语言的函数和语法），基本上可以随心所欲地写。例如，输入并比较两名学生成绩的过程可用类 C 语言描述如下（对一个班的成绩处理要更复杂一些）：

```
cout << 请输入学生姓名、学号、英语成绩、数学成绩
cin >> 姓名 1 >> 学号 1 >> 英语成绩 1 >> 数学成绩 1
合计 1=英语成绩 1 +数学成绩 1
cout << 请输入学生姓名、学号、英语成绩、数学成绩
cin >> 姓名 2 >> 学号 2 >> 英语成绩 2 >> 数学成绩 2
合计 2=英语成绩 2+数学成绩 2
if（合计 1> 合计 2）
    if（英语成绩 1>0 并且 数学成绩 1>0）
        cout << 姓名 1 << 学号 1
else
    if（英语成绩 2>0 并且 数学成绩 2>0）
        cout << 姓名 2 << 学号 2
```

> 这个算法是有缺陷的，你看出来了吗？

由于此例子相当简单，接触过 C 语言的人可能看出，这基本上就接近程序本身了。

3. 算法的流程图描述

流程图（Flow Chat）用几种几何图形、线条和文字来表示不同的操作和处理步骤。用流程图表示算法，形象直观、简洁清晰、易于理解。美国国家标准化协会（American National Standard Institute，ANSI）规定了常用流程图符号，如图4-15所示。

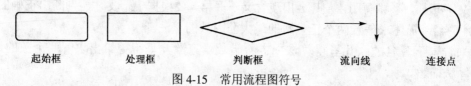

| 起始框 | 处理框 | 判断框 | 流向线 | 连接点 |

图 4-15　常用流程图符号

"输入并比较两名学生成绩"的算法可以用流程图方式描述，如图 4-16 所示。可以比较清楚地看出该算法描述中存在的问题，即存在没有输出信息的可能。算法的基本特性之一是要求至少有一个输出。

> 请考虑如何修改？

【例 4-5】 用流程图描述欧几里得算法。

解：欧几里得算法流程如图 4-17 所示。需要注意的是，图中的"R=P，P=Q，Q=R"处理框也可以分解成三个处理框。

可以比较一下用流程图表示的欧几里得算法与例 4-4 中用自然语言描述的算法，不难发现，流程图描述的算法逻辑清晰、直观形象、易于理解。

关于流程的详尽程度，并没有一个绝对统一的标准，因此算法设计的结果并不唯一。对于初学者来说，只要能正确求解问题即可。

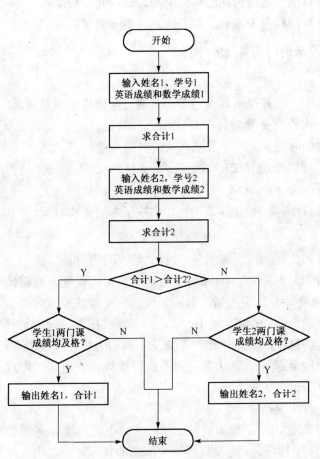

图 4-16 输入并比较两名学生成绩的算法流程

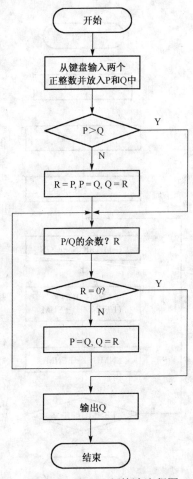

图 4-17 欧几里得算法流程图

在画流程图（即设计算法）时，往往会出现一张纸已用完但算法描述还未结束的情况，这时就要将连接点符号画在纸张的底部，然后在另一张白纸的头部也画同样的连接点符号。这就意味着两张算法流程图被拼接起来，形成一幅完整的流程图。当然，也会出现纸张左右画满的情况，这时候也需要用到连接点符号。判断框有一个入口、两个出口，两个出口的条件总是截然相反的，一个代表条件成立，另一个代表条件不成立。

下面再来看一个利用流程图描述算法的示例。

【例 4-6】 用流程图描述求解"1–1/2+1/3–1/4+1/5–1/6+…+1/99–1/100"的算法。

解：算法流程图如图4-18所示。

4.4.3 算法的复杂性评价

解决同样一个问题可以用不同的算法。一个算法的优劣将影响到程序的效率。

对算法的分析和评价一般应考虑正确性、可维护性、可读性、运算量及占用存储空间等诸多因素。通常，在算法"正确性"的前提下，评价一个算法的主要指标是：

（1）算法实现所消耗的时间，即时间复杂度；

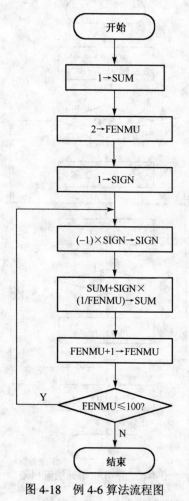

图 4-18　例 4-6 算法流程图

（2）算法实现所消耗的存储空间，即空间复杂度；

（3）算法应易于理解、易于编码、易于调试等。

1. 算法的时间复杂度

（1）时间频度

要确定一个算法所耗费的时间，最直接的方法就是测试。但不可能也没有必要对每个算法都上机测试，只需知道哪个算法花费的时间多、哪个算法花费的时间少就可以了。

假定可以知道算法中每一条语句执行一次所需的平均时间，则有：

算法运行所需的时间=语句执行一次所需的平均时间

×语句执行次数　　　　（4-1）

但语句执行一次所需的平均时间取决于计算机 CPU 的主频、是否为分时系统、编译系统的效率和优化程度、数据输入/输出速度等不确定因素。一般来说，一个算法中语句的执行次数是确定的。由式（4-1）知，一个算法花费的时间与算法中语句的执行次数成正比，即算法中语句的执行次数越多，花费的时间就越长。算法中语句的执行次数称为语句频度或时间频度，记为 $T(n)$。

（2）时间复杂度

时间频度中的 n 称为问题的规模（大小），如 n 条语句指令、n 个子程序、n 个功能模块等所需的执行时间。当 n 不断变化时，时间频度 $T(n)$ 也会不断变化。但人们想知道它变化时呈现什么规律。为此引入时间复杂度的概念。

一般情况下，算法中基本操作重复执行的次数是问题规模 n 的某个函数，用 $T(n)$ 表示，若有某个辅助函数 $f(n)$，使得当 n 趋近于无穷大时，有：

$$\lim_{n \to x} \frac{T(n)}{F(n)} = M（正常数）$$

则称 $f(n)$ 是 $T(n)$ 的同数量级函数。记做 $T(n)=O(f(n))$，称 $O(f(n))$ 为算法的渐进时间复杂度，简称时间复杂度。

按数量级增序排列，常见的几种时间复杂度有：常数阶 $O(1)$、线性阶 $O(n)$、对数阶 $O(\log n)$、线性对数阶 $O(n \log n)$、平方阶 $O(n^2)$、立方阶 $O(n^3)$、k 次方阶 $O(n^k)$、指数阶 $O(2^n)$ 等。随着问题规模 n 的不断增大，上述时间复杂度也不断增大，算法的执行效率就越低。

在各种不同算法中，若算法中语句执行次数为一个常数，则时间复杂度为 $O(1)$。下面的 **BASIC** 语句可认为是 $O(n^2)$ 时间复杂度：

```
For i=0 To n−1
    For j=0 To n−1
```

值得指出的是：在时间频度不相同时，时间复杂度有可能相同。例如，$T(n)=n^2+3n+4$ 与 $T(n)=4n^2+2n+1$。它们的频度不同，但时间复杂度相同，都为 $O(n^2)$。

不同的复杂度函数之间的对比如表 4-2 所示。

表 4-2 复杂度函数值对比

$\log n$	N	$n \log n$	n^2	2^n
0	1	0	1	2
1	2	2	4	4
2	4	8	16	16
3	8	24	64	256
4	16	64	256	65535
5	32	160	1024	4294967296

2. 算法的空间复杂度

算法的空间复杂度是算法在计算机内执行时所需存储空间的度量。一个算法的实现所占用的存储空间大致有三种：一是指令、常数、变量所占用的存储空间；二是输入数据所占用的存储空间；三是算法执行时必需的辅助空间。前两种空间是计算机运行时所必需的。因此，把算法在执行时所需的辅助空间的大小作为分析算法空间复杂度的依据。

与算法时间复杂度的表示一致，用辅助空间大小的数量级来表示算法的空间复杂度，仍然记为 $O(n)$。常见的几种空间复杂度有：$O(\log n)$、$O(n)$、$O(n^2)$、$O(2^n)$等。

事实上，对一个问题的算法实现，时间复杂度和空间复杂度往往是相互矛盾的，要降低算法的执行时间就要以使用更多的空间为代价，要节省空间就要以增加算法的执行时间为代价，两者很难兼顾。因此，只能根据具体情况有所侧重。

*4.4.4 可计算性理论

可计算性理论（Computability Theory）研究计算的一般性质的数学理论。计算的过程就是执行算法的过程。可计算理论的中心课题就是将算法这一直观概念精确化，建立计算的数学模型，研究哪些是可计算的、哪些是不可计算的，以此揭示计算的实质。由于计算是与算法联系在一起的，因此，可计算性理论也称算法理论。

直观上说，求解一类问题的算法是一组规则，这组规则的条数有限，每一条都是可执行的（可操作的），并且这种操作性是绝对机械的，即无论何人何时对其进行操作，只要输入的数据相同，其结果都是一样的。作为算法的一组规则，至少还应包含一条有关终止计算的条目，因此，直观上算法所具备的特征为：有限性、可执行性、机械性、确定性和终止性。

多少年来，"算法"、"计算"这些概念似乎并不存在什么问题。到了 20 世纪 20 年代，数学家们提出了疑问，到底计算的实质是什么？于是开始了对算法概念精确化的研究。算法概念精确化的途径很多，其中之一是形式地定义抽象的计算机，把算法看做抽象计算机程序。通常把那些存在某种算法来计算其值的函数叫做可计算函数。因此，可计算函数的精确定义为：能够在抽象计算机上编出程序计算其值的函数。这样就可以讨论哪些函数是可计算的、哪些函数是不可计算的。

可计算性理论起源于对数学基础问题的研究。20 世纪 30 年代，为了讨论是否每个问题都有解决的算法，数理逻辑学家提出了几种不同的算法定义。K.哥德尔和 S.C.克林尼提出了递归函数的概念，A.丘奇提出了 λ 转换演算，A. M. 图灵和 E. 波斯特各自独立地提出了抽象计算机的概念（后人把图灵提出的抽象计算机称为图灵机），并且证明了这些数学模型的计算能力是一样的，即它们是等价的。著名的丘奇-图灵论题也是丘奇和图灵在这一时期各自独立提出的。后来，人们又提出许多等价的数学模型，如 A. 马尔可夫于 20 世纪 40 年代提出的正规算法（后人称之为马尔可夫算法），20 世纪 60 年代前期提出的随机存取机器模型（简称 RAM）等。20 世纪 50 年代末和 20 世纪 60 年代初，胡世华和 J. 麦克阿瑟等人各自独立地提出了定义在字符串上的递归函数。

一种在理论计算机科学中广泛采用的抽象计算机是图灵于 1936 年提出的，用于精确描述算法的特征。可用一个图灵机来计算其值的函数是可计算函数，找不到图灵机来计算其值的函数是不可计算函数。可以证明，存在一个图灵机 U，它可以模拟任何其他的图灵机。这样的图灵机 U 称为通用图灵机。通用图灵机正是后来出现的存储指令的通用数字计算机的理论原型。

λ 可定义函数类是一种定义函数的形式演算系统，是 A. 丘奇于 1935 年为精确定义可计算性而提出的。他引进 λ 记号以明确区分函数和函数值，并把函数值的计算归结为按一定规则进行一系列转换，最后得到函数值。按照 λ 转换演算能够得到函数值的函数称为 λ 可定义函数。

可计算性理论的基本论题也称图灵论题，它规定了直观可计算函数的精确含义。丘奇论题说：λ 可定义函数类与直观可计算函数类相同。图灵论题说：图灵机可计算函数类与直观可计算函数类相同。图灵证明了图灵机可计算函数类与 λ 可定义函数类相同。这表明图灵论题和丘奇论题讲的是一件事，因此把它们统称为丘奇-图灵论题。直观可计算函数不是一个精确的数学概念，因此丘奇-图灵论题是不能加以证明的。20 世纪 30 年代以来，人们提出了许多不同的计算模型来精确刻画可计算性，并且证明了这些模型都与图灵机等价。这表明图灵机和其他等价的模型确实合理地定义了可计算性，因此丘奇-图灵论题得到了计算机科学界和数学界的公认。

自变量值和函数值都是自然数的函数称为数论函数。原始递归函数是数论函数的一部分。首先规定少量显然直观可计算的函数为原始递归函数，它们是：函数值恒等于 0 的零函数 $C0$，函数值等于自变量值加 1 的后继函数 S，函数值等于第 i 个自变量值的 n 元投影函数 P。然后规定，原始递归函数的合成仍是原始递归函数，可以由已知原始递归函数简单递归地计算出函数值的函数仍是原始递归函数。例如，和函数 $f(x, y)=x+y$ 可由原始递归函数 $P(1)l$ 和 S 递归地计算出函数值 $f(x, 0)=P(1)l(x)$，$f(x, S(y))=S(f(x, y))$。因此，$f(4, 2)$ 可这样计算，首先算出 $f(4, 0)=P(1)l(4)=4$，然后计算 $f(4, 1)=S(f(4, 0))=S(4)=5$，$f(4, 2)=S(f(4, 1))=S(5)=6$ 因此，和函数是原始递归函数。显然，一切原始递归函数都是直观可计算的。许多常用的处处有定义的函数都是原始递归函数，但并非一切直观可计算的、处处有定义的函数都是原始递归函数。

为了包括所有的直观可计算函数，需要把原始递归函数类扩充为部分递归函数类。设 $g(x_1, \cdots, x_n, z)$ 是原始递归函数，如果存在自然数 z 使 $g(x_1, \cdots, x_n, z)=0$，就取 $f(x_1, \cdots, x_n)$ 的值为满足 $g(x_1, \cdots, x_n, z)=0$ 的最小的自然数 z；如果不存在使 $g(x_1, \cdots, x_n, z)=0$ 的自然数 z，

就称 $f(x_1, \cdots, x_n)$ 无定义。把如上定义的函数 f 加到原始递归函数类中，就得到部分递归函数类。因为不能保证如上定义的 f 在一切点都有定义，故称其为部分函数。处处有定义的部分递归函数称为递归函数。部分递归函数类与图灵机可计算函数类相同。对于每个 n 元部分递归函数 f，可以编一个计算机程序 P，以自然数 $x_1, \cdots, x_n$ 作为输入，若 $f(x_1, \cdots, x_n)$ 有定义，则 P 执行终止并输出 $f(x_1, \cdots, x_n)$，否则 P 不终止。

递归集最初是对于其元素都是自然数的集合定义的，有算法确定每个自然数是否为其元素。可以将递归集的概念推广到其他集合。所讨论的对象的全体称为域，如果有算法确定域中任意元素是否属于 A，则称 A 为递归集。对于每个递归集，可以编一个计算机程序，以域中任意元素为输入，计算执行该程序都可给出适当的输出，表明该元素是否属于这个递归集。

如果对于集合 A 可以编一个程序 P，输入域中的任意元素 x，若 $x \in A$，则 P 的执行将终止并输出"是"，否则 P 的执行不终止，此时称 A 为递归可枚举集。A 为递归可枚举集的充分必要条件是可以编一个程序枚举 A 的元素，即打印 A 的元素，使得对于 A 中的任意元素，只要时间足够长总会在打印纸上出现。递归集都是递归可枚举集，但有些递归可枚举集不是递归集。

判定问题是无穷多个同类个别问题的总称。例如，2 是不是素数？6 是不是素数？这些都是个别问题，把这类个别问题概括起来，就得到一个判定问题：任意给定的正整数是不是素数？这里的正整数集合称为该判定问题的域，给定域中的一个元素，判定问题就对应一个个别问题。对于一个判定问题，如果能够编出一个程序，以域中任意元素作为输入，执行该程序就能给出相应的个别问题的答案，称该判定问题为可判定的。例如，"任意正整数是不是素数"这个问题就是可判定的。对于集合 A，域中任意元素是否属于它的问题称为集合 A 对应的判定问题。集合是递归集的充分必要条件为对应的判定问题是可判定的。因此，全体素数的集合是递归集。

对于一个判定问题，如果能够编出一个程序 P，以域中任意元素为输入，当相应的个别问题的解答是肯定的时候，P 的执行将终止并输出"是"，否则 P 的执行不终止，称该判定问题为半可判定的。可判定的问题总是半可判定的。集合是递归可枚举集的充分必要条件为对应的判定问题是半可判定的。

图灵在 1936 年证明，图灵机的停机问题是不可判定的，即不存在一个图灵机能够判定任意图灵机对于任意输入是否停机。图灵机的停机问题是半可判定的。图灵机的停机问题是很重要的，由它可以推出计算机科学、数学、逻辑学中的许多问题是不可判定的。

可计算性理论是计算机科学的理论基础之一。早在 20 世纪 30 年代，图灵对存在通用图灵机的逻辑证明表明，制造出能编程序来做出任何计算的通用计算机是可能的，这影响了 20 世纪 40 年代出现的存储程序计算机（即冯·诺依曼计算机）的设计思想。可计算性理论确定了哪些问题可以用计算机解决、哪些问题不可能用计算机解决。例如，图灵机的停机问题是不可判定的，表明不可能用一个单独的程序来判定任意程序的执行是否终止，避免了人们为编制这样的程序而无谓地浪费精力。

4.4.5　算法设计举例

利用计算机求解任何问题都需要编写程序，编程离不开算法。大到与问题相关的复杂算法，如遗传算法、神经网络等，小到对数组中数据的排序和查找。作为介绍计算机基础知识和基本原理的教材，难以做到对各类算法都进行详细描述，这里仅通过一些简单示例来介绍算法的表示方法。

1．三种基本程序结构算法设计示例

由 4.3 节知，根据结构化程序设计的观点，任何程序都是顺序结构、选择结构和循环结构这三种基本程序结构的组合。基于此，以下通过三个简单示例，采用流程图的方式，分别给出这三种基本结构的算法描述。

【例4-7】 设计算法，实现数 A 和数 B 的交换。

解：这是一种顺序结构的算法。数 A 和数 B 的交换需要通过一个中间变量，这里设其为 T。则该算法的流程图如图4-19所示。

【例4-8】 设计求解如下表达式的算法。

$$Y = \begin{cases} 2X+1 & X \geq 0 \\ -X & X < 0 \end{cases}$$

解：由于 X 的取值分为两个区间，因此这是一个选择结构的算法，如图4-20所示。

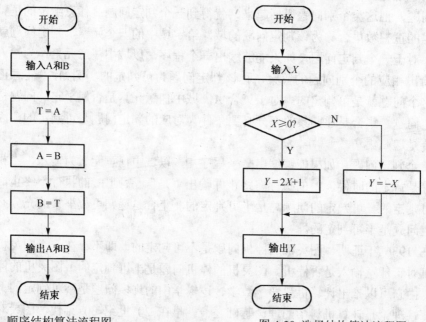

图 4-19　顺序结构算法流程图　　　　　图 4-20　选择结构算法流程图

【例4-9】 设计在 10 个数中选出最大数并输出的算法。

解：这是一个典型的循环结构的"擂台赛"算法。可以用自然语言描述如下。

　　步骤 1：输入一个数，先假定为最大数；

　　步骤 2：再输入下一个数，与前一数比较，保留较大数；

　　步骤 3：重复执行步骤 2，直到输入了 10 个数并比较了 9 次为止，最后保留的就是最大数。

由自然语言的描述中可看出，程序中至少应设置这样几个参数：最大数、数的个数（计数值，本题为 10）及 10 个数。

设计该算法的流程图如图 4-21 所示。图中，用 MAX 表示最大数（初始时设为 0），I 为计数值（由 1 起始），X 表示欲比较的 10 个数。

可以看出，对同样的算法，用流程图表示会更加清晰、易于理解。

2. 查找算法设计示例

"数据查找"是经常遇到的问题之一。所谓查找，就是根据给定的关键字值（就是数据元素中可以唯一标识一个数据元素的数据项，如学生的学号、居民身份证号码等）在一组数据中确定一个其关键字值等于给定值的数据元素。若存在这样的数据元素，则称查找是成功的；否则称查找不成功。一组待查找数据元素的集合称为查找表。

使用不同的查找算法，所花费的时间（即时间开销）是有很大差别的。查找算法很多，这里仅以顺序查找和折半查找为例，比较一下不同的查找算法描述。

（1）顺序查找

顺序查找是最普通也是最简单的查找算法。其基本思想是：从数组中的第一个元素开始，逐个把元素的关键字值与给定值比较，若某个元素的关键字值与给定值相等，则查找成功；否则，若直至第 n 个记录都不相等，说明不存在满足条件的数据元素，查找失败。

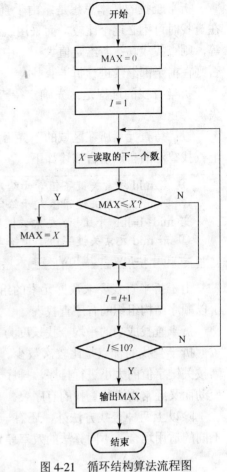

图 4-21　循环结构算法流程图

顺序查找算法的伪代码描述如下：

```
从第一个元素开始
while(){
    比较当前元素的关键字值与所需关键字值
    if（找到了）
        返回当前元素
    if（所有元素找过了）
        返回查找失败
    下一个元素
}
```

在该算法中，执行频率最高的是 while 语句。当查找表中元素个数 n 很大时，其平均查找长度 ASL＝$(n+1)/2$。即每次查找平均要比较一半数据元素。

（2）折半查找

如果查找表中的所有数据元素都按关键字有序顺序组织，则可以采用一种更高效的查找方法——折半查找（或称二分查找）算法。

折半查找的基本思想是：由于查找表中的数据元素按关键字有序（假设递增有序），则在查找时可不必逐个比较，而采用跳跃的方式——先与"中间位置"的关键字值比较，若相等，则查找成功；若给定值大于"中间位置"的关键字值，则在后半部继续进行折半查找；否则在前半部继续进行折半查找。

折半查找的过程是：先确定待查元素所在区域，然后逐步缩小区域，直到查找成功或失败为止。

设：待查元素所在区域的下界为 low，上界为 hig，则中间位置 mid=（low+hig）/2。折半查找算法的自然语言描述如下。

① 若 mid 元素关键字值等于给定值，则查找成功。
② 若 mid 元素关键字值大于给定值，则在区域 mid+1～hig 内进行折半查找。
若 mid+1=hig 并且 hig 元素关键字值不等于给定值，则查找失败。
③ 若 mid 元素关键字值小于给定值，则在区域 low～mid−1 内进行折半查找。
若 mid−1=low 并且 low 元素关键字值不等于给定值，则查找失败。

由于折半查找要求数据元素的组织方式应具有随机存取的特性，所以折半查找只适用于以顺序结构组织的有序查找表。

折半查找成功的平均查找长度为 $ASL \approx \log(n+1)-1$。

折半查找的优点是比较次数少、查找速度快。但快速查找所付出的代价是要对数据元素按关键字值的大小进行排序，排序一般是很费时的。所以折半查找适用于一经建立就很少变动而又经常需进行查找的有序表。

除以上两种查找方法外，还有一些其他查找算法，如索引查找算法等。不同的算法有不同的适用场合，不同算法的效率差别也可以很大，这里不再详细介绍。

习 题 4

1. 算法可以用_____、_____、_____等方法描述。

2. 总体上，计算机程序语言可以分为_____、_____和_____三种类型。

3. 高级语言可分为_____型语言和_____型语言。

4. 程序的基本控制结构有_____、_____和_____。

5. 常见的几种空间复杂度有：_____、_____、_____和_____。

6. 将汇编语言源程序翻译成机器语言目标代码的程序称为_____。

7. 图 4-22 所示流程图的功能是_____。

8. 简述问题求解的一般过程。

9. 程序设计语言的主要用途是什么？

10. 简述五种程序设计语言的特点。

11. 算法和程序有什么相同之处、有什么不同之处？

12. 什么叫时间复杂度？什么叫空间复杂度？

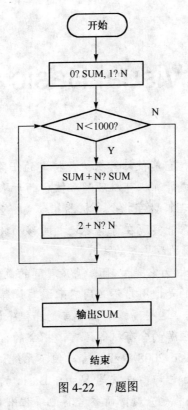

图 4-22   7 题图

13．输入三个数，比较并输出最小值。要求：

（1）用自然语言描述算法；

（2）用流程图描述算法。

14．试利用流程图形式描述在 100 个字符中查找字母 A 的顺序和折半查找算法。

第 5 章　Visual Basic 程序设计

引言：

计算机程序是一系列指令，它能使计算机执行特定的任务。编程语言（如 Visual Basic 2008）用于将人们的指令翻译成计算机可以理解和执行的步骤。深入计算机底层，作为计算机"心脏"的微处理器，只能理解数字指令（机器指令）。这种处理器所能理解的指令是极简单的命令，这些命令大多数只能实现在存储地址之间移动数据。这些处理器所能理解的命令称为机器语言，即 PC 可使用的最基本的语言。

机器语言称为低级语言，因为它是处理器能够理解的最低级的方式。用机器语言编写程序是一项烦琐的任务。幸运的是，用户不必用它来编写计算机程序，已经开发出更高级的编程语言，使人们能够编写程序。这些高级编程语言允许程序员以类似英文的方式编写指令，然后将指令转化成处理器所能理解的含有机器语言，指令的程序。

本节讲述基本的 Visual Basic 2008 编程语言，但不系统讲述 Visual Basic 程序设计，在此仅讲述最基本的 Visual Basic 语句，也就是 Visual Basic 的一个子集，用于完成后续章节的学习。如果对 Visual Basic 编程感兴趣，请参考其他编程书籍。

教学目的：

- 掌握 Visual Basic 程序的基本结构；
- 掌握变量、数组和表达式及运算符的基本用法；
- 掌握控制语句的用法；
- 掌握过程的用法；
- 了解面向对象的编程方法；
- 熟悉用 Visual Studio 2008 编写 Visual Basic 程序的方法。

5.1　变量及数据类型

在不同的程序设计语言中，数据类型的规定和处理方法是不同的。数据类型用来描述真实世界中不同类别的信息。Visual Basic 提供了一些预先定义好的数据类型，部分数据类型如表 5-1 所示。

表 5-1　Visual Basic 的数据类型

数据类型	示　例	存储分配	取值范围
Boolean	True	2 字节	True 或 False
Byte	122	1 字节	0～255（无符号）
Char	C	2 字节	0～65535（无符号）

数据类型	示 例	存储分配	取 值 范 围
Date	04/23/1972 02:00 PM	8 字节	0001 年 1 月 1 日凌晨 0:00:00 到 9999 年 12 月 31 日晚上 11:59:59。
Decimal	3.1415926 34567888	16 字节	0～+/-79 228 162 514 264 337 593 543 950 335 之间不带小数点的数；0～+/-7.9228162514264337593543950335 之间带 28 位小数的数；最小非零数为+/-0.0000000000000000000000000001 (+/-1E-28)
Double	22.34E22	8 字节	负数取值范围为-1.79769313486231E+308～-4.94065645841247E-324；正值取值范围为 4.94065645841247E-324～1.79769313486231E+308。
Integer	1234567	4 字节	-2 147 483 648～2 147 483 647
Long	1234567890	8 字节	-9 223 372 036 854 775 808～9 223 372 036 854 775 807。
Object		4 字节	任何类型都可以存储在 Object 类型的变量中
Short	23456	2 字节	-32 768～32 767
Single	423E12	4 字节	负值取值范围为-3.402823E+38～-1.401298E-45；正值取值范围为 1.401298E-45～3.402823E+38
String	Hello	取决于实现平台	0 到大约 20 亿个 Unicode 字符

对表格的说明如下。

（1）Boolean 型变量以 16 位（2 字节）的数值形式存储，但取值只能是 True 或 False。使用关键字 True 与 False 将 Boolean 变量赋值为这两个值中的一个。在将数值数据类型转换为 Boolean 值时，0 会转换为 False，而其他所有值都将转换为 True。在将 Boolean 值转换为数值类型时，False 将转换为 0，True 将转换为-1。

（2）Char 型变量以无符号的 16 位（2 字节）数字的形式存储，取值范围为 0～65535。每个数字代表一个 Unicode 字符。

（3）Date 变量以 8 字节整数的形式存储，表示从 1 年 1 月 1 日到 9999 年 12 月 31 日的日期及从凌晨 0:00:00 到晚上 11:59:59 的时间。Date 值必须用数字符号（#）括起来，格式必须为 m/d/yyyy，如#5/31/1993#。

（4）22.34E22 是科学计数法，表示 $22.34×10^{22}$。

（5）Byte、Integer、Long 和 Short 均可存放一个整数，它们的取值范围不同，占用的空间大小也不一样。实际编程的时候，可根据需要选用。

（6）Decimal、Double 和 Single 均存放一个不同范围的实数。

在程序运行过程中其值可以变化的量是变量。使用变量前，一般必须先声明变量名和其类型，以确定为它分配多大的存储单元。在 Visual Basic 中，用以下方式声明变量及其类型。

Dim 变量名 As 类型

其中，类型可使用表 5-1 中所列出的数据类型或用户自定义的类型名。例如：

```
Dim myName As String
Dim age As Integer
```

可以用一个声明语句声明多个同变量。例如，下面的语句声明两个整型变量 A 和 B：

```
Dim A, B as Integer
```

常量是在程序运行中值不变的量。声明常量的语法如下：

```
Const 常量名 ［As 类型］= 表达式
```

其中，"As 类型"为可选项，说明了该变量的数据类型。若省略该项，则数据类型由表达式决定。表达式的值即为该常量的值（表达式将在 5.2 节讲述）。例如：

```
Const PI As Single = 3.14159        '声明了常量 PI，代表 3.14159，Single 型
```

除了使用 Visual Basic 内置的数据类型之外，还可以通过现有的数据类型的组合来创建自定义的数据类型。创建的方式是使用 Structure 和 End Structure 关键字。例如，通过使用两个 Single 型变量，定义新的 Point 型变量，来表示平面上一个点的坐标。

```
Structure Point
    Dim x As Single
    Dim y As Single
End Structure
```

定义了一个新的 Point 型变量后，便可以声明一个 Point 型的变量。要使用 Point 型的变量，必须单独对其包含的每一个数据（此处是 x 和 y，称为 Point 的成员变量）分别存取。格式是变量名加上句点后跟成员变量的名字，如：

```
Dim p1 As Point
p1.x = 23.3
p1.y = 44.8
```

5.2　运算符及表达式

Visual Basic 通过将运算符、变量等组合成表达式，实现编程中所需的大量操作。Visual Basic 中的运算符分为算术运算符、关系运算符和逻辑运算符等。

5.2.1　赋值运算符

表达式由变量、常量、运算符和圆括号按一定的规则组成。要掌握表达式，首先要理解运算符的使用；其次，表达式计算出来的值通常要存放到变量中，这是通过赋值语句来完成的。

赋值语句是程序设计中最基本的语句。它的作用是把右边表达式的值赋给左边的变量，Visual Basic 使用赋值号"="来赋值，其语法如下：

变量名=表达式

表达式的计算结果类型应与变量名的类型一致，即同时为数值型或同时为字符型。当数值型数据具有不同的精度时，强制转换成左边数据的精度。

特别需要注意的是，赋值运算符不是数学中的等号。其左边必须是一个变量，用来存放右边表达式的运算结果，如 x+2=y+5 这样的写法是错误的。

5.2.2　算术运算符

常用的算术运算符如表 5-2 所示。

表 5-2 算术运算符（表中 A=3）

运 算 符	含 义	优 先 级	例 子	结 果
^	乘方	1	A^2	9
−	负号	2	−A	−3
*	乘	3	A*A	9
/	除	3	10/A	3.33333333333333
\	整除	4	10\A	3
Mod	取模	5	10 Mod A	1
+	加	6	10+A	13
−	减	6	A−10	−7

【例 5-1】 使用 Visual Basic 语句表达下面的式子：

$$L = \sqrt{(x_1 - x_2)^2 + (y_1 - y_2)^2}$$

分析：先声明变量，假定为 Single；再写出表达式。

程序：

```
Dim x1 As Single = 1.5
Dim x2 As Single = 2.1
Dim L As Single
Dim y1 As Single = 2.9
Dim y2 As Single = 4.7
L = ((x1 − x2) ^ 2 + (y1 − y2) ^ 2) ^ (1 / 2)
```

在进行字符串运算时，使用的字符串运算符有两个："&"、"+"，运算结果都是将两个字符串拼接起来。在字符串变量后使用运算符"&"时，变量与运算符"&"间应有一个空格。例如：

```
"高级"+"编程"              '结果为"高级编程"
"This is a" & "VB.NET"    '结果为"This is a VB.NET"
```

在使用时，连接符"&"与"+"有如下区别。

（1）"+"：连接符前后的表达式应均为字符串。若均为数值则进行算术加运算；若一个为字符串，另一个为数值，则会出错。

（2）"&"：连接符前后的表达式不管是字符串还是数值，进行连接操作前，系统先将表达式转换成字符串，然后连接。

例如：

```
"aabbcc"+123456           '出错
"aabbcc" & 123456         '结果为："aabbcc123456"
```

5.2.3 关系运算符

关系运算符是双目运算符，其作用是将两个表达式进行比较，若关系成立，则返回 True，否则返回 False。表达式可以是数值型、字符型。常用的关系运算符如表 5-3 所示。

表 5-3　关系运算符

运　算　符	含　　义	例	结　　果
=	等于	"ABCDEF"="ABS"	False
>	大于	"ABCDEF">"ABS"	False
>=	大于等于	"bc">="abcdef"	True
<	小于	23<3	False
<=	小于等于	23<=3	False
<>	不等于	77<>99	True
Like	字符串匹配	"ABCDEFG" Like "*DE*"	True

使用关系运算符时应注意以下规则。

（1）如果两个表达式是数值，则按其大小比较。

（2）如果两个表达式是字符或字符串，则按字符的 ASCII 码值从左到右一一比较，即首先比较两个字符串的第 1 个字符，其 ASCII 码值大的字符串大，如果第 1 个字符相同，则比较第 2 个字符，以此类推，直到出现不同的字符为止。

（3）关系运算符的优先级相同。

5.2.4　逻辑运算符

逻辑运算符除 Not 是单目运算符外，其余都是双目运算符，其作用是将表达式进行逻辑运算，结果是逻辑值 True 或 False，如表 5-4 所示。

表 5-4　逻辑运算符

运　算　符	说　明	优　先　级	说　　明	例　子	结　　果
Not	取反	1	当表达式为 False 时，结果为 True	Not F	Ture
And	与	2	两个表达式均为 True 时，结果才为 True	T And F T And T	False Ture
Or	或	3	两个表达式中有一个为 True 时，结果为 True	T Or F F Or F	Ture False

【例 5-2】　变量 Y 为一整数，表示年代。判断 Y 是否是闰年，如果是则表达式结果为 True，否则结果为 False。写出相关的判断语句。

分析：依照题意，能被 4 整除且不能被 100 整除的年为闰年；能被 400 整除的年也是闰年。

程序：

```
Dim Y As Integer = 2011
Dim leapYear As Boolean
leapYear = ((Y Mod 4 = 0) And (Y Mod 100 <> 0)) Or (Y Mod 400 = 0)
```

5.2.5　表达式

表达式由变量、常量、运算符和圆括号按一定的规则组成。表达式在运算后有结果，运算结果的类型由数据和运算符共同决定。表达式有以下书写规则：

（1）乘号用"*"表示，并且不能省略，例如，a 乘以 b 应写成 a*b；

（2）括号必须成对出现，均使用圆括号；

（3）表达式从左到右在同一基准上书写，无高低、大小之分。

例如，已知数学表达式 $\dfrac{\sqrt{(3x+y)-z}}{(xy)^3}$，写成 Visual Basic 表达式为

```
((3*x+y)-z)^(1/2)/(x*y)^3
```

在算术运算中，如果表达式具有不同的数据精度，Visual Basic 规定运算结果的数据类型采用精度高的数据类型。即

Integer < Long < Single < Double

但当 Long 型数据与 Single 型数据运算时，结果为 Double 型数据。

关系运算符的优先级相同。当一个表达式中出现了多种不同类型的运算符时，不同类型运算符的优先级关系如下：

算术运算符 > 关系运算符 > 逻辑运算符

实际上，对于多种运算符并存的表达式，可增加圆括号来改变优先级，这样可使表达式的层次更清晰。

5.3 控制语句

5.3.1 条件分支语句

If-Then 语句的作用是：当条件满足时执行某些语句，反之则不执行。If-Then 语句的格式如下：

```
If <条件表达式> Then
    语句块
End If
```

If-Then 语句也称为单分支结构语句。其中条件表达式的值为 Boolean 型，用<>将条件表达式括起来，表示它在 IF 语句中是必须具有的一项，即 IF 语句中的条件表达式不可缺少。语句块可为一条语句，也可为多条语句。该语句的作用是只有当条件表达式的值为 True 时，程序才执行 Then 后面的语句块。

```
If   <条件表达式> Then
    <语句块 1>
Else
    <语句块 2>
End If
```

该语句的作用是当条件表达式的值为 True 时，程序执行语句块 1，当条件表达式的值为 False 时，程序将执行语句块 2。

【例 5-3】 当整数 A 大于 0 时，将 A 的值存入 B 中。

程序：

```
Dim A As Integer = 45
Dim B As Integer
If A > 0 Then
    B = A
End If
```

【例5-4】 找出 A 和 B 中较大的一个数，存入 C 中。假设 A 和 B 是整数。

程序：

```
Dim A As Integer = 12
Dim B As Integer = 33
Dim C As Integer
    If A > B Then
        C = A
    Else
        C = B
    End If
```

【例5-5】 找出 A、B、C 三个数中最大的一个存入到 D 中。

程序：

```
Dim A As Integer = 12
Dim B As Integer = 33
Dim C As Integer = 8
Dim D As Integer
If A > B Then
    If A > C Then
        D = A
    Else
        D = C
    End If
Else
    If B > C Then
        D = B
    Else
        D = C
    End If
End If
```

5.3.2 循环语句

For 循环语句通常用于将一组语句重复执行指定的次数。For 循环的重复次数可以由设定一个计数变量及其上、下限来决定。语句形式如下（方括号中的内容为可选项）。

```
For 循环变量 = 初值 To 终值 [ Step 步长 ]
    [ 语句块 ]
```

```
[ Exit For ]
    [ 语句块 ]
Next [ 循环变量 ]
```

循环变量为必选项，其类型通常是 Integer，但也可以是支持大于(>)、小于(<)和加(+)的任何基本数值类型。循环步长的默认值为 1。

步长一般为正，初值小于终值；若为负，则初值大于终值；如果省略了该项，则 Next 之间的一条或多条语句也被称为循环体，它们将被执行指定的次数。

当遇到 Exit For 语句时，退出循环（无论是否执行完指定次数），执行 Next 语句后面语句。

【例 5-6】 计算 1+2+…+100 结果存入变量 sum 中。

分析：使用 For 循环完成。

程序：

```
Dim sum As Integer
For i As Integer = 1 To 100
    sum = sum + i
Next
```

While…End While 循环用于对一条件表达式进行计算，如果值为 True，则执行循环体。每一次循环结束后，重新计算条件表达式。 While…End While 循环与 For 循环最大的差别在于 For 循环的循环次数是不变的，执行一定次数后结束循环。While…End While 循环的循环次数依赖于条件表达式的值，在不同情况下循环次数不一样。While…End While 循环结构使用 While 语句实现，语句形式如下：

```
While   <条件表达式>
    [语句块]
End While
```

其中：条件表达式的值必须为 True 或 False。如果条件表达式的值为 Nothing，则将作为 False 处理。

当表达式的值为 True 时，则执行 While 后的语句块，直到遇到 End While 语句。随后控制返回到 While 语句并再次检查表达式的结果。如果表达式的值仍为 True，则重复上面的过程；如果为 False，则从 End While 语句后面的语句开始执行。

在设计 While…End While 循环时要注意，在其循环体内应该在适当的时候使条件表达式的值为 False，确保在执行了一定次数之后可以退出循环，否则就成了"死循环"，一旦程序进入这种状态，将永远在循环结构中反复执行而无法结束。

【例 5-7】 计算 1+1/2+1/3+…+1/n 的值，当 1/n 小于 1e–6 时结束计算。

分析：使用 While…End While 循环完成。

程序：

```
Dim sum As Integer
Dim n As Integer = 1
While 1 / n > 0.000001
    sum = sum + 1 / n
    n += 1        '注释：等同于 n=n+1
End While
```

5.4 数组

在实际应用中，经常需要处理具有相同性质的一批数据。例如，要处理 100 个学生的考试成绩，如果使用简单变量，将需要声明 100 个变量，极不方便。为此，在 Visual Basic 中，除简单变量外，还引入了数组，即用一个变量表示一组相同性质的数据。每个数据都称为数组元素，各元素通过下标来区分。数组必须先声明后使用。在声明数组时，如果数组的大小（包含数据的个数）已经确定，则称为静态数组，否则称为动态数组。

如果用一个下标就能确定数组中的不同元素，则这种数组称为一维数组，否则称为多维数组。一维数组声明的格式为：

Dim 数组名（最大下标）As 类型名

其中，最小下标为 0。"类型名"指定每个元素的数据类型，如 Integer 表明数组中的每个元素都是整型数。Dim 语句声明数组为系统提供了一系列信息，如数组名、数组中各元素的类型、数组的维数和各维的大小等。例如，要表示 10 个学生的成绩，可以声明具有 10 个元素的数组 score，其声明如下：

Dim score(9) As Integer

该声明表示数组的名字为 score，每个元素都为整型数，下标范围是 0～9。各元素通过不同的下标来区分，分别为 score(0)，score(1)，score(2)，…，score(9)。

可以在声明数组的时候给数组中的元素赋值，如：

Dim s() As Integer = {0, 1, 2, 3, 4}

此时可以不指定数组的最大下标，系统可根据后面赋值的个数自动计算出最大下标。需要注意的是，这样的写法只能在声明数组的同时使用；否则需要为数组中的元素赋值，通常可以使用一个循环来完成。

【例 5-8】 假设数组中存有 6 名学生的分数，将每名学生的分数乘以 0.8 后加 20 重新存入数组中。

分析：开始的成绩在声明数组中给出，随后用一个循环处理每一个元素。

程序：

```
Dim s( ) As Integer = {98, 67, 78, 99, 87, 82}
For i As Integer = 0 To 5
    s(i) = s(i) * 0.8 + 20
Next
```

也可以使用自定义的数据类型来声明数组，如用 3 个点的坐标来表示平面上的一段折线，程序如下。

```
Structure Point
    Dim x As Single
    Dim y As Single
End Structure

Dim Line(2) As point
```

```
Line(0).x=0
Line(0).y=0
Line(1).x=15
Line(1).y=0
Line(2).x=0
Line(2).y=34.6
```

也可以在申明数组的时候不指定大小，在使用前使用 ReDim 语句重新给定大小。这样的数组称为动态数组。如果在一个结构的定义中包含数组，则该数组必须是动态的。如：

```
Dim A() As Integer
ReDim A(100)
```

最后，大多数情形下都要通过一个 For 循环来操作数组中的每一个元素。而 Visual Basic 还提供了一个 For 循环的遍体 For Each…Next 循环来简化这种操作。使用 For Each 循环时可以不用监视数组的上限。例如，要取得数组 A 中（假设 A 是一个整形数组）的每一个元素，可以用如下的代码：

```
For Each k As integer in A
    ……
Next
```

该循环依次将数组中的每一个数取到 k 中进行操作（如显示数组中的值）。For Each 循环不但对数组有效，而且大多数存放一批数据的结构也支持 For Each 循环，如第 6 章将要讲到的线性表。

5.5 子程序过程与函数过程

5.5.1 过程

在有些情况下，程序的不同部分可能要执行一段相同的程序代码，这时，可以将这一段代码抽出来，建立一个独立的过程，供过程调用。

在 Visual Basic 中，过程分为两类：子程序过程和函数过程，前者称为 Sub 过程，后者称为 Function 过程。

Sub 过程即子程序，是由 Sub…End Sub 定义的过程。定义过程的格式如下：

```
Sub   过程名（[参数表]）
    语句序列
End   Sub
```

（1）Sub 过程定义以 Sub 开始，以 End Sub 结束，中间是描述过程功能的语句序列，称为过程体。

（2）过程名与变量的命名规则相同，不可与 Visual Basic 中的关键字重名，也不可与同级的变量同名。

（3）Sub 过程不能嵌套，即不能在 Sub 过程中再定义其他的 Sub 或 Function 过程。

参数表指定了在调用该过程时应该传递的参数的个数和类型。参数表中可以包含多个参数项，相邻的两个参数项之间用逗号隔开。每个参数项的形式如下：

ByVal | ByRef　参数名[( )]　[As　类型]

这里的参数名是一个合法的变量名，如果参数作为数组来使用，应该在其名后加一对括号。

类型指定参数的数据类型，可以是 Integer、Long、Single、Double、String、Variant 或用户定义的其他类型。如果省略"As 类型名"则默认为 Object。变量名前的 ByVal 表明参数是按照值来传递，ByRef 表明按照地址来传递。有关细节，本章后面将做详细介绍。这里的参数在定义时并没有分配存储单元，在运行该过程时才分配，所以也称为形式参数。

End Sub 表明过程的结束。每个 Sub 过程应该有一个 End Sub 语句，当程序执行到 End Sub 时，将结束该过程的运行。在过程体中，还可以包含一个或多个 Exit Sub 语句，当程序运行到 Exit Sub 语句时，也将结束过程的运行。

5.5.2　调用 Sub 过程

调用 Sub 过程，即执行该过程中的代码。调用 Sub 过程的形式如下：

过程名([实际参数表])

其功能是运行该过程名对应的过程。实际参数表是传递给该过程的参数，实际参数也简称为实参。实参可以是常量、变量或表达式。相邻的两个实参之间用逗号隔开。实参的个数、顺序、类型要和形参一一对应。

调用的执行过程是：首先将实参传递给形参，然后执行过程体。当过程运行结束后，从调用该过程的语句的下一句继续执行。例如，要调用过程 area，可使用如下的程序段。

```
Dim x As Integer
Dim y As Integer
x = 5
y = 7
area(x, y)
```

当执行该程序段时，首先给变量 x 和 y 赋值，接着以 x 和 y 为实参，调用过程 area。

调用过程时首先将实参 x 传递给形参 a，将实参 y 传递给形参 b，然后执行过程 area 的过程体，即该过程中的语句。当执行到 End Sub 时，过程的运行结束，返回到调用该过程的语句的下一句，从该处继续程序的运行。

5.5.3　Function 过程

Sub 过程不返回值，且以语句的形式调用。Function 过程要返回一个值，调用方式是以表达式的形式出现。Function 过程的定义格式如下：

```
Function　过程名 ([参数表])　[As　类型名 ]
语句序列
End　Function
```

Function 过程以 Function 开始，以 End Function 结束，中间是描述过程功能的语句序列，称为过程体或函数体。

过程体中至少有一条 Return 语句，形式为

　　Return　表达式

当调用该过程时，过程的返回值即此表达式的值。"As 类型名"指定 Function 过程返回值的数据类型。其他部分同 Sub 过程的定义。例如，定义计算阶乘的 Function 过程如下。

```
Function  facts( n As Integer)  As  Long
    Dim i As Integer
    Dim result As Long
    result = 1
    For i = 1 To n
        result = result * i
    Next
    Return result
End  Function
```

该函数过程包含一个 Integer 型的形参，其返回值为 Long 型。可以看到，过程体中包含 Return 语句，返回值等于参数 n 的阶乘。

5.5.4　Function 过程的调用

由于 Function 过程返回一个值，可以像其他函数一样来调用。若将它作为单独的语句来调用，就无法得到函数的返回值。因此，一般作为表达式或表达式的一部分出现，其在表达式中出现的形式为：

　　过程名（[参数表]）

参数表的使用形式同调用 Sub 过程。例如，要调用前面定义的计算阶乘的 Function 过程 facts，可以采用下面的程序段。

```
Dim  m  As  Integer = 12
Dim y As Long
y = facts(m)
```

当执行到 y = facts(m)时，将调用函数过程 facts。首先将实参 m 传递给形参 n，然后执行该函数过程的过程体，当执行到 End Function 时，完成过程的运行，将 Return 后面表达式的值带回调用处，即赋给变量 y，然后从调用处继续执行。

5.5.5　参数传递

在调用一个过程时，必须为过程提供实际参数，完成实际参数与形式参数的结合，称为参数传递，然后用实际参数执行所调用的过程体。

在 Visual Basic 中，参数传递的方式有两种：传值和传址。所谓传值，是将实际参数的值传递给形式参数；而传址是将实际参数的引用（地址）传递给形式参数。

如果要按照传值方式进行参数传递，在定义过程时，要在形式参数的前面加 ByVal；如果按照传址方式进行参数传递，要在形式参数的前面加 ByRef。

参数传递的传值方式是将实际参数的值传递给形式参数，而不是将实际参数的地址传递给形式参数。在这种方式下，系统将要传送的变量复制到一个临时单元中，然后把临时单

元的地址传送给被调用的过程，即系统为形式参数重新分配存储单元。由于被调用过程没有访问实际参数，因而在改变形式参数的值时并没有改变实际参数的值。

要使得参数的传递按照传值方式进行，需在定义过程时，在形式参数的前面加 ByVal 关键字。

参数传递的另一种方式是引用，也称为传地址。定义过程时，如果在形式参数的前面加 ByRef，则参数的传递方式是引用。

在引用方式下，参数的传递是将实际参数的地址传递给形式参数，所以形式参数和实际参数共享相同的存储单元。当在过程中对形式参数的值进行更改时，实际参数的值也进行相应的更改。所以可以通过引用的方式将被调用过程的处理结果带回调用过程。

定义过程时，是选择传值参数还是选择引用方式，没有统一的标准，下面两条原则可供参考：

（1）如果要将被调过程中的结果带回则采用引用参数，否则采用传值参数；

（2）对于整型、长整型或单精度型参数，如果不希望过程修改实参的值，可采用传值参数，反之可使用引用参数。

前面介绍过，Function 过程能通过返回值直接带回过程的结果；而 Sub 过程由于没有返回值，不能直接带回过程的结果。但是，通过传址方式的参数，Sub 过程也能间接带回过程的结果。所以在编写程序时，通过 Function 过程能解决的问题，同样也能通过 Sub 过程完成，反之亦然。不过，如果过程的结果以表达式的形式使用，则采用 Function 过程为佳。

例如，要计算 $n!$，既可以使用 Function 过程，又可以使用 Sub 过程。使用 Function 过程的程序如下。

```
Function    Facts(ByVal n As Integer) As Long
    Dim i As Integer
    Dim s As Long = 1
    For i = 1 To n
        s = s * i
    Next
    Return s
End    Function
```

使用 Sub 过程的程序如下。

```
Sub    Facts(ByVal n As Integer,    ByRef y As Long)
    Dim i As Integer
    y = 1
    For   i = 1 To n
        y = y * i
    Next
End    Sub
```

5.5.6 值变量和引用变量与参数传递

Visual Basic 中的变量可以分为两类：值类型和引用类型。如果某个数据类型在自己的内存分配中包含数据，则该数据类型是"值类型"。"引用类型"含有指向包含数据的其他内存位置的地址（指针）。以下变量是值类型：

（1）所有 numeric 数据类型；

（2）Boolean、Char 和 Date；

（3）所有结构（自定义数据类型），即使其成员是引用类型。

以下变量是引用类型：

（1）String；

（2）所有数组，即使其元素是值类型；

（3）类类型。

对于值类型，在数或过程中如果通过 ByVal 方式传递参数，则在函数和过程中对形参做的任何改变都不会影响实参的值。如果通过 ByRef 方式传递参数，则对形参的改变将导致实参同时改变。

对于引用类型，则有所不同。在引用类型的变量中，本身存放的就是变量的地址。因此无论是通过 ByVal 方式还是 ByRef 方式传递参数，在函数或过程中，对变量中内容的改变都将导致调用代码中实际参数的改变。区别在于，以 ByVal 方式传递参数时，只能改变变量的内容，变量本身的改变不会影响实际参数；以 ByRef 方式传递参数时，既可以改变变量的内容，又可以改变变量本身。例如，以 ByVal 方式传递数组参数时，改变数组中的内容时，调用代码中的实际数组内容也会改变。但是如果在函数或过程中重定义数组的大小，则调用代码中的数组不会改变。如果以 ByRef 方式传递数组参数，则这两者都会跟着改变。

5.5.7　Sub Main

Visual Basic 代码一般都在一个过程中。因此，Visual Basic 至少要有一个过程，该过程的名字是指定的，即 Sub Main( )过程。程序开始运行时将从 Main 过程的第一条语句开始执行，执行完 Main 过程的最后一条语句则整个程序运行结束。使用 Visual Studio 2008 编写 Visual Basic 程序时，Visual Studio 2008 将自动写好 Sub Main 和 End Sub 语句。如果程序不需要其他过程，则只需要将代码填入 Sub Main 过程即可。也就是说，在例 5-1 到例 5-8 中，所有代码应该在 Sub Main 过程中。

5.5.8　变量的作用范围

变量是有作用范围的，在一个过程中声明的变量在其他过程中是不可访问的。换一个角度说，在两个不同的过程中声明相同名字的变量，这两个变量是相互独立、没有关联的。更进一步，在一个循环体中声明的变量只在这个循环体中是有效的，出了该循环体，该变量就不可访问了，或者说被销毁了。

例如，有以下的程序片段：

```
For i As Integer=0 To 9
    Dim B As Integer
    B=i
Next
Dim A As Integer
A=B        '错误的语句
```

在以上程序段中，最后一句是错误的，原因是 B 是在 For 循环中声明的，当退出 For 循环时，变量 B 同时会被销毁，因此，执行最后一句 A=B 时，B 已经不存在了，所以是错误的。如果确实要使用 B，可以将 B 的声明放到 For 循环的外面。同样的道理，也适用于过程。过程中的参数被看做在过程内声明的变量。

【例 5-9】 计算两个矩形面积之和。矩形的面积使用一个 function 过程来完成。

分析：假定两个矩形的边长分别为 3.4 cm、6.7 cm 和 4.5 cm、8.9 cm。

程序：

```
Sub Main( )
    Dim x1 As Decimal = 3.4
    Dim y1 As Decimal = 6.7
    Dim x2 As Decimal = 4.5
    Dim y2 As Decimal = 8.9
    Dim Sum As Decimal
    Sum = Area(x1, y1) + Area(x2, y2)
End Sub

Function Area(ByVal x As Decimal, ByVal y As Decimal)
    Return x * y
End Function
```

【例 5-10】 使用 Sub 过程，完成例 5-9 中的任务。

分析：Sub 函数没有返回值，因此需要有额外的参数通过 BayRef 的方式将计算结果带回到调用函数。

程序：

```
Sub Main( )
    Dim x1 As Decimal = 3.4
    Dim y1 As Decimal = 6.7
    Dim x2 As Decimal = 4.5
    Dim y2 As Decimal = 8.9
    Dim Sum As Decimal
    Dim A1 As Decimal
    Dim A2 As Decimal
    Area(x1, y1, A1)
    Area(x2, y2, A2)
    Sum = A1 + A2
End Sub

Sub Area(ByVal x As Decimal, ByVal y As Decimal, ByRef A As Decimal)
    A = x * y
End Sub
```

**5.5.9 递归调用

在数学上，关于递归函数的定义是指对于某一函数 $f(x)$，其定义域是集合 A，那么若对于 A 集合中的某一个值 X_0，其函数值 $f(x_0)$ 由 $f(f(x_0))$ 决定，那么就称 $f(x)$ 为递归函数。在编程语言中，把直接或间接地调用自身的函数称为递归函数。这样的递归函数通常必须满足以下两个条件：

（1）在每一次调用自己时，必须（在某种意义上）更接近于解；

（2）必须有一个终止处理或计算的准则。

【例 5-11】 使用递归函数计算 n 的阶乘。

分析：阶乘的递归可以定义为①n! = n*(n–1)!；②当 n = 0 时，0! = 1。步骤①指出了递归的定义，步骤②则给出了结束条件，二者缺一不可。

程序：

```
Module Module1

    Sub Main()
        Dim a As Integer = Fac(6)
        Console.WriteLine(a)
    End Sub

    '阶乘的递归函数
    Function Fac(ByVal n As Integer) As Integer
        If n = 0 Then
            Return 1
        Else
            Return n * Fac(n – 1)          '递归调用
        End If
    End Function

End Module
```

5.6 类和对象

面向对象编程（Object Oriented Programming，OOP）最关键的一点就是使用可重用对象来构建程序。面向对象程序设计方法认为：客观世界是由各种各样的实体组成的，这些实体就是面向对象方法中的对象。一般认为对象是包含现实世界物体特征的抽象实体，反映了系统为之保存信息和与之交互的能力。

5.6.1 对象

每个对象都有各自的属性和方法（也就是过程），整个程序是由一系列相互作用的对象构成的，对象之间的交互通过发送消息（调用对象的方法）来实现。对象可视为一个单元的代码和数据的组合。对象可以是一段应用程序，整个应用程序也可以是一个对象。

属性是对象的特性，它们定义对象的特征之一（如大小、颜色或屏幕位置），或者定义对象行为的某一方面（如是否启用或可见）。若要更改对象的特征，可更改其相应属性的值。方法则是对象的一组过程，主要用来对对象的数据进行操作。在程序中，通过对象名加上一个句号后跟属性或方法的形式来访问对象的属性或方法。

事实上，在 Visual Basic 中，前面介绍的数组就是一个对象。例如下面的程序段：

```
Sub Main( )
    Dim A( ) As Integer = {23, 45, 67, 12, 49}
    Dim L As Integer
    L = A.GetLength(0)
End Sub
```

数组 A 就是一个对象，A 调用其方法（也就是 GetLength( )函数过程得到数组的长度，参数 0 表示是第一维的长度）程序运行后 L 的值为 5。

5.6.2 类

简单地说，类是对象的模板，或者说类与对象的关系是图纸和实体之间的关系。在 5.6.1 节的例子中，数组 A 根据一个预先定义好的类（Array 类）而创建。同样可以创建数组 B 和 C 等。A，B 和 C 都是对象，它们都根据同一个类 Array 而创建。也可以自己先定义一个类，然后根据这个类创建出 1 个或多个对象。类使用：

```
Class MyClassName
    …
End Class
```

来定义。

一般而言，创建一个类的对象需要使用 New 关键字，格式如下：

```
Dim classA As New MyClassName( )
```

MyClassName 后面的括号类似于函数参数的传递，一般用于在创建对象时给对象中一些变量初值。如果没有，括号内为空。此时括号可以省略，但有括号的编程风格更好。

需要注意的是，如果一个类被申明为静态的，则不需要创建对象，采用类名后跟句号加方法名的形式来调用。例如，Visual Basic 2008（严格地说应该是.NET）预先定义了的 Math 类就是这样的类。Math 类中包含许多与数学运算相关的方法，它们都是静态的。因此，无须根据 Math 类来创建一个对象，而是直接使用类名。例如，计算 x 的正弦函数的值，写法是：

```
Math.Sin(x)
```

5.7 控制台的输入与输出

一个实际的程序总是离不开输入和输出。严格地讲，输入和输出并不是 Visual Basic 语言的一部分。和前面提到的 Math 类相同，输入和输出依靠预先提供的方法来完成的。这些方法都包含在 Console 类中。和 Math 类一样，Console 类中的方法都是静态的，因此不需要创建 Console 类的对象（也叫实例）。

对于本书的例子而言，输入是指在程序运行时，从键盘得到要处理的信息；输出是指将结果显示在屏幕上。在此，只讨论字符界面（控制台的输入和输出）。

控制台是一个操作系统窗口，用户可在其中通过计算机键盘输入文本，并通过计算机终端读取文本输出，从而与操作系统或基于文本的控制台应用程序进行交互。例如，在 Windows 中控制台称为命令提示窗口，可以接收 MS-DOS 命令。Console 类对从控制台读取字符并向控制台写入字符的应用程序提供基本支持。Console 类提供用于从控制台读取单个字符或整行的方法，该类还提供若干写入方法，可将值类型的实例、字符数组及对象集自动转换为格式化或未格式化的字符串，然后将该字符串写入控制台。

需要注意的是，实际上输入和输出都是针对字符和字符串（或文本）的。因此，输出到控制台时，所有数据都应该转换为字符或字符串。然而，很多时候，这种转换是自动的，并不需要提供额外的代码来转换。输入则没有这种自动的转换，从键盘的输入将作为一个字符或字符串被读取，可能需要额外的代码将其转换为整数、小数或其他需要的数据类型。

5.7.1 控制台的输出

控制台的输出主要通过 Console.Write 及带有换行的 Console.WriteLine 来完成。下面的程序段向控制台（屏幕）输出整数、字符串等。

```
Dim A As Integer=56
Console.Write(A)
Console.Write("Hello World")
```

Console.Write 和 Console.WriteLine 的功能基本一样，主要区别在于 WriteLine 输出之后会跟一个换行符。下一个输出会从新行开始。另外需要注意的是，Console 类中并非只有一个 Write 方法，而是有多个。只不过这些方法同名而已。上面的程序段中，输出整数的和输出字符串的实际是两个不同的 Write 方法，这种现象称为重载。

Write 和 WriteLine 方法还有一个重要的用法，就是使用占位符的方式，如：

```
Console.Write("X+Y={0}+{1}={2}",X,Y,X+Y)
```

在上面的语句中，最终输出的是 Write 参数的第一个字符串 X+Y={0}+{1}={2}，但是 {0}、{1}和{2}是占位符，实际输出的时候，{0}、{1}和{2}的值将被 X、Y 和 X+Y 的值所取代。因此，要求占位符的个数应该和后面替换的参数个数一致且一一对应。

【例 5-12】 ConSole.Write 的输出示例。

程序：

```
Sub Main( )
    Dim A As Integer = 23
    Dim B As Integer = 34
    Console.Write("Welcome VB 2008")
    Console.Write("  ")              '输出两个空格
    Console.Write(A)
    Console.Write(vbCrLf)            'vbCrLf 是预先定义好的换行符
    Console.Write("A={0},B={1},A+B={2}", A, B, A + B)
End Sub
```

程序的运行结果如图5-1所示。

注意：换行的占位符的使用。

【例 5-13】 ConSole.WriteLine 的输出示例。

程序：

```
Sub Main( )
    Dim A As Integer = 23
    Dim B As Integer = 34
    Console.WriteLine("Welcome VB 2008")
    Console.WriteLine(A)
    Console.WriteLine("A={0},B={1},A+B={2}", A, B, A + B)
End Sub
```

程序的运行结果如图 5-2 所示。

注意：WriteLine 每次输出一行。

图 5-1　例 5-12 的输出

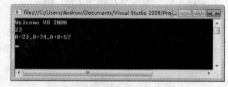

图 5-2　例 5-13 的输出

除了使用{0}作为占位符外，还可以加入其他参数，进一步控制输出的格式。例如：

```
Sub Main( )
    Dim i As Decimal = 123.45678
    Console.WriteLine("{0:C}", i)
    Console.WriteLine("{0:F}", i)
    Console.WriteLine("{0:E}", i)
End Sub
```

第一行将按货币格式输出，第二行按定点格式（小数点后两位）输出，第三行按科学计数法输出。不在此罗列所有输出格式的控制了，以后用到的地方再做解释。

5.7.2　控制台的输入

控制台的输入，大多数是指从键盘输入，也就是程序在运行时从键盘得到要处理的数据。这主要依靠两个过程 Console.Read 和 Console.ReadLine 来完成。Console.Read 方法读取一个字符，而 Consoel.ReadLine 方法读取一个字符串。

需要注意的是，无论程序最终需要什么类型的数据，在输入时，只能将输入作为字符或字符串读入。读入数据后，程序需要自己将读入的数据转换为需要的数据类型（如果有必要）。由于 Console.Read 方法每次只能读入一个字符，因此在实际使用时 Console.ReadLine 使用得更多一些。

【例 5-14】 从键盘输入一个字符串到程序中。

程序：

```
Sub Main( )
    Dim s As String
    s = Console.ReadLine( )
    Console.WriteLine(s)
End Sub
```

上述程序运行后，程序会暂停，等待用户从键盘输入数据。用户输入内容并按回车键后，输入的内容将被存储到字符串 s 中，随后将 s 的内容在显示到屏幕上。假设输入的内容为"Hello VB2008"，程序运行的结果如图5-3所示。

图 5-3　例 5-14 程序运行结果

如果实际上需要输入一个数字呢？例如，输入整数或小数，此时该如何做？这时，仍然将输入的内容作为一个字符串读入，然后程序将字符串转换为需要的类型。有多种转换方式，在这里使用类 Convert 提供的方法来转换。和 Console 类相似，Convert 类也提供了一组静态的方法来完成转换，因此使用 Convert 类的方法时也不需要创建对象。常用的 Convert 方法如表 5-5 所示。

表 5-5　常用的 Convert 方法

方 法 名 称	转换后的数据类型
Conver.ToBoolean	Boolean
Convert.ToInt32	Integer
Convert.ToInt64	Long
Conver.ToDecimal	Decimal
Convert.ToSingle	Single
Convert.ToDouble	Double
Convert.ToChar	Char
Convert.ToDateTime	DateTime

【例 5-15】　从键盘输入两个小数，相加后显示结果。

分析：读入数据，将数据类型转换后相加并显示结果。

程序：

```
Sub Main()
    Dim s As String
    Dim A As Decimal
    Dim B As Decimal
    s = Console.ReadLine()
    A = Convert.ToDecimal(s)
    s = Console.ReadLine()
    B = Convert.ToDecimal(s)
    Dim C As Decimal = A + B
    Console.WriteLine("{0}+{1}={2}", A, B, C)
End Sub
```

程序运行时，先将数据读入 s 中，再把字符串转换为小数。每次输入一个数时，需要按下回车键，即一行输入一个数据。程序运行结果如图5-4所示。

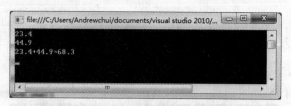

图 5-4　例 5-15 程序运行结果

例 5-15 中先将 23.4 作为字符串 "23.4" 存储到变量 s 中，然后转换为小数存储到 A 中。注意：需要确保这样的转换是可行的，如果试图将字符串 "ABC" 转换为小数，程序会立即中止运行并报错。

如果想在一行内输入多个数据，则需要做更多的工作。首先，这些数据会作为 1 个字符串读入，当采用空格来分隔时，形如 "12 45 23 56 88"。此时在一行内输入了 5 个整数，并以空格分隔。接下来需要将这个字符串分解为 5 个字符串，存入一个字符串数组中。分解的依据是空格为分隔符。可以使用字符串对象自己的方法 Split 来完成此功能。然后使用循环依次转换。

【例 5-16】　在一行内输入多个数据。在一行内输入 5 个整数，分别求其除 3 的余数。

分析：将输入的一行字符串分隔为多个字符串，分别转换。

程序：

```
Sub Main( )
    Console.WriteLine("请输入 5 个整数，以空格分隔并以回车结束")
    Dim s As String = Console.ReadLine( )
    Dim sSplit( ) As String = s.Split(" ")
    Dim A As Integer
    For i As Integer = 0 To 4
        A = Convert.ToInt32(sSplit(i))
        Console.Write((A Mod 3).ToString( ) + " ")
    Next
    Console.WriteLine( )
End Sub
```

例 5-16 的程序中，ReadLine 将空格分隔的 5 个整数作为一个字符串读入变量 s 中。随后调用变量 s（也是一个数组对象）的方法 Split 将 s 按空格分隔成 5 个字符串，结果存入字符串数组 sSplit 中。在输出的 Write 方法中，A Mod 3 的结果是一个整数，整数也是一个对象，用 ToString 方法转换为一个字符串，和含有一个空格的字符串连接后输出。假设输入的 5 个整数是 5、6 、7、8 和 9，程序的运行结果如图 5-5 所示。

图 5-5　例 5-16 程序运行结果

*5.8 使用 Visual Studio 2008

Visual Studio 是微软公司推出的开发环境，是目前最流行的 Windows 平台应用程序开发环境。这里只会用到其中的一小部分功能，下面通过一个例子来说明。

5.8.1 控制台应用程序的创建与运行

【例 5-17】 跳水比赛中，有 7 名裁判评分，分数在 0～10 之间。评分方法是：去掉一个最高分和一个最低分，剩下的分数相加后乘以 3 再除以 5，然后乘上难度系数即为该动作的最后得分。编写程序，输入以上数据，计算运动员的分数。

操作步骤如下所述。

（1）运行 Visual Studio 2008，从菜单中选择新建→项目。在弹出的对话框中选择项目类型为 Visual Basic→Windows；模板选择控制台应用程序；在名称一栏输入 Diving，如图5-6所示。

图 5-6　新建 Visual Basic 控制台应用程序

（2）在新建的项目中输入以下代码，如图5-7所示。

```
Module Module1
    Sub Main( )
        Dim difficult As Decimal = 3.1          '定义一个小数，跳水的难度系数
        Dim Score( ) As Decimal = {8.0, 8.5, 8.0, 8.5, 9.0, 9.5, 8.0}        '定义一个数组,打分
        Dim max As Decimal = Score(0)
        Dim min = Score(0)                      'min 的类型  AS Decimal  可以省略，由系统决定
        Dim Sum = Score(0)
        For i As Integer = 1 To 6
```

```
                    If Score(i) > max Then
                        max = Score(i)                    '找出得分的最大值
                    End If
                    If Score(i) < min Then
                        min = Score(i)        '最小值
                    End If
                    Sum = Sum + Score(i)
                Next
                Sum = (Sum - max - min) * 3 / 5 * difficult
                Console.WriteLine("运动员的得分为{0,1:F}", Sum)              '输出
            End Sub
        End Module
```

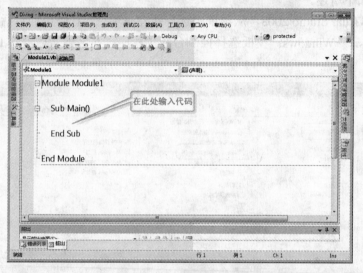

图 5-7   输入代码的位置

（3）运行程序。从调试菜单→开始执行（不调试），得到的运行结果如图5-8所示。

图 5-8   程序的运行结果

（4）如果想从键盘输入数据来运行程序，程序代码如下：

```
Module Module1
    Sub Main( )
        Dim difficult As Decimal
        Console.WriteLine("请输入难度系数，以回车结束")
        difficult = Convert.ToDecimal(Console.ReadLine( ))
```

```vb
        Console.WriteLine("请输入 7 名裁判的评分，以空格分隔并以回车结束")
        Dim strScore As String = Console.ReadLine( )
        Dim strSco( ) As String = strScore.Split(" ")
        Dim score(6) As Decimal
        score(0) = Convert.ToDecimal(strSco(0))
        Dim max As Decimal = score(0)
        Dim min As Decimal = score(0)
        Dim sum As Decimal = score(0)
        For i As Integer = 1 To 6
            score(i) = Convert.ToDecimal(strSco(i))
            If score(i) > max Then
                max = score(i)
            End If
            If score(i) < min Then
                min = score(i)
            End If
            sum = sum + score(i)
        Next
        sum = (sum - max - min) * 5 / 3 * difficult
        Console.WriteLine("运动员的得分为{0,1:F}", sum)
    End Sub
End Module
```

程序的运行结果如图5-9所示。

图 5-9　程序的运行结果

5.8.2　Visual Studio 2008 集成环境

启动 Visual Studio 2008 后，会看到如图 5-10 所示的界面。开始编写一个新的程序前，首先需要建立一个解决方案，该解决方案里包含一个项目。简单起见，可以直接创建项目，Visual Studio 将自动为该项目创建一个解决方案。注意：图5-10所示的启动界面是在第一次启动 Visual Studio 后选择了常规开发设置后的界面，如果选择了其他设置，界面会和图5-10有些区别。

编写程序的第一步是在文件菜单中选择新建→项目命令。随后会看到如图 5-6 所示的界面。输入完代码后，如果有语法错误，会在代码窗口中用波浪线指出（见图 5-11）。然后生成菜单选择生成解决方案（将源代码编译成机器码），如果有错误，则会在输出窗口显示错误，同时错误也显示在错误列表窗口。

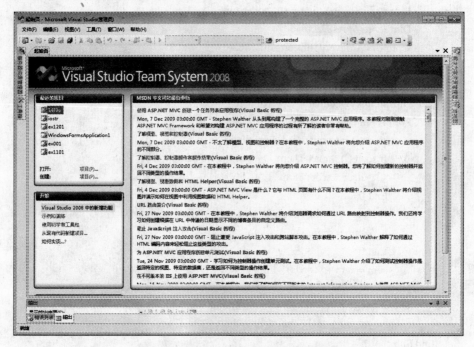

图 5-10　Visual Studio 2008 的启动界面

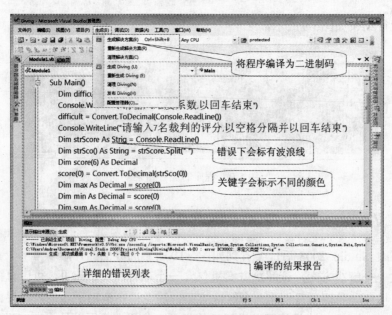

图 5-11　输入代码并改正语法错误

修改完语法错误的程序即可以进入调试阶段，看看程序在运行时是否正确。可以设置断点使程序在运行中暂时停止，以查看程序中变量的值，也可以单步执行程序，如图 5-12 所示。

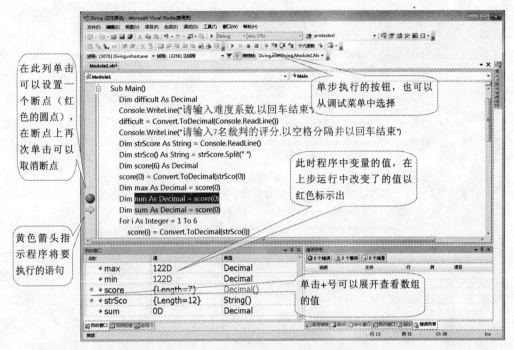

图 5-12　程序的运行与调试

*5.9　范例程序阅读

【例 5-18】　平面上已知坐标的任意三个点 $A(x_1, y_1)$、$B(x_2, y_2)$、$C(x_3, y_3)$（3 个点的坐标在程序中直接给定），检验它们能否构成三角形。若不能，则输出相应的信息；若能，则输出三角形的面积和周长。

分析：已知两点的坐标，可以计算出两点之间的距离，计算公式如下：

$$Distance = \sqrt{(x_1 - x_2)^2 + (y_1 - y_2)^2}$$

3 个点总共可以组成 3 条边，每条边的长度可以由上式计算得到。组成三角形的条件是两边之和大于第三边，满足该条件则是三角形，否则不是三角形。已知三角形的三条边的长度，根据海伦公式可以计算出该三角形的面积，海伦公式如下：

$$area = \sqrt{s(s-a)(s-b)(s-c)}$$

式中，$s = \dfrac{a+b+c}{2}$，area 为面积。

在求解过程中需要使用开平方数学函数，可使用 Math.sqrt(x) 来完成。

程序：

```
Module Module1
    Sub Main( )
        '定义 6 个实数来存储坐标点
        Dim x1 As Double = 2.1
        Dim x2 As Double = 0
```

```
            Dim x3 As Double = 4.3
            Dim y1 As Double = 0.7
            Dim y2 As Double = 0
            Dim y3 As Double = 9.2
            '计算3边长
            Dim d1 As Double = Math.Sqrt((x1 − x2) ^ 2 + (y1 − y2) ^ 2)
            Dim d2 As Double = Math.Sqrt((x1 − x3) ^ 2 + (y1 − y3) ^ 2)
            Dim d3 As Double = Math.Sqrt((x2 − x3) ^ 2 + (y2 − y3) ^ 2)
            '判断是否可以组成三角形
            If d1 + d2 > d3 And d2 + d3 > d1 And d1 + d3 > d2 Then
                '如果可以组成三角形，则计算面积和周长并输出
                Dim s As Double = (d1 + d2 + d3) / 2
                Dim area As Double = Math.Sqrt(s * (s − d1) * (s − d2) * (s − d3))
                Console.WriteLine("可以组成三角形")
                Console.WriteLine("三角形的面积是{0}", area)
                Console.WriteLine("三角形的周长是{0}", s * 2)
            Else
                Console.WriteLine("无法组成三角形")
            End If
        End Sub
    End Module
```

【例 5-19】 一对兔子，从出生后第 3 个月起每个月都生一对兔子。小兔子长到第 3 个月后每个月又生一对兔子。假如兔子都不死，请问第 1 个月出生的一对兔子，至少需要繁衍到第几个月，兔子总数才可以达到 R 对？（R 为给定的正整数，从键盘输入）。

分析：设某一个月的当月出生的兔子有 R_1 对，两个月大的兔子有 R_2 对，三个月及以上大小的兔子有 R_3 对，则总数是 $R_1+R_2+R_3$ 对。那么再过一个月后，三个月及以上的兔子数量是 R_3+R_2 对、2 个月的是 R_1 对，刚出生的是 R_3 对。第 1 个月的初始值：$R_1=1$、$R_2=0$、$R_3=0$。把每个月的各月龄兔子数量序列都打印出来，当超过 R 时得到月份数。正确的序列是：1, 1, 2, 3, 5, 8, 13, 21, 34, 55, 89, 144, 233, 377, 610, 987, 1597…

程序：

```
Module Module1
    Sub Main( )
        Dim month As Integer = 1
        Console.WriteLine("输入兔子总的数量")
        Dim R As Integer
        R = Convert.ToInt32(Console.ReadLine())
        Dim R1 As Integer = 1
        Dim R2 As Integer = 0
        Dim R3 As Integer = 0
        While R1 + R2 + R3 < R
            month += 1          'month=month+1
            R3 += R2            '二月龄兔子变成成年兔子
            R2 = R1             '一月龄兔子变成二月龄兔子
```

```
            R1 = R3          '成年兔子又生出一月龄兔子
        End While
        Console.WriteLine("至少第{0}个月才有{1}对兔子", month, R1 + R2 + R3)
    End Sub
End Module
```

【例 5-20】 输入两个整数 *A* 和 *B*，输出从 *A* 到 *B* 的所有整数及这些数的和。如输入
A = −3、*B*=8，则总和为（−3）+（−2）+…+8=30。

程序：

```
Module Module1
    Sub Main( )
        Dim A As Integer
        Dim B As Integer
        Console.WriteLine("请输入 A 的值")
        A = Convert.ToInt32(Console.ReadLine())
        Console.WriteLine("请输入 B 的值")
        B = Convert.ToInt32(Console.ReadLine())
        Dim sum As Integer
        For i As Integer = A To B
            sum = sum + i
        Next
        Console.WriteLine("从 A 到 B 的值是{0}", sum)
    End Sub
End Module
```

【例 5-21】 编写一个函数 IsPrime 来判断一个数是否为素数，若是则函数值为真，否则
为假。输出 2～*n* 之内的所有素数。

分析：对于一个给定的数 *n*，从 2 开始直到 Sqrt(*n*)，如果都无法整除 *n*，则可以判定 *n* 是
一个素数。

程序：

```
Module Module1
    Sub Main( )
        Dim n As Integer
        Console.WriteLine("请输入 n 的值")
        n = Convert.ToInt32(Console.ReadLine())
        If n < 2 Then
            Console.WriteLine("输入错误")
            End                              'End 语句立即结束程序的运行
        End If
        For i As Integer = 2 To n
            If IsPrime(i) Then
                Console.Write(i)
                Console.Write(" ")
            End If
        Next
```

```
            Console.WriteLine()
        End Sub

        Function IsPrime(ByVal n As Integer) As Boolean
            If n = 2 Then
                Return True
            Else
                Dim i As Integer = 2
                While i <= n / i
                    If n Mod i = 0 Then
                        Return False              '整除不是素数
                    End If
                    i += 1
                End While
                Return True
            End If
        End Function

End Module
```

**5.10 关于 Visual Basic 2008 的其他知识

5.10.1 Visual Basic 的发展历程

Visual Basic 是由 BASIC 发展而来的，BASIC 语言已有数十年的历史。BASIC 于 1964 年诞生于 Dartmouth 大学，它面对的是初级程序员。对于已具备编程基础、准备深入功能更强大的编程语言的程序员来说，BASIC 通常是他们的第一门语言。

BASIC 是 Beginner's All-purpose Symbolic Instruction Code（初学者通用符号指令代码）的缩写，是国际上广泛使用的一种计算机高级语言。BASIC 简单、易学，目前仍是计算机入门的主要学习语言之一。

BASIC 语言自其问世至今经历了以下四个阶段。

第一阶段：（1964 年—20 世纪 70 年代初）1964 年 BASIC 语言问世。

第二阶段：（1975 年—20 世纪 80 年代中）微型计算机上固化的 BASIC 语言。

第三阶段：（20 世纪 80 年代中—20 世纪 90 年代初）结构化 BASIC 语言。

第四阶段：（1991 年以来）Visual Basic。

BASIC 是一种易学易用的高级语言，非常适合初学者学习运用。常用的编译软件有 True Basic、Turbo Basic、Quick Basic、Visual Basic、CAREALIZER、GFA Basic、Power Basic 等。

1991 年，微软推出了 Visual Basic 1.0 版。这在当时引起了很大的轰动。许多专家把 Visual Basic 的出现当做软件开发史上的一个具有划时代意义的事件。其实，以现在的眼光来看，Visual Basic 1.0 的功能太弱了。但在当时，它是第一个"可视"的编程软件。这使得程序员欣喜之极，都尝试在 Visual Basic 的平台上进行软件创作。微软也不失时机地在四年内接连推出 Visual Basic 2.0、Visual Basic 3.0 及 Visual Basic 4.0 三个版本，并且从 Visual Basic 3.0 开始，微软将 ACCESS 的数据库驱动集成到了 Visual Basic 中，这使得 Visual Basic 的数据库编程能力大大提高。从 Visual Basic 4.0 开始，Visual Basic 引入了面向对象的程序设计思想。Visual Basic 功能强大，学习简单。而且，Visual Basic 还引入了"控件"的概念，使得大量已经编好的 Visual Basic 程序可以直接拿来使用，如今，Visual Basic 已经发展到 Visual Basic 2010。

经过几年的发展，Visual Basic 已成为一种真正专业化的开发语言和开发环境。用户认为可用 Visual Basic 快速创建 Windows 程序，还可以编写企业水平的客户/服务器程序及强大的数据库应用程序，而它最突出的特性是快速创建一个单一的应用程序。这样一来，程序员就可以花更多的时间来开发应用程序的功能，而不是在那些初级的、重复性的任务上浪费时间。Visual Basic 通常以"快速开发工具"而著称。

5.10.2　Visual Basic 2008 的解决方案

在前面几节的例子中可以看到，每当建立了一个新的项目，Visual Studio 自动将它加入到一个解决方案中。什么是解决方案？解决方案代表了 Visual Studio 的工作空间。项目是 Visual Basic 的一个基本的工作单元，是一个应用程序相关组件（如程序代码、当前屏幕的设置等）的管理器。解决方案则是一个或多个项目的容器。例如在打开一个项目后直接再创建一个新的项目，此时有两种与解决方案相关的选项可以使用。

（1）添入解决方案：新建的项目将加到目前打开的解决方案中。此时，解决方案将包含两个项目。

（2）关闭解决方案：关闭目前正在使用的任何解决方案，在新的解决方案中创建一个新的项目。这是默认的选项。

Visual Studio 同时提供了解决方案资源管理器，来组织和管理解决方案。在 Visual Studio 中同时最多只能打开一个解决方案。解决方案资源管理器如图5-13所示。

图 5-13　Visual Studio 2008 的解决方案资源管理器

目录的顶层是解决方案的名字，默认情况下和项目名称是一样的。可以在创建新项目的时候，在创建新项目的对话框上单击"更多"按钮来改变此项。可以直接使用解决方案资源管理器来给项目添加新的项、直接添加新的项目、向项目中添加新的引用或利用解决方案资源管理器进行定位。需要注意的是，一个解决方案中只能包含一个起作用的 Sub Main 过程。

当新建一个项目时，Visual Basic 在指定的位置上创建该项目。这个位置默认的时候是 My Documents\Visual Studio 2008\Projects，创建完新的项目后，Visual Basic 已经在这个位置上创建了一些文件和文件夹。以程序例 5-17 为例，分别有以下几个文件和文件夹。

（1）创建了 Diving 文件夹，包含了所有解决方案要用到的文件。如果需要换台机器继续开发，则将 Diving 文件夹这个复制到其他机器上，然后打开 Diving 文件夹里的 Diving.sln 文件即可。

（2）在 Diving 文件夹里还包含一个 Diving 文件夹。里面最主要的一个文件是 Module.vb。人们输入的 Visual Basic 代码就保存在这个文件里。My Project 文件夹里的文件和 Diving.vbproj 文件则是对本项目的一些配置的记录和 Visual Studio 2008 工作环境的一些配置文件。

另外还有两个文件夹 bin 和 obj，用来存放编译后的输出结果。如果对项目进行了编译，则还会有其他的中间文件和用户配置文件产生。注意：bin 文件夹内的 Debug 文件夹内有 Diving.exe 文件。当程序正确编译后会有这个文件，该文件可以在装有 Windows 操作系统的机器上直接运行（Windows XP 下需要安装 Windows.NET）而无须安装 Visual Studio。

5.10.3 良好的编程风格

为了做好程序设计，必须首先分析所给的问题，明确要求。标识输入量与输出量，确定它们的数据类型，然后确定从所给输入到输出需执行的步骤，即进行算法设计。算法设计应自顶向下，逐步求精。最后是按照算法写出相应的程序。在编写程序时应正确使用 Visual Basic 语句，并要特别注意正确使用标点符号，不要漏用或错用。以下是一些建议：

（1）在程序中最好每行只包括一个语句；

（2）每次只声明一个变量；

（3）变量和控件名尽可能取得有意义、容易记忆和理解并且风格始终保持一致；

（4）注意使用语句的缩格与按层次对齐，采用锯齿状的书写方式；

（5）在必要的地方加上注释，以提高程序的可读性；

（6）要编写出易读的代码，一个重要的方面是留出适量的空白，以告诉读者每一段代码都是一个工作单元；

（7）模仿本书的例子或其他风格好的编程例子。

习 题 5

1. 给出 3 个整数，求它们的和与均值。

2. 自来水公司采取按用水量阶梯式计价的办法，居民应交水费 y（元）与月用水量 x（吨）相关，函数关系式如下。编写程序计算当 $x_1=12$ 及 $x_2=30$ 时 y 的值。

$$y = f(x) = \begin{cases} 0 & (x \leqslant 0) \\ 4x/3 & (0 < x \leqslant 15) \\ 2.5x - 10.5 & (x > 15) \end{cases}$$

3．设 x_1=0133 表示火车 1:33 开出，x_2=2209 表示火车 22:09 到站。x_1 和 x_2 都是整数，计算火车运行的时间 y。用一个 4 位整数表示，前两位为小时数，后两位是分钟数。

4．计算序列 2/1+3/2+5/3+8/5+… 的前 n 项之和。

5．给定一个含有 10 个整数的数组，判断 x 是否在数组中。若是，将 x 在数组中的位置（下标）存于变量 y 中。否则 y 的值为–1。

6．将第 2 题以过程调用的方式实现。过程如

    Function WaterFee (ByVal x As Deciaml) As Decimal

7．将第 5 题以过程的方式实现，如：

    Function IsHere (ByVal A() As Integer, ByVal x As Integer) As Integer

8．某公司员工的工资计算方法如下。一周内工作时间 40 小时之内（含 40 小时），按正常工作时间计酬，超出 40 小时的部分，按正常工作时间报酬的 1.5 倍计酬。员工按进公司时间分为新职工和老职工，新职工的正常工资为 30 元/小时，老职工的正常工资为 50 元/小时。（进公司 5 年以上（含 5 年）的员工为老职工，5 年以下的为新职工），请按该计酬方式计算员工的工资。要求输入员工一周的工作时间、工作年数，输出其一周的工资，保留两位小数。

9．输入年、月、日，输出这一天是该年中的第几天。例如输入 3 个整数，2009 3 2，则输出为 "This is the 61th of 2009"。

10．一只猴子第一天摘下若干个桃子，当即吃了一半，还不过瘾，又多吃了一个；第二天早上又将剩下的桃子吃掉一半，又多吃了一个。以后每天早上都吃前一天剩下的一半加一个。到第 n 天（1<n≤10，从键盘输入）早上想再吃时，只剩下一个桃子了。问第一天共摘了多少个桃子？

11．50 件商品，共两种，其中钥匙扣 2 元一个，漫画书 4 元一本，要卖出 160 元，应如何搭配（输出所有可能的配对情况）？

12．打印输出所有 "水仙花数"。所谓 "水仙花数"，是指一个三位的正整数，其各位数字的立方和等于该数本身。例如，153 是一个 "水仙花数"，因为 $153=1^3+5^3+3^3$。

13．编写过程 IsSquare，判断某个自然数是否为平方数。若是返回 True，否则返回 False。

14．求数组中出现次数最多的数及出现次数。数组为整数，8 个数。输出出现最多的数及次多的数。

15．一个自然数是素数，且它的各位数字的位置经过任意对换后仍为素数，则称该数是绝对素数。例如，13 是绝对素数。输出所有两位数的绝对素数。

第6章 数据结构与算法求解

引言：

由第4章已经知道，用计算机解决一个具体问题时，首先要根据具体问题抽象出一个适当的数学模型，然后设计解此数学模型的算法，最后编写程序，进行调试，直至得到最终解答。如果一个问题可以用数学的方程来描述，如人口增长可以用微分方程来描述，只需要输入相应的数据，然后通过计算机求解该方程即可，这称为数值计算。然而，很多问题是无法用数学方程来描述的，如计算机和人的对弈问题。这类非数值计算问题需要用其他方式来描述和求解，其核心是数据结构和算法。

本节对常用的数据结构进行简单讲述，对常用的查找算法和排序算法也做了简单介绍，此外还讲述了.NET对常用数据结构提供的支持类。

教学目的：

● 掌握数据与数据结构的基本概念；
● 掌握线性表的基本结构及其上的运算；
● 掌握栈和队列的基本概念；
● 了解树和图的基本概念；
● 掌握查找和排序的初步技术。

6.1 数据与数据结构

由第 4 章已经知道，用计算机解决一个具体问题时，首先要根据具体问题抽象出一个适当的数学模型，然后设计解此数学模型的算法，最后编出程序，进行调试，直至得到最终解答。如果一个问题可以用数学方程来描述，如人口增长可以用微分方程来描述，只需要输入相应的数据，然后通过计算机求解该方程即可，这一般称为数值计算。然而，很多问题是无法用数学方程来描述的，如计算机和人的对弈问题。这类非数值计算问题需要用其他方式来描述和求解，其核心是数据结构和算法。

6.1.1 数据

什么叫数据？数据是描述客观事物的信息符号的集合，这些信息符号能被输入到计算机中存储起来，又能被程序处理、输出。事实上，数据这个概念本身是随着计算机的发展而不断扩展的概念。在计算机发展的初期，由于计算机主要用于数值计算，数据指的就是整数、实数等数值；在计算机用于文字处理时，数据指的就是由英文字母和汉字组成的字符串；随着计算机硬件和软件技术的不断发展，扩大了计算机的应用领域，如表格、图形、图像、声音等也属于数据的范畴。目前非数值问题的处理占90%以上的计算机数据处理时间。

数据类型是程序设计中的概念，程序中的数据都属于某个特殊的数据类型，它是指具有相同特性的数据的集合。数据类型决定了数据的性质，如取值范围、操作运算等。常用的数据类型有整型、浮点型、字符型等。数据类型还决定了数据在内存中所占空间的大小，如字符型数据占 1 字节，而长整型数据一般占 4 字节等。

对于复杂一些的数据，仅用数据类型无法完整地描述，如表示教师得分要描述教师的姓名、各项得分，这时需要用到数据元素的概念。数据元素中可能用到多个数据类型（称为数据项），共同描述一个客体（如教师）。数据元素有时也被称为记录或节点。在程序设计中，前面所说的数据类型又称为基本数据类型，由基本数据类型组成的数据元素称为构造数据类型（结构和类都属此列）。

教师得分登记表

姓　　名	教学得分	科研得分	其他得分	合计
张　力	35	34	11	80
王　五	36	35	12	83
...	...	...	...	...

　　教师得分登记表的数据元素是姓名、教学得分、科研得分、其他得分、合计。也就是说，每个数据元素由姓名、教学得分、科研得分、其他得分、合计五个数据项组成。这五个数据项含义明确，若再细分就无明确独立的含义，属于基本数据类型（字符型、整型或浮点型）。

6.1.2　数据结构

计算机的处理效率与数据的组织形式和存储结构密切相关。这类似于人们所用的"英语词典"、"科学技术辞海"和"新华字典"等工具书，它们都按字母或拼音字母的顺序组织排列"词条"，从而使人们查阅工具书的速度较快。假如，"词条"不是按字母顺序组织排列的，而是按任意顺序组织排列，那么查词速度一定很低。因此，很有必要研究数据的组织形式和存储结构。另外，在当今网络世界中，传递数据更加依赖于数据的组织形式和存储结构。

什么是**数据结构**？数据结构在计算机科学界至今没有标准的定义。根据个人的理解不同而有不同的表述方法。

Sartaj Sahni 在他的《数据结构、算法与应用》一书中称："数据结构是数据对象，以及存在于该对象的实例和组成实例的数据元素之间的各种联系。这些联系可以通过定义相关的函数来给出。"他将数据对象（data object）定义为"一个数据对象是实例或值的集合"。

Clifford A. Shaffer 在《数据结构与算法分析》一书中对数据结构的定义是："数据结构是 ADT（抽象数据类型 Abstract Data Type）的物理实现。"

Lobert L. Kruse 在《数据结构与程序设计》一书中，将一个数据结构的设计过程分成抽象层、数据结构层和实现层。其中，抽象层是指抽象数据类型层，它讨论数据的逻辑结构及其运算，数据结构层和实现层讨论一个数据结构的表示和在计算机内的存储细节及运算的实现。

由此可见，在任何问题中，构成数据的数据元素并不是孤立存在的，它们之间存在着一定的关系以表达不同的事物及事物之间的联系。简单地说，数据结构就是研究数据及数据元素之间关系的一门学科，它包括三个方面的内容：

① 数据的逻辑结构；

② 数据的存储结构；

③ 数据的运算（即数据的处理操作）。

一般认为，一个数据结构是由数据元素依据某种逻辑联系组织起来的。对数据元素间逻辑关系的描述称为数据的逻辑结构；数据必须在计算机内存储，数据的存储结构是数据结构的实现形式，是其在计算机内的表示；此外，讨论一个数据结构必须同时讨论在该类数据上执行的运算才有意义。

（1）数据的逻辑结构

数据的逻辑结构就是数据元素之间的逻辑关系。这里对数据所描述的客观事物本身的属性意义不感兴趣，只关心它们的结构及关系。将那些在结构形式上相同的数据抽象成某一数据结构，如线性表、树和图等。

根据数据元素之间关系的不同特性，数据结构又可分为以下四大类（见图6-1）：

① 集合，数据元素之间的关系只有"是否属于同一个集合"；

② 线性结构，数据元素之间存在线性关系，即最多只有一个前导元素和后继元素；

③ 树形结构，数据元素之间呈层次关系，即最多有一个前导元素和多个后继元素；

④ 图状结构，数据元素之间的关系为多对多的关系。

其中，树和图统称为非线性数据结构。

(a)集合　　　(b)线性结构　　　(c)树形结构　　　(d)图状结构

图6-1　四种逻辑结构示意图

（2）数据的存储结构

数据的逻辑结构是从逻辑上来描述数据元素之间的关系的，是独立于计算机的。然而，讨论数据结构的目的是为了在计算机中实现对它的处理，因此，还需要研究数据元素和数据元素之间的关系该如何在计算机中表示，这就是数据的存储结构，又称数据的映像。

计算机的存储器是由多个存储单元组成的，每个存储单元有唯一的地址。数据的存储结构要讨论的就是数据结构在计算机存储器上的存储映像方法。根据数据结构的形式定义，数据结构在存储器上的映像不仅包括数据元素集合如何存储映像，还包括数据元素之间的关系如何存储映像。

一般来说，数据在存储器中的存储有如下四种基本的映像方法。

① 顺序存储结构。把数据元素按某种顺序放在一块连续的存储单元中，其特点是借助数据元素在存储器中的相对位置来表示数据元素之间的关系。顺序存储的问题是，如果元素集合很大，则可能找不到一块很大的、连续的空间来存放。

② 链式存储结构。有时往往存在这样一些情况：一种情况是存储器中没有足够大的连续可用空间，只有不相邻的零碎小块存储单元；另一种情况是在事先申请一段连续空间时，因无法预计所需存储空间的大小，需要临时增加空间。所有这些情况，要得到一块合适的连续存储单元并非易事，即这种情况下顺序存储结构无法实现。

链式存储结构的特点就是将存放每个数据元素的节点分为两部分：一部分存放数据元素（称为数据域）；另一部分存放指示存储地址的指针（称为指针域），借助指针表示数据元素之间的关系。节点的结构如下：

数据域	指针域

链式存储结构可用一组任意的存储单元来存储数据元素，这组存储单元可以是连续的，也可以是不连续的。链式存储中因为有指针域，增加了额外的存储开销，实现上也较为烦琐，但大大增加了数据结构的灵活性。

③ 索引存储结构。在线性表中，数据元素可以排成一个序列：R_1，R_2，R_3，…，R_n，每个数据元素 R_i 在序列里都有对应的位置码 i，这就是元素的索引号。索引存储结构就是通过数据元素的索引号 i 来确定数据元素 R_i 的存储地址。一般索引存储结构有两种实现方法：a.建立附加的索引表，索引表里第 i 项的值就是第 i 个元素的存储地址；b.当每个元素所占存储单元数都相等时，可用位置码 i 的线性函数值来确定元素对应的存储地址，即

$$Loc(R_i) = (i-1) \times L + d_0$$

④ 散列存储结构。这种存储方法就是在数据元素与其在存储器上的存储位置之间建立一个映像关系 F。根据这个映像关系 F，已知某数据元素就可以得到它的存储地址。即 D=F（E），这里 E 是要存放的数据元素，D 是该数据元素的存储位置。可见，这种存储结构的关键是设计函数 F，但函数 F 不可能解决数据存储中的所有问题，还应有一套意外事件的处理方法，它们共同实现数据的散列存储结构。哈希表是一种常见的散列存储结构。

（3）数据的运算

数据的运算是定义在数据逻辑结构上的操作，如插入、删除、查找、排序、遍历等。每种数据结构都有一个运算的集合。

6.2 线性表

线性表是最基本、最简单、最常用的一种数据结构。线性表中数据元素之间的关系是一对一的关系，即除了第一个元素和最后一个数据元素外，其他数据元素都是首尾相接的。线性表的逻辑结构简单，便于实现和操作，在实际应用中广泛采用。

6.2.1 线性表的逻辑结构及运算

线性表是一个线性结构，它是一个含有 $n \geq 0$ 个节点的有限序列，对于其中的节点，有且仅有一个节点（第一个节点，开始节点）没有前驱但有一个后继节点，有且仅有一个节点（最后一个节点，终端节点）没有后继但有一个前驱节点，其他节点都有且只有一个前驱节点和一个后继节点。

一般来说，一个线性表可以表示成一个线性序列：$k_1, k_2, \cdots, k_n$，其中 k_1 是开始节点，k_n 是终端节点。线性表具有以下基本性质：

（1）数据元素的个数 n 定义为表的长度，当 $n=0$ 时，称为空表，空表中无数据元素；

（2）若表非空，则必存在一个唯一的开始节点；

（3）必存在一个唯一的终端节点；

（4）除最后一个元素外，其余节点均有唯一的后继节点；

（5）除第一个元素外，其余节点均有唯一的前驱节点；

（6）数据元素 k_i（$1 \leqslant i \leqslant n$）在不同情况下的具体含义不同，它可以是一个数，也可以是一个符号或更复杂的信息。虽然不同数据表的数据元素可以是各种各样的，但同一线性表的各数据元素必定具有相同的数据类型和长度。

【例6-1】 线性表的例子。

（1）某班学生的数学成绩（78，92，66，84，45，72，92）是一个线性表，每个数据元素都是一个正整数，表长为7。

（2）一星期中七天的英文缩写词（SUN，MON，TUE，WED，THU，FRI，SAT）是一个线性表，表中的数据元素是一个字符串，表长为7。

（3）某企业职工基本工资情况（（张三，助工，3，543），（李四，高工，21，986），（王五，工程师，9，731））是一个线性表，表中数据元素是由姓名、职称、工龄，基本工资四个数据项组成的一个记录（对象），表长为3。

线性表可以进行的常用基本操作有以下几种。

（1）置空表：将线性表 L 的表长置为 0。

（2）return：求出线性表 L 中数据元素的个数。

（3）取表中元素：仅当 $1 \leqslant i \leqslant \text{Length}$（L）时，取得线性表 L 中的第 i 个元素 k_i（或 k_i 的存储位置），否则无意义。

（4）取元素 k_i 的直接前驱：当 $2 \leqslant i \leqslant \text{Length}$（L）时，返回 k_i 的直接前驱 k_{i-1}。

（5）取元素 k_i 的直接后继：当 $1 \leqslant i \leqslant \text{Length}$（L）$-1$ 时，返回 k_i 的直接后继 k_{i+1}。

（6）定位：返回元素 x 在线性表 L 中的位置。若在 L 中有多个 x，则只返回第一个 x 的位置；若在 L 中不存在 x，则返回 0。

（7）插入：在线性表 L 的第 i 个位置上插入元素 x，运算结果使得线性表的长度增加 1。

（8）删除：删除线性表 L 的第 i 个位置上的元素 k_i，此运算的前提应是 Length（L）$\neq 0$，运算结果使得线性表的长度减 1。

对线性表还有一些更复杂的操作，如将两个线性表合并成一个线性表；将一个线性表分解为 n 个线性表；对线性表中的元素按值的大小重新排列等。这些运算都可以通过上述八种基本运算的组合来实现。

6.2.2　线性表的存储结构

要使线性表成为计算机可以处理的对象，就必须把线性表的数据元素及数据元素之间的逻辑关系存储到计算机的存储器中。线性表常用顺序方式和链表方式来存储。

1. 线性表的顺序存储

线性表的顺序存储结构就是将线性表的每个数据元素按其逻辑次序依次存放在一组地址连续的存储单元里。由于逻辑上相邻的元素存放在内存的相邻单元中，所以线性表的逻辑关系蕴涵在存储单元的物理位置相邻的关系中。也就是说，在顺序存储结构中，线性表的逻辑关系的存储是隐含的。

设线性表中每个元素占用 C 个存储单元,用 $\text{Loc}(k_i)$ 表示元素 k_i 的存储位置,则顺序存储结构的存储示意图如图6-2所示。

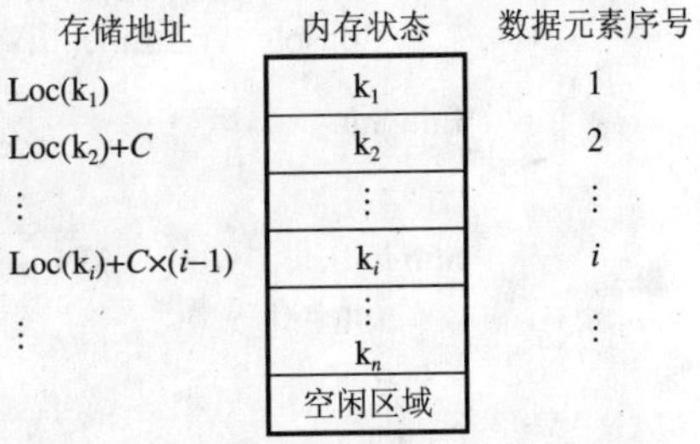

从图 6-2 中可以看出,若已知线性表的第一个元素的存储位置是 $\text{Loc}(k_1)$,则第 i 个元素的存储位置为:

$$\text{Loc}(k_i) = \text{Loc}(k_1) + C \times (i-1) \qquad 1 \leq i \leq n$$

存储地址	内存状态	数据元素序号
$\text{Loc}(k_1)$	k_1	1
$\text{Loc}(k_2)+C$	k_2	2
$\vdots$	$\vdots$	$\vdots$
$\text{Loc}(k_i)+C \times (i-1)$	k_i	i
$\vdots$	$\vdots$	$\vdots$
	k_n	
	空闲区域	

图 6-2　线性表的顺序存储结构示意图

可见,线性中每个元素的存储地址是该元素在表中序号的线性函数。只要知道某元素在线性表中的序号就可以确定其在内存中的存储位置。所以,线性表的顺序存储结构是一种随机存取结构。

在 Visual Basic 语言中,数组是在内存中连续分配的,所以数组天生就是一种线性结构。用数组来实现线性表,可以预先定义一个较大的数组,用来存放线性表中的元素。元素从数组的 0 位置存起,数组最后的一些位置是空闲的。

【例6-2】 一个整数线性表的实现。用整型数组存储元素,实现线性表的基本操作。

分析:使用数组 list 存储元素。list 的大小设为 MAX=1000,表长用 n 表示,线性表中的每一个元素都是整数。这里,使用一个自定义的数据类型来描述线性表。该数据类型 ListType 包含一个数组,用于存放数据。一个整数表示表长。

程序:

```
Module Module1
    Structure ListType
        Dim Data( ) As Integer
        Dim n As Integer
    End Structure

    Sub main( )
        Const MAX As Integer = 1000
        Dim list As ListType
        ReDim list.Data(MAX)

        '以下是对线性表的测试

        Initiate(list)              '置表为空

        '插入 10 个元素并显示
        For i As Integer = 0 To 9
            Insert(list, i, i + 1)
        Next
        Print(list)

        '在位置 5 插入 99 并显示
        Insert(list, 5, 99)
        Print(list)

        '删除第 8 个元素
        Delete(list, 8)
        Print(list)
```

```vb
            '显示第 3 个元素的前驱
            Console.WriteLine("第 3 个元素的前驱是{0}", PriorData(list, 3))

    End Sub

    '置空表
    Sub Initiate(ByRef L As ListType)
        L.n = 0                    '将表的长度置为 0
    End Sub

    '求表长
    Function GetLength(ByVal L As ListType) As Integer
        Return L.n
    End Function

    '取表中元素
    Function GetData(ByVal L As ListType, ByVal i As Integer) As Integer
        If i >= 0 And i < L.n Then
            Return L.Data(i)
        Else
            Console.WriteLine("要求的元素不存在，程序终止")
            End
        End If
    End Function

    '取元素 ki 的直接前驱
    Function PriorData(ByVal L As ListType, ByVal i As Integer) As Integer
        If i >= 1 And i < L.n Then
            Return L.Data(i − 1)
        Else
            Console.WriteLine("要求的元素不存在，程序终止")
            End
        End If
    End Function

    '取元素 ki 的直接后继
    Function NextData(ByVal L As ListType, ByVal i As Integer) As Integer
        If i >= 0 And i < L.n − 1 Then
            Return L.Data(i + 1)
        Else
            Console.WriteLine("要求的元素不存在，程序终止")
            End
        End If
    End Function

'定位：返回元素 x 在线性表 L 中的位置。
'若在 L 中有多个 x，则只返回第一个 x 的位置，若在 L 中不存在 x，则返回−1。
    Function Locate(ByVal L As ListType, ByVal x As Integer) As Integer
        Dim i As Integer = 0
        While i < L.n
            If x = L.Data(i) Then
                Return i
            End If
```

```
                    i = i + 1
            End While
            Return −1
      End Function

    '插入：在线性表 L 的第 i 个位置上插入元素 x，运算结果使得线性表的长度增加 1
    Sub Insert(ByRef L As ListType, ByVal i As Integer, ByVal x As Integer)
            If i >= 0 And i <= L.n Then
                    '将 i 以后的元素向后移动一个位置
                    Dim j As Integer = L.n            '最后一个元素的后一个位置
                    While j > i
                        L.Data(j) = L.Data(j − 1)
                        j = j − 1
                    End While
                    L.Data(i) = x       '插入 x
                    L.n = L.n + 1       '表长增加 1
            Else
                    Console.WriteLine("插入的位置不正确，程序终止")
                    End
            End If
    End Sub

    '删除线性表 L 中第 i 个位置上的元素 ki
    Sub Delete(ByRef L As ListType, ByVal i As Integer)
            If i >= 0 And i < L.n Then
                    '将 i+1 以后的元素依次前移一个位置
                    While i < L.n
                        L.Data(i) = L.Data(i + 1)
                        i = i + 1
                    End While
                    L.n = L.n − 1
            Else
                    Console.WriteLine("删除的位置不正确，程序终止")
                    End
            End If
    End Sub

    '打印，将表中的元素全部依次打印出来，为了演示方便
    Sub Print(ByVal L As ListType)
            For i As Integer = 0 To L.n − 1
                    Console.Write(L.Data(i).ToString() + " ")
            Next
            Console.WriteLine("表长为：{0}", L.n)
    End Sub
End Module
```

需要注意的是，由于 Visual Basic 中的数组下标是从 0 开始的。方便起见，本程序实现的线性表默认的第一个元素下标是 0。因此在下标为 "5" 的位置上插入，实际是在线性表的第 6 个位置上插入。也可以修改程序，使其和前面描述的线性表一致。还要注意的是 ByVal 和 ByRef 的使用，一般来说，要改变 list 中的值（尤其是 n 的值）应该使用 ByRef。图 6-3 所示是程序运行的结果。

图 6-3　程序运行结果

2. 线性表的单链表存储

线性表的顺序存储结构是把整个线性表存放在一片连续的存储区域中，其逻辑关系上相邻的两个元素在物理位置上也相邻，因此可以随机存取表中的任一元素，每个元素的存储位置可用一个简单、直观的公式来表示。然而，某线性表中的元素频繁进行插入和删除操作时，为了保持元素在存储区中的连续性，在插入元素时必须移动大量元素给新插入的元素"腾位置"，而在删除时，又必须移动大量后继元素"补缺"，因而在执行时要花大量时间去移动数据元素。

能否设计一种新的存储结构，在元素插入、删除时无须改变已存储元素的位置？这就是另一种存储结构——链式存储结构。

用链式方式存储一个线性表，其特点是可用一组任意的存储区存储该线性表，此存储区可以是连续的，也可以是分散的。这样，逻辑上相邻的元素在物理位置上就不一定是相邻的，为了能正确反映元素的逻辑顺序，就必须在存储每个元素 a_i 的同时，存储其直接后继（或直接前驱）的存储位置。

链式存储方式有很多种，在这里仅介绍单链表。在单链表中，每个节点都由两部分组成：存储数据元素的数据域（data）；存储直接后继节点存储位置的指针域（next）。其节点结构如下。

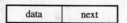

一个由学生姓名组成的线性表（张三，李四，王五，赵六），采用单链表为存储结构时，其单链表的逻辑结构示意图如图6-4所示。

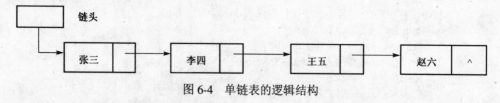

图 6-4　单链表的逻辑结构

> 在链式存储结构中，不可避免地要提到"指针"这个概念，在此读者可以简单地将其理解为某一存储单元的"位置"，在实际的语言实现中，有些语言本身有指针类型的变量（如 C 和 Pascal），有些语言如（Visual Basic 和 Java）需要通过其他方式来实现。

在图 6-4 所示的单链表中，链头是指向单链表中第一个节点的指针，称为头指针；最后一个元素"赵六"所在节点不存在后继节点，因而其指针域为"空"（用 NULL 或∧表示）。该单链表在存储区的物理映像如图6-5所示。

在单链表存储结构下，插入和删除这两种操作的实现方法如下。

（1）单链表的插入

设有线性表（a_1，a_2，…，a_i，a_{i+1}，…，a_n），用单链表存储，头指针为 head，要求在存储数据元素 a_i 的节点之前插入一个数据元素为 X 的节点。设新插入的节点指针是 S。

若已知 a_i 的前驱 a_{i-1} 所在节点的指针 P，只要执行以下两步操作即可。

step1：令节点 S 的指针域指向 a_i 所在的节点（S–>next=P–>next）。

step2：令节点 P 的指针域指向节点 S（P–>next=S）。

执行插入后的单链表的逻辑状态如图6-6所示。

存储地址	数据域(data)	指针域(next)
1		
⋮		
11	张三	61
12	王五	60
13		
⋮		
60	赵六	NULL
61	李四	12

11 头指针 head

图 6-5　单链表在存储区的物理映像

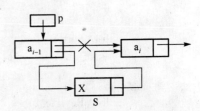

图 6-6　在带头节点的单链表中插入节点 S

由此可见，插入操作执行之前，首先要找到单链表中插入位置的前一个节点的指针（存储位置）。由于知道头指针，可以从头指针一一找到下一个元素，直到找到所需的元素。与顺序存储方式的随机访问相比，这是链式存储的不便之处。

（2）单链表的删除

删除操作和插入操作一样，首先要搜索单链表以找到指定删除节点的前驱节点（假设为 p），然后只要将待删除节点的指针域内容赋予 p 节点的指针域就可以了。删除元素所在的节点之后，单链表的逻辑状态如图6-7所示。

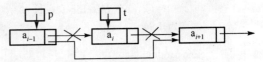

图 6-7　从带头节点的单链表中删除一个节点

6.2.3　List 类

在 Visual Basic 中，线性表除了可使用数组编程实现外，还可以通过 Visual Basic 提供的 List 类来实现。按照使用类的方法，应该先声明一个 List 类的对象，这样就有了一个线性表对象。需要注意的是，List 类是一个泛型类，关于泛型是一个较复杂的概念。在此，简单地理解为创建一个 List 对象时需要指明将在 List 中存储何种类型的数据。例如，声明一个整数类型的 List 对象的格式为：

```
Dim listA As New List(of Integer)
```

【例6-3】　使用 List 类实现例6-2。

```
Module Module1
    Sub Main( )
```

```
        Dim listA As New List(Of Integer)

        '插入 10 个元素并显示
        For i As Integer = 0 To 9
            listA.Insert(i, i + 1)
        Next
        Print(listA)

        '在位置 5 插入 99 并显示
        listA.Insert(5, 99)
        Print(listA)

        '删除第 8 个元素
        listA.RemoveAt(8)
        Print(listA)

        '排序
        listA.Sort( )
        Print(listA)

        '反转
        listA.Reverse( )
        Print(listA)
    End Sub

    Sub Print(ByVal L As List(Of Integer))
        For i As Integer = 0 To L.Count − 1
            Console.Write(L(i).ToString( ) + " ")
        Next
        Console.WriteLine("表长为：{0}", L.Count)
    End Sub

End Module
```

程序的运行结果如图6-8所示。

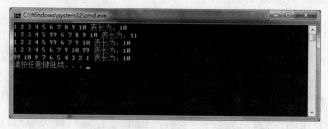

图 6-8　使用 List 类实现的线性表

可以看到程序的运行结果和例 6-2 基本相似，但有一些区别。首先，List 类并没有提供前驱或后继方法。其次，List 类提供了排序方法，调用该方法可以对 List 中的元素排序。需要注意的是，在排序时，程序要知道如何比较 List 中两个元素的大小。由于可以将自定义的数据类型存储到 List 中，此时程序不清楚如何比较大小，因而无法排序（或者说排序时需要自己提供一个比较方法，这已超出了本书的讨论范围）。最后，还可以看到，由于使用了 Visual Basic 提供的 List 类，例 6-3 中的程序要比例 6-2 中的程序短小得多，而功能更强大。List 类中常用的方法如下。

（1）Add：将对象添加到 List 的结尾处；

（2）Clear：从 List 中移除所有元素（置空表）；

（3）Contains：确定某元素是否在 List 中，如果在，则 Contains 返回 True，否则返回 False；

（4）FindIndex：搜索与指定条件相匹配的元素，返回 List 或其中第一个匹配项的从零开始的索引；

（5）IndexOf：返回 List 或其中某个值的第一个匹配项的从零开始的索引；

（6）Insert：将元素插入 List 的指定索引处；

（7）LastIndexOf：返回 List 或其中某个值的最后一个匹配项的从零开始的索引；

（8）Remove：从 List 中移除特定对象的第一个匹配项；

（9）RemoveAt：移除 List 的指定索引处的元素；

（10）Reverse：将 List 或其中元素的顺序反转；

（11）Sort：对 List 或其中的元素进行排序。

List 类中最常用的属性是 List.Count，表示 List 表中的元素个数（表长）。

*6.2.4　LinkedList 类

和 List 类一样，Visual Basic 提供了 LinkedList 类用以帮助实现链表。LinkedList 类通常需要和 LinkedListNode 类一起使用，LinkedListNode 类用以表示链表中的一个节点。本节只以一个简单的例子来说明一下，有兴趣的读者请在微软的网站（MSDN）上搜索更详细的资料。

【例 6-4】　对图 6-4 所示的链表做一个简单的实现。

分析：图 6-4 所示的链表中每一个节点存储的数据类型都是一个字符串。首先生成一个空链表，然后用所给的名字创建每一个节点，并加入链表中。程序还编写了一个 DisPlay 过程，用于显示链表的内容。

程序：

```
Module Module1
    Sub Main( )
            '定义一个空的链表
            Dim linkedListA As New LinkedList(Of String)

            '生成链表的 4 个节点
            Dim linkedListNodeA As New LinkedListNode(Of String)("张三")
            Dim linkedListNodeB As New LinkedListNode(Of String)("李四")
            Dim linkedListNodeC As New LinkedListNode(Of String)("王五")
            Dim linkedListNodeD As New LinkedListNode(Of String)("赵六")

            '将节点加入到链表中，实际运用中不一定要依照下面的顺序加入
            '在此，是为了演示 AddFirst、AddLast、AddAfter 和 AddBefore 的用法
            '而这么做的。在首尾加入链表时（调用 AddFirst 和 AddLast），
            '也可以不用声明 LinkedListNode 对象，而直接加入，如：
```

```
' linkedListA.AddFirst("张三")

linkedListA.AddFirst(linkedListNodeA)
linkedListA.AddLast(linkedListNodeD)
linkedListA.AddAfter(linkedListNodeA, linkedListNodeB)
linkedListA.AddBefore(linkedListNodeD, linkedListNodeC)
DisPlay(linkedListA)

'移除第一个节点
linkedListA.RemoveFirst()
DisPlay(linkedListA)

'移除节点 C
linkedListA.Remove(linkedListNodeC)
DisPlay(linkedListA)

        End Sub

        Sub DisPlay(ByVal LL As LinkedList(Of String))
            For Each name As String In LL
                Console.Write(name + " ")
            Next
            Console.WriteLine("表长为：{0}", LL.Count)
        End Sub
End Module
```

*6.3　栈和队列

栈和队列也是线性结构，线性表、栈和队列这三种数据结构的数据元素及数据元素间的逻辑关系完全相同，差别是线性表的操作不受限制，而栈和队列的操作受到限制。栈的操作只能在表的一端进行；队列的插入操作在表的一端进行而其他操作在表的另一端进行，所以把栈和队列称为操作受限的线性表。

6.3.1　栈

栈是只能在某一端插入和删除数据的特殊线性表。它按照后进先出的原则存储数据，先进入的数据被压入栈底，最后进入的数据在栈顶，需要读数据的时候从栈顶开始弹出数据（最后进入的数据被第一个读出来）。

栈是允许在同一端进行插入和删除操作的特殊线性表。允许进行插入和删除操作的一端称为栈顶（Top），另一端称为栈底（Bottom）；栈底固定，而栈顶浮动；栈中元素个数为零时称为空栈。插入一般称为进栈（Push），删除称为出栈（Pop）。栈也称为先进后出表。

图6-9所示是一个栈的示意图。

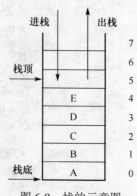

图 6-9　栈的示意图

栈顶始终指向栈顶最后一个元素之后的空位置。在图 6-9 中，栈里共有 5 个元素，入栈的次序依次是 A、B、C、D、E。栈底始终等于 0，而栈顶等于 5。图 6-10 描述了最后两个元素出栈，F 进栈的情形。

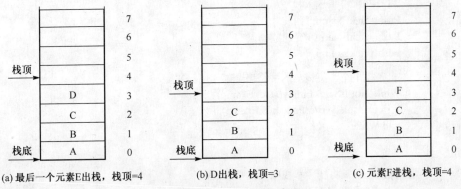

图 6-10　出栈与进栈示意图

当栈中没有元素的时候称为空栈，空栈的条件是栈顶等于栈底。栈的大小一般是预先定义好的，当栈顶等于栈的大小时，称为栈满。很显然，当栈为空的时候，不能进行出栈操作；栈满的时候，不能进行入栈操作。一般来说，对栈有如下几个操作。

（1）求栈的长度：GetLength，返回栈中数据元素的个数。

（2）判断栈是否为空：IsEmpty，如果栈为空则返回 true，否则返回 false。

（3）清空栈：Clear，使栈为空。

（4）入栈操作：Push，将新的数据元素添加到栈顶，栈发生变化。

（5）出栈操作：Pop，将栈顶元素从栈中取出，栈发生变化。

（6）取栈顶元素：GetTop，返回栈顶元素的值，栈不发生变化。

同样，栈在计算机中的存储结构也有顺序存储结构和链式存储结构。显然，顺序存储结构可以用数组来实现。

【例 6-5】　用数组实现栈。

分析：用一个指定大小的数组来存储栈的内容。在此，假设栈里存储的是字符串。变量 top 保存栈顶的数组下标，变量 bottom 为栈底，始终为 0。

程序：

```
Module Module1
    '定义栈
    Structure Stack
        Dim sArray( ) As String
        Dim top As Integer
        Dim bottom As Integer
    End Structure

    Sub Main( )
        '声明一个栈
        Dim stackExamp As Stack
        '栈空间大小为 30
```

```vb
        ReDim stackExamp.sArray(30)

        '初始栈，置为空栈
        Clear(stackExamp)

        '将一些字符串压入栈
        Push(stackExamp, "西安")
        Push(stackExamp, "交通")
        Push(stackExamp, "大学")

        '只要栈不空，将栈里的字符串全部弹出栈并显示
        While Not IsStackEmpty(stackExamp)
            Console.Write(Pop(stackExamp) + " ")
        End While

    End Sub

    '清空栈，也就是将栈顶和栈底指针设为 0
    Sub Clear(ByRef s As Stack)
        s.top = 0
        s.bottom = 0
    End Sub

    '入栈，存入数组中，同时栈顶加 1
    '注意此处有不太完善的地方，即没有检测栈是否满了
    Sub Push(ByRef s As Stack, ByVal item As String)
        s.sArray(s.top) = item
        s.top = s.top + 1
    End Sub

    '检查栈是否为空
    Function IsStackEmpty(ByVal s As Stack) As Boolean
        If s.top = s.bottom Then
            Return True
        Else
            Return False
        End If
    End Function

    '出栈函数，检查了栈里是否有元素
    Function Pop(ByRef s As Stack) As String
        If s.top > s.bottom Then
            s.top = s.top - 1
            Return s.sArray(s.top)
        Else
            Return vbNull      '如果栈空，则返回一个空值
        End If
    End Function

    '得到栈中元素的个数
    Function GetLength(ByVal s As Stack) As Integer
        Return s.top - s.bottom
    End Function
End Module
```

程序的运行结果如图6-11所示，可以看到，字符串弹出栈的次序刚好和入栈次序相反。

图 6-11　程序的运行结果

6.3.2　Stack 类

Visual Basic 提供了类 Stack，用来完成栈的运算。和前面的 List 类相类似，Stack 类是面向对象的泛型类。可以在声明的时候指定栈中的数据类型。Stack 类主要提供了以下方法。

（1）Clear：从 Stack 中移除所有对象。

（2）Contains：确定某个元素是否在 Stack 中。

（3）Peek：返回位于 Stack 顶部的对象但不将其移除。

（4）Pop：移除并返回位于 Stack 顶部的对象。

（5）Push：将对象插入 Stack 的顶部。

还有一个重要的属性 Count，用于指出栈中元素的个数。注意：并没有一个单独的判断栈是否为空的方法，可以通过 Count 属性是否大于 0 来判断。

【例 6-6】　使用 Stack 类实现例 6-5。

分析：要注意使用现有的类编程的格式和方法，并和例 6-5（面向过程的方法）比较。

程序：

```
Module Module1
    Sub Main( )
        '声明一个栈
        Dim stackExamp As New Stack(Of String)

        '初始栈，置为空栈
        stackExamp.Clear( )

        '将一些字符串压入栈
        stackExamp.Push("西安")
        stackExamp.Push("交通")
        stackExamp.Push("大学")

        '只要栈不空，将栈里的字符串全部弹出栈并显示
        While stackExamp.Count > 0
            Console.Write(stackExamp.Pop() + " ")
        End While

    End Sub
End Module
```

程序的运行结果和例 6-5 是一样的，由于使用了 Stack 类，只需要加一个 Main 函数就可以了。作为栈的一个应用，下面再举一个例子。

【例6-7】 检查表达式的括号是否匹配。

分析：从键盘输入一个表达式，如(a+b)*(5+c)*((22−c)/23+56)，现在要检查输入的表达式中的括号是否匹配。这可以用栈来实现。从左至右逐一读取表达式中的每一个字符，如果是左括号，则将其压入栈中，如果遇到一个右括号，则从栈中弹出一个左括号。当处理完表达式的字符串时，如果栈恰好是空的，则表达式是匹配的；否则，①处理完表达式栈不空；②表达式未处理完，需要出栈时栈是空的，此时可以断定括号是不匹配的。

程序：

```
Module Module1
    Sub Main( )
        Dim expression As String
        Console.WriteLine("请输入表达式")
        expression = Console.ReadLine()

        '声明一个栈
        Dim s As New Stack(Of Char)

        '初始栈，置为空栈
        s.Clear( )

        Dim ch As Char
        '循环处理表达式中的每一个字符
        For i As Integer = 0 To expression.Length − 1
            ch = expression(i)
            If ch = "(" Then
                s.Push(ch)              '是左括号则压栈
            End If
            If ch = ")" Then
                If s.Count > 0 Then
                    s.Pop( )            '是右括号则弹栈
                Else
                    '是右括号，但栈是空的，说明没有与之匹配的左括号
                    Console.WriteLine("括号不匹配")
                    End             '程序立即终止退出
                End If
            End If
        Next

        If s.Count = 0 Then
            Console.WriteLine("括号匹配")
        Else
            '栈非空，说明有左括号但没有与之匹配的右括号
            Console.WriteLine("括号不匹配")
        End If

    End Sub
End Module
```

程序的运行结果如图6-12所示。

(a) 匹配

(b) 不匹配

图 6-12　括号匹配检查的程序运行结果

6.3.3　队列

和栈类似，队列是一种特殊的线性表，它只允许在表的前端（front）进行删除操作，在表的后端（rear）进行插入操作。进行插入操作的端称为队尾，进行删除操作的端称为队头。队列中没有元素时称为空队列。在队列这种数据结构中，最先插入的元素将是最先被删除的元素；最后插入的元素将是最后被删除的元素，因此队列又称为"先进先出"（First In First Out，FIFO）的线性表。

队列可以用数组来存储，数组的上界即是队列所容许的最大容量。在队列的运算中需设两个索引下标：①front，存放实际队头元素的前一个位置；②rear，存放实际队尾元素所在的位置。一般情况下，两个索引的初值设为 0，这时队列为空，没有元素。图6-13所示是一个队列的示意图，元素只能从队尾进入队列，只能从队头出队，也就是说要得到第 3 个元素 C，A 和 B 必须先出队才可以。

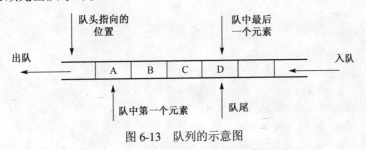

图 6-13　队列的示意图

当队头和队尾相等时，表示队列是空的；若队尾到达了数组的上界，则队是满的。图6-14所示是一个队列变化的示意图。

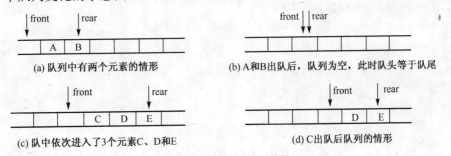

(a) 队列中有两个元素的情形　　　　(b) A和B出队后，队列为空，此时队头等于队尾

(c) 队中依次进入了3个元素C、D和E　　　(d) C出队后队列的情形

图 6-14　队列变化示意图

队列中常用的操作有：

（1）求队列的长度（GetLength），得到队列中数据元素的个数；

（2）判断队列是否为空（IsEmpty），如果队列为空则返回 true，否则返回 false；

（3）清空队列（Clear），使队列为空；

（4）入队（EnQueue），将新数据元素添加到队尾，队列发生变化；

（5）出队（DlQueue），将队头元素从队列中取出，队列发生变化；

（6）取队头元素（GetFront），返回队头元素的值，队列不发生变化。

仔细观察图 6-14 所示的过程会发现，随着元素的出队和入队，队头和队尾均会不断地向后移动。当队尾移动到整个队列存储空间的最后一个位置时，如果还有元素要入队，则会

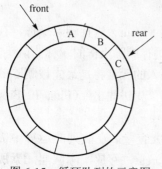

图 6-15 循环队列的示意图

发生溢出。但实际上，队列中还是有空间的，因为有元素出队，也就是说，队头之前的空间是可以再次用来存储数据的。如何利用空间呢？最直观的方法是将队列整体向前移动，但这样做效率并不高。一个较好的办法是将队列的头尾相连，形成一个圆圈，这就是循环队列。循环队列的示意图如图 6-15 所示。当队尾和队头重叠时，队列为空还是满呢？这里约定，当队头和队尾相等时，队为空。当队尾加 1 后等于队头时，队满。这样虽然浪费了一个存储空间，但可以较容易地区别队空和队满的情形。

【例 6-8】 一个队列的实现。

分析：使用固定大小的数组实现队列的简单操作。

程序：

```
Module Module1
        '定义队列结构
        Structure Queue
            Dim q( ) As Char
            Dim front As Integer
            Dim rear As Integer
        End Structure

        Sub Main( )
            Const QueueMax As Integer = 30        '队列最大容量 31
            Dim que As Queue
            ReDim que.q(QueueMax)            '重新指定队列数组的大小

            '清空队列
            Clear(que)

            '入队操作，3 个元素进入队列
            EnQueue(que, "A")
            EnQueue(que, "B")
            EnQueue(que, "C")

            '打印队列
            PrintQueue(que)

            '一个元素出队
```

```vbnet
        Dim ch As Char
        ch = DlQueue(que)

        '打印队列
        PrintQueue(que)

        '出队 1 个入队 3 个后打印队列
        ch = DlQueue(que)
        EnQueue(que, "D")
        EnQueue(que, "E")
        EnQueue(que, "F")
        PrintQueue(que)

    End Sub

    '清空队列，也就是头尾均为 0
    Sub Clear(ByRef q As Queue)
        q.front = 0
        q.rear = 0
    End Sub

    '入队操作，注意，简单起见，并没有判断队满的情形
    Sub EnQueue(ByRef q As Queue, ByVal ch As Char)
        q.rear = q.rear + 1
        q.q(q.rear) = ch
    End Sub

    '出队操作，判断了队列是否为空
    Function DlQueue(ByRef q As Queue) As Char
        If Not IsEmpty(q) Then
            q.front = q.front + 1
            Return q.q(q.front)
        Else
            Return vbNullChar      '若队空，返回空字符(ASCII 码等于 0 的那个字符)
        End If
    End Function

    '从队头开始打印全部队列元素及队列长度
    Sub PrintQueue(ByVal q As Queue)
        For i As Integer = q.front + 1 To q.rear
            Console.Write(q.q(i) + " ")
        Next
        Console.Write("队列的长度是 {0} ", GetLength(q))
        Console.WriteLine()
    End Sub

    '判断队列是否为空
    Function IsEmpty(ByVal q As Queue) As Boolean
        If q.rear = q.front Then
            Return True
        Else
```

```
                    Return False
                End If
            End Function

        '得到队列的长度
        Function GetLength(ByVal q As Queue) As Integer
                Return q.rear – q.front
        End Function
    End Module
```

程序的运行结果如图6-16所示。

图 6-16　例 6-8 中队列的运行结果

【例 6-9】　循环队列。

分析：使用固定大小的数组实现一个循环队列。这里的代码和例 6-8 基本是相同的，只是在入队、出队和打印等操作上注意对队头和队尾就队列的总长度取余。

程序：

```
Module Module1
    '定义队列结构
    Structure Queue
        Dim q( ) As Char
        Dim front As Integer
        Dim rear As Integer
    End Structure

    Const QueueMax As Integer = 30       '队列最大容量 31
    Sub Main( )
        Dim que As Queue
        ReDim que.q(QueueMax)            '重新指定队列数组的大小

        '清空队列
        Clear(que)

        '入队操作，3 个元素进入队列
        EnQueue(que, "A")
        EnQueue(que, "B")
        EnQueue(que, "C")

        '打印队列
        PrintQueue(que)

        '一个元素出队
        Dim ch As Char
```

```vb
        ch = DeQueue(que)
        '打印队列
        PrintQueue(que)

        '出队 1 个入队 3 个后打印队列
        ch = DeQueue(que)
        EnQueue(que, "D")
        EnQueue(que, "E")
        EnQueue(que, "F")
        PrintQueue(que)

End Sub

'清空队列，也就是头尾均为 0
Sub Clear(ByRef q As Queue)
    q.front = 0
    q.rear = 0
End Sub

'入队操作
Sub EnQueue(ByRef q As Queue, ByVal ch As Char)
    If (q.rear + 1) Mod (QueueMax + 1) = q.front Then
        Console.WriteLine("队列已满，无法完成入队操作")
    Else
        q.rear = (q.rear + 1) Mod (QueueMax + 1)
        q.q(q.rear) = ch
    End If
End Sub

'出队操作，判断了队列是否为空
Function DeQueue(ByRef q As Queue) As Char
    If Not IsEmpty(q) Then
        q.front = (q.front + 1) Mod (QueueMax + 1)
        Return q.q(q.front)
    Else
        Return vbNullChar          '若队空，返回空字符(ASCII 码等于 0 的那个字符)
    End If
End Function

'从队头开始打印全部队列元素及队列长度
Sub PrintQueue(ByVal q As Queue)
    Dim i As Integer = q.front
    While i <> q.rear
        i = (i + 1) Mod (QueueMax + 1)
        Console.Write(q.q(i) + " ")
    End While

    Console.Write("队列的长度是 {0} ", GetLength(q))
    Console.WriteLine()
```

```
            End Sub

            '判断队列是否为空
            Function IsEmpty(ByVal q As Queue) As Boolean
                If q.rear = q.front Then
                    Return True
                Else
                    Return False
                End If
            End Function

            '得到队列的长度
            Function GetLength(ByVal q As Queue) As Integer
                If q.rear > q.front Then
                    Return q.rear – q.front
                Else
                    Return QueueMax + q.rear – q.front + 1
                End If .
            End Function
    End Module
```

6.3.4　Queue 类

和 Stack 类相似，Visual Basic 还提供了 Queue 类。该类实现了队列的常用算法，当队列容量不足时会自动增加队列的大小。下面是一些主要的方法。

（1）Clear：从 Queue 中移除所有对象；

（2）Contains：确定某元素是否在 Queue 中；

（3）CopyTo：从指定数组索引开始将 Queue 元素复制到现有的一维数组中；

（4）Dequeue：移除并返回位于 Queue 开始处的对象；

（5）ToArray：将 Queue 元素复制到新数组；

（6）Enqueue：将对象添加到 Queue 的结尾处；

（7）Peek：返回位于 Queue 开始处的对象但不将其移除。

和 Stack 类一样，Queue 类的一个重要的属性是 Count，表示队列中含有元素的个数。

【例 6-10】 使用 Queue 类实现例 6-9。

程序：

```
    Module Module1

        Sub Main( )
            Dim que As New Queue(Of Char)

            que.Clear( )     '清空队列

            '入队操作，3 个元素进入队列
            que.Enqueue("A")
            que.Enqueue("B")
            que.Enqueue("C")
```

```
            '打印队列
            PrintQueue(que)

            '一个元素出队
            Dim ch As Char
            ch = que.Dequeue( )

            '打印队列
            PrintQueue(que)

            '出队 1 个入队 3 个后打印队列
            ch = que.Dequeue( )
            que.Enqueue("D")
            que.Enqueue("E")
            que.Enqueue("F")
            PrintQueue(que)

        End Sub
        '从队头开始打印全部队列元素及队列长度
        Sub PrintQueue(ByVal q As Queue(Of Char))
            '先将队列中的所有元素复制到一个数组中
            Dim queArray(q.Count - 1) As Char
            q.CopyTo(queArray, 0)
            For Each member As Char In queArray
                Console.Write(member + " ")         '输出数组的每一个元素
            Next
            Console.Write("队列的长度是 {0} ",q.Count)
            Console.WriteLine( )
        End Sub
End Module
```

6.4 图和树

前几节讲述了线性结构的数据，而图和树则是非线性的数据结构。同时，现实中的很多问题也是无法用线性数据结构描述的，需要借助非线性的数据结构来描述。

6.4.1 图的基本概念

1736 年，著名数学家欧拉（Euler）发表的论文"柯尼斯堡七座桥"中，首先使用图的方法解决了柯尼斯堡七桥问题，欧拉也被誉为图论之父。这个问题基于一个现实生活中的事例：当时东普鲁士柯尼斯堡（Königsberg）市区跨普列戈利亚河（Pregel）两岸，河中心有两个小岛。小岛与河的两岸有 7 座桥连接。于是，7 座桥将 4 块陆地连接起来，如图6-17所示。而城里的居民想在散步的时候从任何一块陆地出发，经过每座桥 1 次且仅经过 1 次，最后返回原来的出发点。当地的居民和游客做了不少尝试，却都没有成功，而欧拉最终解决了这个问题并断言这样的回路是不存在的。

欧拉在解决问题时，用 4 个节点来表示陆地 A、B、C 和 D，凡是陆地间有桥连接的，便在两点间连一条线，于是图6-17转换为图6-18。

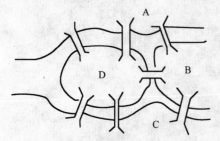

图 6-17　柯尼斯堡七桥问题示意图

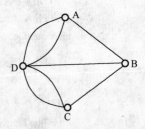

图 6-18　柯尼斯堡七桥问题抽象为图后的表示

此时，问题转化为从图 6-18 中的 A、B、C、D 任意一点出发，通过每条边一次且仅一次后回到原出发点的回路是否存在。欧拉断言了这个回路是不存在的，理由是从图 6-18 中的任意一点出发，为了能够回到原出发点，则要求与每个点关联的边数均为偶数。这样才能保证从一条边进入某点后可以从另外一条边出来。而图 6-18 中的 A、B、C、D 全部都与奇数边关联，因此回路是不存在的。

而由上面的例子可看到，图（Graph）是由节点或称顶点（Vertex）和连接节点的边（Edge）所构成的图形。使用 V(G) 表示图 G 中所有节点的集合，E(G) 表示图 G 中所有边的集合，则图 G 可记为<V(G), E(G)>或<V, E>。有 n 个顶点和 m 条边的图记为(n, m)图或称为 n 阶图。

【例 6-11】 4 个城市 v1、v2、v3 和 v4。v1 和其他 3 个城市都有道路连接，v2 和 v3 之间有道路连接，画出图并用集合表示该图。

显然，节点集合 V={v1, v2, v3, v4}，边集合 E={v1 和 v2 之间的边，v1 和 v3 之间的边，v1 和 v4 之间的边，v2 和 v3 之间的边}。画出的图如6-19所示。

更一般地，边可以用节点对来表示，或者说用节点 V 的向量积来表示：

$$V=\{v1, v2, v3, v4\}$$
$$E=\{(v1, v2), (v1, v3), (v1, v4), (v2, v3)\}$$

在图中，如果边不区分起点和终点，这样的边称为无向边。所有边都是无向边的图称为无向图，如图6-19 所示就是一个无向图。反之，若边区分起点和终点，则称为有向边，所有边都是有向边的图称为有向图。在图中，有向边使用带有箭头的线段表示，由起点指向终点。在集合中用有序对<v1, v2>表示，如图6-20 所示是一个示例。

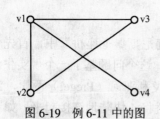

图 6-19　例 6-11 中的图

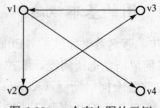

图 6-20　一个有向图的示例

在图 6-20 中：

$$V=\{v1, v2, v3, v4\}$$
$$E=\{<v1, v2>, <v1, v4>, <v3, v1>, <v2, v3>\}$$

节点的度是指和节点关联的边的个数。例如在图6-19中，v1 的度是 3，v2 和 v3 的度是 2，v4 的度是 1。对于有向图，要分为出度和入度，由节点指向外的边的个数为出度，反之为入度。在图 6-20 中，v1 的出度为 2，入度为 1；v4 的出度为 0，入度为 1。

图在计算机中如何存储是人们普遍关心的问题。简单的方法是将图用一个二维矩阵来表示，这样的矩阵通常称为邻接矩阵。在此不系统地讨论，仅以图6-20所示的存储为例来说明。

【例 6-12】 将简单有向图（见图 6-20）以邻接矩阵的方式存储到计算机中。

要以邻接矩阵的方式存储，首先需要对节点指定一个次序。在此，以节点的下标从小到大为序，排列为 v1，v2，v3，v4。然后使用一个 4×4 的矩阵来存储该图，矩阵中的元素只有两个取值：0 或 1。对于两个节点 v_i 和 v_j，若 v_i 和 v_j 之间存在一条边，则对应的矩阵元素 $a_{ij}=1$，反之则为 0。图6-20示例的有向图存储矩阵如图6-21所示。

$$
\begin{array}{c}
\begin{array}{cccc} v1 & v2 & v3 & v4 \end{array} \\
\begin{array}{c} v1 \\ v2 \\ v3 \\ v4 \end{array}
\begin{bmatrix}
0 & 1 & 0 & 1 \\
0 & 0 & 1 & 0 \\
1 & 0 & 0 & 0 \\
0 & 0 & 0 & 0
\end{bmatrix}
\end{array}
$$

图 6-21　存储的邻接矩阵

容易看出，矩阵中 1 的个数对应图中边的个数，对角线的元素全为 0。

**6.4.2　带权图和最短路径

图的问题异常复杂，是一门完整的学科——图论。在此无法对图有一个完整、系统的讨论。为了使读者对图有进一步的认识，作为例子，简单介绍带权图及最短路径的算法，并以此结束对图的讨论。

在处理有关图的实际问题时，往往有值的存在，如公里数、运费、城市、人口数及电话部数等。一般称这个值为权值，在图中，将每条边都有一个非负实数对应的图称为带权图或赋权图，这个实数称为这条边的权。根据不同的实际情况，权数的含义各不相同。例如，可用权数代表两地之间的实际距离或行车时间，也可用权数代表某工序所需的加工时间等。如图 6-22 所示便是一个带权图。

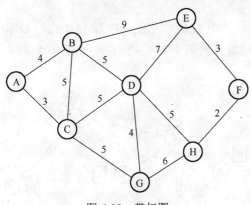

图 6-22　带权图

在图 6-22 所示的无向带权图中求最短路径是经常遇到的、很实际的问题。假设图中的 A～G 点表示 8 个村庄，边表示村庄之间的道路。边上的权值表示距离。现在的问题是：从 A 到 F，最短的距离是多少？

求最短路径的算法是 E. W. Dijkstra 于 1959 年提出来的，这是至今公认的求最短路径的最好方法，称为 Dijkstra 算法。假定给定带权图 G，求 G 中从 v0 到 v 的最短路径，Dijkstra 算法的基本思想如下。

将图 G 中节点集合 V 分成两部分：一部分称为具有 P 标号的集合，另一部分称为具有 T 标号的集合。节点 A 的 P 标号是指从 v0 到 A 的最短路径的路长；而节点 B 的 T 标号是指从 v0 到 B 的某条路径的长度。Dijkstra 算法中，首先将 v0 取为 P 标号节点，其余的节点均为 T 标号节点，然后逐步将具有 T 标号的节点改为 P 标号节点，当目的节点也被改为 P 标号时，则找到了从 v0 到 v 的一条最短路径。下面通过一个例子给出实际的算法步骤。

【例6-13】 计算图6-22所示的带权图中，从A点到F点的最短路径。

（1）首先，将起点A划归为P标号集合，其余的节点均为T节点。A到A的距离为0，所以A的P标号为0。

（2）更新T中节点到A的距离，如果和A相邻（有边连接），则是边的权值；如果和A没有直接的边连接，则距离是无穷大。

（3）在T中找到一个值最小的节点，并将其划归到P集合。此时，计算的结果如图6-23所示（A到B的距离为4，到C的距离为3，到其余节点的距离为无穷大。由于C节点的值最小，因此C节点进入P集合）。

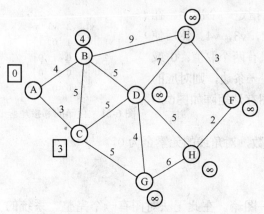

图6-23 C节点进入P集合（P集合以方框表示，T集合用圆圈表示）。

（4）根据新进入的C节点，更新与C相连的节点的值。新值等于C的P节点值加上到与其相连的节点的距离（边的权值）。更新的算法是，如果新值小于原有的值，则用新的值取代，否则保持原有值不变。

（5）重复步骤（3）和（4），直到目标节点进入P集合。

图6-24～图6-29演示了这一过程。

（1）节点C进入P集合后，到B的距离为3+5=8，大于B原来的4，因此B的值不变。而到D和G的值均为8，均小于原来的无穷大，因此用8取代原来的值。之后，在T中，B的值为4，最小，B进入P集合，如图6-24所示。

（2）节点B进入后更新与B连接的D和E值。其中D的值不变，E为13。此时D和G均有最小值8，任取一个进入P，在此取的是D，然后又更新了H的值。G的原值小于8+4，因此保持不变，如图6-25所示。

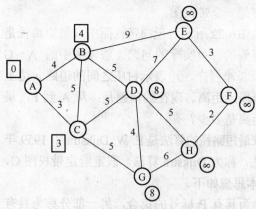

图6-24 B进入P集合

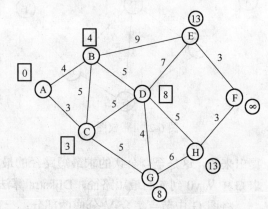

图6-25 更新D和E的值

（3）节点G的值最小，进入P，H的值未变，如图6-26所示。

（4）任选E进入P，F值变为16，如图6-27所示。

（5）节点H进入P，F的值变为15，如图6-28所示。

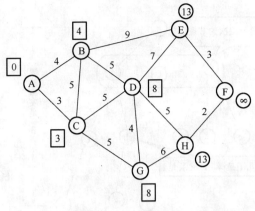

图 6-26 G 进入 P 集合

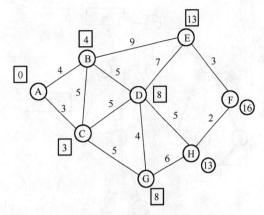

图 6-27 E 进入 P 集合

（6）终点 F 进入 P 集合，运算结束。从 A 到 F 的最短距离为 15。事实上，对于每一个 P 中的节点值，计算出了从 A 到该节点的最短距离，如到 E 的最短距离为 13。找到最短路径的方法是用 F 点的 P 值减去边的权值，倒推回 A 点。如 F 的值 15−2=13 和 H 吻合，而不是 E（因为 15−3=12 不等于 E 的 13），如图 6-29 所示。

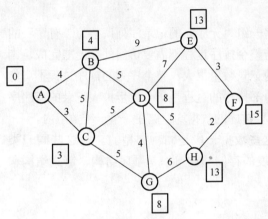

图 6-28 H 进入 P 集合

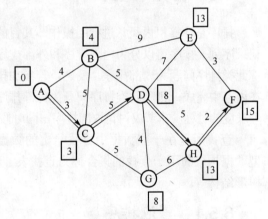

图 6-29 F 进入 P 集合

6.4.3 树的基本概念

树可以看做特殊的有向图。对于一个有向图，如果：

（1）存在一个特殊的节点 r，其入度等于 0；

（2）除了 r 外的其他节点的入度均为 1；

（3）R 到图中其他节点均有路可达。

则称这样的图为树。其中，入度为 0 的节点称为根，出度为 0 的节点称为叶子。出度不为 0 的节点称为分支节点，如图 6-30 所示。

画树的图的时候，由于所有的箭头方向都是一致的，所以箭头常常省略，如图 6-31 所示。树是有层次的，指的是从根到某节点的距离。称距根最远的叶子的层数为树的高度。图 6-31 所示的树的高度为 3。同一层次之间的节点称为兄弟，上一层次的节点为父亲，下一层次的节点是儿子，见图 6-31 中对 h 节点的描述。

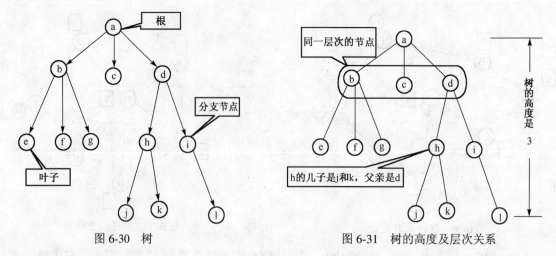

图 6-30　树

图 6-31　树的高度及层次关系

对于一棵树而言，若所有节点的入度均小于等于 m，则称此树为 m 叉树。如果每个节点的入度都相等且都等于 m，则称此树为完全 m 叉树。在计算机学科应用最多的是二叉树。

6.5　排序和查找

排序是计算机内经常进行的操作，其目的是将一组"无序"的记录序列调整为"有序"的记录序列。排序可以分为内部排序和外部排序。若整个排序过程不需要访问外存便能完成，则称此类排序问题为内部排序。反之，若参加排序的记录数量很大，整个序列的排序过程不可能在内存中完成，则称此类排序问题为外部排序。内部排序的过程是一个逐步扩大记录的有序序列长度的过程。本节仅讨论内部排序，同时假设所要排序的数据均存储在一个一维数组内。

查找则是在一些数据中寻找给定的数据。这些数据一般是同一类型的。由这些同一类型数据构成的用于查找的集合称为查找表。查找表的存储结构可以是顺序结构、链式结构和树形结构等。

6.5.1　冒泡排序

冒泡排序的基本思想是两两比较待排序记录的关键字，发现两个记录的次序相反时即进行交换，直到没有反序的记录为止。

设想将被排序的数组 R 垂直排列，数组中每个元素 R[i] 的值被看做重量为该值的气泡。根据轻气泡不能在重气泡之下的原则，从下往上扫描数组 R。凡扫描到违反本原则的轻气泡，就使其向上"飘浮"（也就是交换轻气泡和重气泡的位置）。如此反复进行，直到任何两个气泡都是轻者在上、重者在下为止。具体步骤如下。

（1）假设带排序的数存于数组 R 中（R 的下标范围为 $0 \sim n$）。

（2）第 1 趟扫描：从 R 的结尾处开始，依次比较相邻的两个数值的大小，若发现小者在下、大者在上，则交换二者的位置。即依次比较 (R[n]，R[$n-1$])，(R[$n-1$]，R[$n-2$])，…，(R[1]，R[0])；对于每对气泡 (R[$j+1$]，R[j])，若 R[$j+1$]<R[j]，则交换 R[$j+1$] 和 R[j] 的内容。

（3）当第一趟扫描完毕时，数值最小的就"飘浮"到该数组的顶部，即最小的数组元素被放在位置 R[0] 上。

（4）第二趟扫描：类似于第一趟扫描，只不过扫描的范围是从 R[1]～R[n]，扫描的结果将使次小的数存放于 R[1]中。

（5）最后，经过 n 趟扫描，可以得到排序后的数组 R。

假设数组 R 具有 5 个整数元素，分别是 34，12，2，77 和 68，如图6-32所示。

经过第一趟扫描后，"2"将上浮到第 1 位置，该过程如图6-33所示，图6-33(a)中 68<77，因此 68 和 77 交换位置；图6-33(b)中 68>2，因此不发生交换；图6-33(c)和图6-33(d)中，2 被交换到了最前端的位置上。

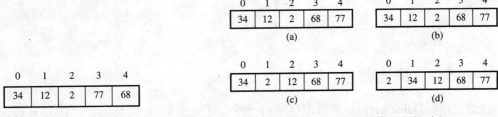

图 6-32　待排序的数组　　　　　　　　图 6-33　第一趟排序扫描的过程

再经过同样的 3 趟扫描，12，34 和 68 将被交换到正确的位置上，排序就完成了。

【例 6-14】　编写程序，用于整数数组的冒泡排序。

分析：设有大小为 M 的整数数组，编写一个过程，用冒泡排序法对该数组排序，过程参见前面描述的步骤。

程序：

```
Module Module1
    Sub Main()
        Dim sArray() As Integer = {12, -78, 67, 23, 2, 99, 234, -23, 45, 56, 12, 78}

        '在屏幕上显示数组
        Show(sArray)
        '排序并显示排序后的结果
        Console.WriteLine("数组排序…")
        Bubble(sArray)
        '显示排序后的结果
        Show(sArray)

    End Sub

    '在屏幕上显示数组
    Sub Show(ByVal sArray() As Integer)
        For Each k As Integer In sArray
            Console.Write(k.ToString() + " ")
        Next
        Console.WriteLine()
    End Sub

    '冒泡排序算法
    Sub Bubble(ByVal sArray() As Integer)
        '得到数组的大小
        Dim length As Integer = sArray.GetLength(0)
```

```
              For i As Integer = 0 To length – 1
                  For j = length – 1 To i + 1 Step –1
                      If sArray(j) < sArray(j – 1) Then
                          '交换
                          Dim temp As Integer = sArray(j)
                          sArray(j) = sArray(j – 1)
                          sArray(j – 1) = temp
                      End If
                  Next
              Next
          End Sub
      End Module
```

****6.5.2 快速排序**

快速排序（Quicksort）是对冒泡排序的一种改进，由 C. A. R. Hoare 于 1962 年提出。它的基本思想是：通过一趟排序将要排序的数据分割成独立的两部分，其中一部分的所有数据都比另外一部分的所有数据都小，然后按此方法对这两部分数据分别进行快速排序，整个排序过程可以递归进行，以使整个数据变成有序序列。

快速排序的基本算法如下：设要排序的数组是 A(0)，…，A(N–1)，首先任意选取一个数据（通常选用第一个数据）作为关键数据，然后将所有比它小的数都放到它前面，所有比它大的数都放到它后面，这个过程称为一趟快速排序。

一趟快速排序的算法是：

（1）设置两个变量 i 和 j，排序开始的时候 $i=0$，$j=N–1$；

（2）以第一个数组元素为关键数据，赋值给 key，即 key=A(0)；

（3）从 j 开始向前搜索，即从后向前搜索（$j=j–1$），找到第一个小于 key 的值 A(j)，令 A(i)=A(j)；

（4）从 i 开始向后搜索，即由前开始向后搜索（$i=i+1$），找到第一个大于 key 的 A(i)，令 A(j)=A(i)；

（5）重复第（3）、（4）、（5）步，直到 $i = j$；

（6）令 A(i)=key。

设有数组 A()={50, 39, 64, 90, 72, 12, 29}，一趟快速排序后数组的交换过程如图 6-34 所示。

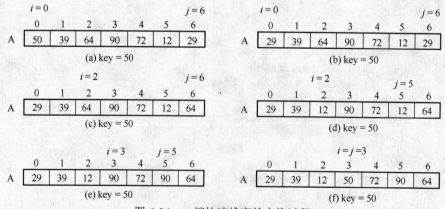

图 6-34　一趟快速排序的交换过程

图6-34(a)是初始状态，在图6-34(b)中，由于 A(6)<key，因而被放置到 A(0)。在图 6-34(c) 中，当 $i=1$ 时，没有改变，直到 $i=2$，A(2)的值放置到 A(6)。图 6-34(d)和图 6-34(e)中重复这一过程，直到图6-34(f)，此时 $i=j=3$，将 key 的值放入。经过这样的一趟排序后，凡是比 key=50 大的值都移动到了数组的后半部分，比 50 小的都在前面。

要完成整个数组的排序，只要递归调用此过程即可，以 50 为中点分割这个数据序列，分别对前面一部分和后面一部分进行类似的快速排序，从而完成全部数据序列的快速排序，也就是对 A(0)～A(2)排序，对 A(4)～A(6)排序，最后把此数据序列变成一个有序的序列。

【例 6-15】 对整数数组给出快速排序的递归算法。

分析：只需要按照前面的分析写出程序即可。

程序：

```
Module Module1
    Sub Main( )
        Dim A( ) As Integer = {50, 39, 64, 90, 72, 12, 29}
        Console.WriteLine("排序前：")
        '显示 A 数组
        Show(A)

        '排序
        QkSort(A, 0, A.GetLength(0) – 1)

        Console.WriteLine("排序后：")
        Show(A)
    End Sub

    '显示数组的 A 数据
    Sub Show(ByVal A( ) As Integer)
        For Each k As Integer In A
            Console.Write(k.ToString( ) + " ")
        Next
        Console.WriteLine( )
    End Sub

    ' 快速排序
    'A 是待排序的数组
    'i 和 j 指示了对数组从 i 到 j 处的数据进行排序，i<j
    Sub QkSort(ByVal A( ) As Integer, ByVal i As Integer, ByVal j As Integer)
        If i < j Then
            '对数组 A 调用 QkPass 函数进行一趟快速排序。
            'i 和 j 指示了排序的起始和终止位置（下标）
            '返回值指示了一趟排序后的分割点
            Dim k = QkPass(A, i, j)
            '对前一部分继续快速排序，递归调用
            QkSort(A, i, k – 1)
            '对后一部分快速排序
            QkSort(A, k + 1, j)
        End If
```

```
        End Sub
    '一趟快速排序的函数，对数组 A 从 i 到 j 快速排序，并返回分割点
    Function QkPass(ByVal A( ) As Integer, ByVal i As Integer, ByVal j As Integer) As Integer
        '存储关键字
        Dim key As Integer = A(i)
        While i < j
            While i < j And A(j) >= key
                j = j − 1              '从后向前搜寻比 key 小的值
            End While
            A(i) = A(j)    '找到后放入 A(i)
            While i < j And A(i) <= key
                i = i + 1              '从前向后搜寻比 key 大的值
            End While
            A(j) = A(i)                '找到后放入 A(j)
        End While

        '循环结束时，i=j，放入 key 值，并返回 i
        A(i) = key
        Return i
    End Function
End Module
```

程序的运行结果如图6-35所示。

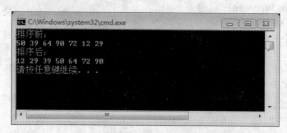

图 6-35   快速排序的结果

6.5.3   顺序查找

在查找过程中，查找表一旦建立便不再改变的查找称为静态查找，反之则是动态查找。在此仅讨论静态查找。在静态查找中，最简单的是顺序查找。方法是从表的一端开始，逐一比较给定的数据是否和表中的数据相等，如果找到一致的数据则查找成功，同时给出该数据在表中的位置，否则查找失败。

【例 6-16】   在整数数组内顺序查找。

分析：从头开始，逐一匹配，找到为止。

程序：

```
Module Module1
    Sub Main( )
        Dim A( ) As Integer = {13, 67, 89, 2, 15, 99, 77, 56, 34}
        Dim k = SqSearch(A, 15)      '搜索 15
```

```
            If k >= 0 Then
                Console.WriteLine("查找的数据在数组中的位置为：" + k.ToString( ))
            Else
                Console.WriteLine("数据没有找到")
            End If
        End Sub

    '该函数在数组中搜索特定的数，如果找到，则返回数据在数组中的位置
    '否则返回-1
    Function SqSearch(ByVal A( ) As Integer, ByVal key As Integer) As Integer
        For i As Integer = 0 To A.GetLength(0) − 1
            If A(i) = key Then
                Return i
            End If
        Next
        Return −1
    End Function
End Module
```

*6.5.4 折半查找

顺序查找算法较为简单，但效率较低。如果要查找的数据是有序的，或者在查找前先对数据排序，则可以使用折半查找来完成。

假定元素按关键字升序排列，折半查找的思路是：将要查找的数据和有序表中间位置的元素进行比较，如果相等则查找成功；如果比中间的数据大，则在数据的后半段继续折半查找过程；若比中间的数据小，则在前半段继续查找。设数据存储在数组 A 中，具体的步骤描述如下。

（1）设置查找区间，令 low=0，high=A.GetLength(0)−1。

（2）计算中间位置 mid=(low+high)/2。

（3）若 key=A(mid)，查找成功，返回 mid；若 key<A(mid)，则令 high=mid−1 后执行步骤（2）；若 key>A(mid)，则令 low=mid+1 后执行步骤（2）。

（4）若当 low=high 时，key 不等于 A(mid)，则查找失败，返回−1。

【例 6-17】 在有序数组 A 中折半查找。

程序：

```
Module Module1

    Sub Main( )
        Dim A( ) As Integer = {3, 5, 11, 22, 34, 56, 76, 87, 90, 92, 95, 123, 134}
        Dim k = BinSearch(A, 95)              '搜索 95
        If k >= 0 Then
            Console.WriteLine("查找的数据在数组中的位置为：" + k.ToString( ))
        Else
            Console.WriteLine("数据没有找到")
        End If
    End Sub

    '该函数在数组中搜索特定的数，如果找到，则返回数据在数组中的位置
```

```
'否则返回–1
Function BinSearch(ByVal A( ) As Integer, ByVal key As Integer) As Integer
    Dim low As Integer = 0
    Dim high As Integer = A.GetLength(0) – 1
    While low <= high
        Dim mid = (low + high) / 2
        If key = A(mid) Then
            Return mid                          '找到
        Else
            If key < A(mid) Then
                high = mid – 1                  '在前半部分继续寻找
            Else
                low = mid + 1                   '在后半部分继续寻找
            End If
        End If
    End While
    Return –1                                   '没有找到
End Function

End Module
```

习 题 6

1. 什么是数据的线性存储结构？什么是数据的非线性存储结构？

2. 简述线性表的操作。

3. 假设电话号码本由人名和电话号码组成，设计一个线性表，存储有 7 个人的电话号码的电话号码簿。

4. 设栈 S 中存储的是字符数据，自栈底到栈顶依次为 A，C，D。经过两次出栈操作并将 E 压入栈，此时栈中的数据是什么？

5. 使用栈，检查表达式(2+3)*a*(3+b)/(2*(12+8))的括号是否匹配。

6. 使用 LinkedList 类实现第 3 题的电话号码簿，打印该电话号码簿。然后删去第 2 个和最后一个节点的数据，再次打印电话号码簿。

7. 设计一个队列，使整数 3，4，5 进入队列，打印该队列，将队列的前两个元素出队，随后将 11 和 12 入队，再次打印队列。

8. 对于图 6-15 所示的循环队列，在该图的基础上，将 1，2，3，4，5 入队，并将两个元素出队，画出队列目前的状态。

9. 将图 6-22 所示的带权图使用邻接矩阵的方式存储到计算机中，试写出该矩阵。（提示：是一个对角线元素为 0 的对称矩阵）。

*10. 试描述使用邻接矩阵（第 9 题中定义的）计算最短路径的算法。

*11. 试编写程序（在第 9 题和第 10 题的基础上）实现图 6-22 所示的带权图最短路径的计算。

12. 编写程序，使用冒泡排序对 10 个整数排序。

13. 编写程序，使用快速排序对 10 个整数排序。

*14. 编写程序，使用冒泡排序对第 3 题的电话号码簿按人名的字典顺序排序。

15. 使用顺序查找，在第 3 题的数据中查找一个人名是否在电话号码簿中。

16. 使用折半查找，对排序后的电话号码簿（第 14 题）进行查找。

第7章 信息发布与信息安全

引言：

计算机网络是网络信息获取、交换和发布的基础。本章首先介绍计算机网络的基础知识和因特网中的一些基本概念。在此基础上，进一步介绍网络信息获取和发布的方法，并简要描述了信息安全的概念、信息安全技术和常见的几种计算机病毒及其特征。

教学目的：

- 了解计算机网络的基本概念和分类；
- 理解网络协议和网络体系结构；
- 了解因特网中 MAC 地址、IP 地址、域名等概念；
- 了解因特网接入技术；
- 掌握网络信息检索的基本方法；
- 了解网络信息的发布；
- 了解信息安全的概念及信息安全技术；
- 了解常见计算机病毒的特征。

7.1 计算机网络基础

从 20 世纪 80 年代起，计算机网络在全球范围内得到了飞速发展，给人们的日常生活和工作带来了极大的便利。在今天这样一个信息化的社会中，能够熟练地获取、交换和发布信息，并具备信息安全的基本知识，是信息社会中人应具备的基本素质。而不受地域限制地快速实现信息的获取、交换和发布的基础就是计算机网络。

7.1.1 计算机网络概述

1. 计算机网络的概念

计算机网络，是指将不同地理位置的具有独立功能的多台计算机及其他外部设备，通过通信线路连接起来，在网络操作系统、网络管理软件及网络通信协议的管理和协调下，实现资源共享和信息传递的计算机系统（如图 7-1 所示），主要包括计算机、网络操作系统、传输介质及相应的应用软件四部分。

简单地讲，计算机网络就是以共享资源为目的，利用某种传输介质，将处于不同地点的独立的多台计算机和（或）其他外部设备连接在一起组成的系统。系统中的每台计算机或网络设备称为终端或节点。网络既可以由全球范围内成千上万台计算机组成，也可以由一间办公室中的几台计算机通过某种传输介质连接构成。

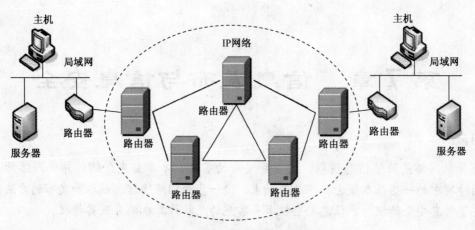

图 7-1　现代计算机网络示意图

2．计算机网络的发展历程

计算机网络的发展经历了面向终端的单级计算机网络（联机终端网络）、计算机网络对计算机网络及开放式标准化计算机网络三个阶段。

在单级计算机网络系统中，一端是没有处理能力的终端设备（如由键盘和显示器构成的终端机），另一端是具有计算能力的主机。终端只能向主机发出操作请求，而主机则进行相应的处理。单极计算机网络系统中的主机可以同时处理多个远方终端发来的请求。这类网络系统的主要缺点是：主机负荷较重，效率低；通信线路的利用率低，尤其在远距离通信时，分散的终端都要单独占用一条通信线路，费用高；集中式控制，可靠性低。

从 20 世纪 60 年代中期到 70 年代中期，随着计算机技术和通信技术的进步，出现了计算机网络对计算机网络的第二代网络系统。它利用通信线路将多个联机终端网络连接起来，并设置专门的通信控制处理机（Communication Control Processor，CCP）负责主机间的通信，主机则专注于计算任务，从而形成以多处理机为中心的网络。

随着人们对组网技术、方法和理论的研究日趋成熟，20 世纪 80 年代，国际标准化组织（ISO）在研究、吸收各计算机制造厂家的网络体系结构标准化经验的基础上，制定了"开放系统互连参考模型"（OSI），OSI 规定了可以互连的计算机系统之间的通信协议和一系列国际标准，形成了开放式标准化的现代计算机网络体系结构。

3．计算机网络的功能

计算机网络最主要的功能就是提供资源共享服务，即网络中的用户可以使用其他网络用户的计算机中的信息，且无须考虑自己及所用资源在网络中的位置。主要表现在硬件资源共享、软件资源共享和用户间信息交换三个方面。

（1）硬件资源共享。可以在全网范围内提供对处理资源、存储资源、输入/输出资源等昂贵设备的共享，使用户节省投资，也便于集中管理和均衡分担负荷。如利用网络中的某台共享打印机进行文献打印等（如图7-2所示）。

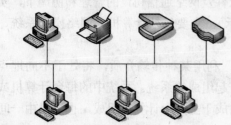

图 7-2　共享打印机、扫描仪等办公设备

（2）软件资源共享。允许互联网上的用户远程

访问各类大型数据库，可以得到网络文件传送服务、远地进程管理服务和远程文件访问服务，从而避免软件研制上的重复劳动及数据资源的重复存储，也便于集中管理。

（3）用户间信息交换。计算机网络为分布在各地的用户提供了强有力的通信手段。用户可以通过计算机网络传送电子邮件、发布新闻消息和进行电子商务活动。

总之，网络为人们提供了诸多的便利，使人们可以足不出户就能获取到许多知识；也使人们可以不必重复地去做一些资料收集和整理工作。

4．计算机网络的分类

（1）按照地理范围分类

按照地理范围，网络可分为局域网（Local Area Network，LAN）、城域网（Metropolitan Area Network，MAN）、广域网（Wide Area Network，WAN）和因特网（Internet）四种（当然，这里的网络划分并没有严格意义上的地理范围的区分）。最常使用的是局域网和因特网。

局域网用于将有限范围内（如一个实验室、一幢建筑、一个单位）的各种计算机、终端与外部设备互连成网。其作用范围通常为几米到十几公里，提供高数据传输速率（10Mbps～10Gbps）、低误码率的高质量数据传输服务。通常是为一个单位、企业或一个相对独立的范围内大量存在的计算机能够相互通信、共享某些外部设备（如高容量硬盘、激光打印机、绘图机等）、共享数据信息和应用程序而建立的。目前应用最广泛、发展最成熟的局域网是以太网。

广域网的作用范围一般为几十到几千公里，跨省、跨国甚至跨洲。目前，大多数局域网在应用中并不是孤立的，除了与本部门的其他计算机系统互相通信外，还可以与广域网连接。网络互连形成了更大规模的互联网，可使不同网络上的用户能相互通信和交换信息，实现了局域资源共享与广域资源共享相结合。

城域网的作用范围介于 LAN 与 WAN 之间，相当于一种大型的 LAN，通常使用与局域网相似的技术。它可以覆盖一组邻近的公司或一个城市。城域网可以支持数据、语音、视频与图形等，并有可能涉及当地的有线电视网。

因特网又称国际互联网，是涉及范围最大的网络。事实上，它不是一种新的物理网络，而是由成千上万个不同类型、不同规模的计算机网络组成的开放式巨型计算机网络，任何遵守 Internet 互连协议的计算机都可以接入因特网。

（2）按拓扑结构分类

网络拓扑结构是指网络中的节点与通信线路之间的几何关系所形成的网络结构，反映了网络中各实体间的结构关系。计算机网络拓扑结构一般分为星形结构、总线形结构、环形结构、网状结构和树形结构五种。

① 星形结构：主要特点是集中式控制，各节点通过点对点通信线路与中心节点连接，任何两个节点间的通信都要通过中心节点。优点是建网容易、控制相对简单；缺点是对中心节点依赖大、可靠性差。

② 总线形结构：所有节点都与一条公共信息传输主干电缆（总线）相连。任意一段时间内只允许一个节点传送信息。总线形网络结构简单灵活，可扩充性好，成本低；但实时性较差，不适宜大规模网络。

③ 环形结构：将各节点通过通信线路连接成一个闭合的环，信息在环上按一定方向一

个节点接一个节点沿环路传输。该结构的优点是没有竞争现象，在负载较重时仍然能传送信息；缺点是网络上的响应时间会随着环上节点的增加而变慢，且当环上某一节点有故障时，整个网络都会受到影响。为克服这一缺陷，有些环形网采用双环结构。

④ 网状结构：该结构的控制功能分散在网络的各个节点上，网上的每个节点都有几条路径与网络相连。即使一条线路出故障，通过迂回线路，网络仍能正常工作。这种结构可靠性高，但控制和路由选择比较复杂，一般用在广域网上。

⑤ 树形结构：节点按照层次进行连接，信息交换主要在上下节点间进行。其形状像一棵倒置的树，顶端为根，从根向下分支，每个分支又可以延伸出多个子分支，一直到树叶。这种结构易于扩展，但是一个非叶子节点发生故障很容易导致网络分割。

总体上，在这五种拓扑结构中，总线形结构、星形结构和环形结构在局域网中应用较多，网状结构和树形结构在广域网中应用较多。

（3）按通信传播方式分类

按照通信传播方式，网络可以分为广播式网络和点到点网络。广播式网络中，所有连网计算机共享一条公共通信信道，当一台计算机发送报文分组时，所有其他计算机都会收到这个分组。由于分组中的地址字段指明本分组该由哪台主机接收，因此一旦收到分组，各计算机都要检查地址字段，如果是发给它的，即处理该分组，否则就丢弃。局域网大多数都是广播式网络。

点到点网络中每条物理线路连接一对计算机。为了能从源到达目的地，这种网络上的分组必须通过一台或多台中间机器，由于线路结构的复杂性，从源节点到目的节点可能存在多条路径，因此选择合理的路径十分重要。广域网大多数都是点到点网络。

（4）按服务对象分类

网络还可以按服务对象分为公用网和专用网两种。公用网是面向全社会开放的网络，如各类公共数据网，就是面向公众开放的，只要付一定的费用就可使用；专用网是某个部门因某种特殊需求而建立的网络，专供一定范围内的人员使用，不对外开放，如军队、银行等专用网。

5. 网络传输介质

传输介质是连接网络上各个站点的物理通道。网络中所采用的传输介质主要有同轴电缆、双绞线、光纤及无线传输介质。

（1）同轴电缆

同轴电缆可分为两种基本类型：基带同轴电缆（特征阻抗为 50 Ω）和宽带同轴电缆（特征阻抗为 75 Ω）。局域网络中最常用的是基带同轴电缆，它适合数字信号传输，带宽为 10 Mbps。基带同轴电缆又可分为细缆和粗缆两种。

粗缆在早期的网络中被用于比较大型的局部网络，它的连接距离长、可靠性高，最大传输距离可以达到 2500 米，但是其安装难度较大、总体造价高。细缆的最大传输距离可达 925 米，安装比较简单、造价低。无论是粗缆还是细缆，均用于总线拓扑结构，即一根线缆上连接多台计算机，这种拓扑结构适应于机器密集的环境。在现代网络中，同轴电缆正逐步被非屏蔽双绞线或光缆所替代。

（2）双绞线

双绞线是最廉价且使用最广泛的传输介质，分为屏蔽双绞线和非屏蔽双绞线两大类。双绞线主要用于星形网络拓扑结构，即以集线器或网络交换机为中心，各计算机均用一根双绞线与之连接。这种拓扑结构非常适用于结构化综合布线系统，可靠性较高。任一连线发生故障都不会影响网络中的其他计算机。

（3）光纤

光纤（Optical Fiber）是一种传输光能的波导介质，一般由纤芯和包层组成。相对于其他传输介质，它具有损耗低、带宽高、抗干扰性强、传输距离远等优点，随着制造成本的下降，光纤已逐渐接入用户家门口，成为目前互连网络的主要传输介质。

（4）无线传输介质

常用的无线传输介质有微波、红外线、无线电和激光。无线传输技术是网络的重要发展方向之一。方便性是其最主要的优点，其主要缺点是容易受到障碍物、天气和外部环境的影响。

7.1.2　网络协议和体系结构

1．网络协议

要使计算机网络做到有条不紊地交换数据，网络中的所有计算机就必须遵守一些事先约定好的规则，**这些为进行网络中的数据交换而建立的规则、标准或约定称为网络协议**。网络协议是网络通信的语言，是通信的规则和约定。协议规定了通信双方互相交换数据或控制信息的格式、所应给出的响应和所完成的动作及它们之间的时序关系。网络协议是所有通信硬件和软件的"黏合剂"，是计算机网络的核心组成部分。一个网络协议主要由三个要素组成。

（1）语法：数据与控制信息的结构或格式（即"怎么讲"）；

（2）语义：控制信息的含义，需要做出的动作及响应（即"讲什么"）；

（3）时序：规定了操作的执行顺序。

2．网络体系结构

由于计算机网络涉及不同的计算机、软件、操作系统、传输介质等，要实现相互通信是非常复杂的。为了实现这样复杂的计算机网络，人们提出了网络层次的概念，这是一种"分而治之"的方法。通过分层可以将庞大而复杂的问题转化为若干简单的局部问题，以便于处理和解决。网络的每一层都具有相应的层间协议。计算机网络的各层定义和层间协议的集合称为网络体系结构。最典型的网络体系结构是 TCP/IP 结构。

为了进一步理解网络协议和体系结构，应理解以下几个相关的基本概念。

（1）实体（Entity）。实体表示任何可以发送或接收信息的硬件和软件过程。位于不同系统中的同一层次的实体称为对等实体，对等实体间使用相同的协议进行交互。

（2）服务（Service）。服务表示网络不同层次之间的关系，每一层都建立在下一层的基础上，利用下一层的服务来实现自身的功能，并向上一层提供服务。上层叫做服务的使用者，下层叫做服务的提供者。使用者通过服务访问点（Service Access Point，SAP）访问下层服务。SAP 是一个抽象的概念，它是同一系统中相邻两层的实体进行交互（信息交换）的接口。

（3）协议数据单元（Protocol Data Unit，PDU）。PDU 是对等实体之间通过协议传送的数据单元。

3．TCP/IP 参考模型

TCP/IP（Transmission Control Protocol/Internet Protocol）参考模型也称网络通信协议，是国际互联网的基础。它定义了电子设备（如计算机）如何连入因特网及数据如何在它们之间传输的标准。

TCP/IP 参考模型共分四层（如图7-3所示），各层定义如下。

（1）应用层。应用层为用户提供所需要的各种服务，包括很多面向应用的协议，如简单邮件传输协议（SMTP）、超文本传输协议（HTTP）、域名系统（DNS）、文件传输协议（FTP）等。

（2）传输层。传输层为应用层实体提供端到端的通信功能。该层定义了两个主要协议：面向连接的传输控制协议（TCP）和无连接的用户数据报协议（UDP）。面向连接的服务具有建立连接、数据传输和释放连接三个阶段，它可靠性高，可以保证数据按序传输；无连接服务在通信前不需要建立连接，灵活、迅速，但可靠性差。TCP 提供了一种可靠的数据传输服务。而 UDP 的服务则不可靠，但其协议开销小，在流媒体系统中使用得较多。

（3）网络层。网络层主要解决主机到主机的通信问题。该层最主要的协议就是无连接的互联网协议。

（4）网络接口层。该层传输物理脉冲信号及数据帧信号，因此有时也将该层分为两层，即物理层和数据链路层。TCP/IP 没有规定这层的协议，在实际应用中根据主机与网络拓扑结构的不同，由参与互连的各网络使用自己的协议。局域网主要采用 IEEE 802 系列协议，如 802.3 以太网协议、802.5 令牌环网协议；广域网常采用 HDLC、帧中继、X.25、PPP 等协议。

| 应用层 Application |
| 传输层 Transport |
| 网络层 Internet |
| 网络接口层 Network Interface |

图 7-3　TCP/IP 参考模型

4．网络通信的通俗描述

为了进一步理解网络的层次结构和协议，并理解网络中的信息交互，先来看一个生活中可能会遇到的实例。

【例 7-1】　在中国的中国某公司经理与在德国的德国某公司经理要进行商务会谈，双方经理均不理解对方语言，也无共同理解的语言，要求最终的会谈纪要用英文表述。描述该信息交互过程。

解：由于双方除专业知识外没有能够相互理解和交流的语言。因此，他们之间的谈判需要通过翻译人员进行；因表述的标准语言是英语，故还需要再次翻译；另外，双方不在同一地域，需要通过电子邮件联系。所以，整个会谈工作需要经历以下过程：

（1）中方经理用中文表达意见；

（2）翻译人员译成英文；

（3）秘书用电子邮件经物理网络将信息发送至德国；

（4）德方秘书接收电子邮件；

（5）德方翻译人员将英文内容译为德文；

（6）德方经理得知邮件内容。

该过程可以用图7-4表示。从图中可以看出，整个会谈过程可以分为四个层次，最上层为认知层，双方经理为这一层的实体，他们谈论的是共同感兴趣的话题，并对所谈内容非常熟悉。共同的相关知识就是他们间的通信协议。第二层为语言表达层，中方经理用汉语表述，德方经理则用德语表述，双方经理都只能将所讲的信息发送给各自的翻译。这就像应用层信息只能通过主机内部端口发送给传输层。第三层是双方翻译人员，他们分别将收到的信息翻译成英文，如果可以直接通话，则他们之间就可以用英语进行交流。因此，英语就是他们这一层的协议。双方秘书则将信息通过物理信道以电

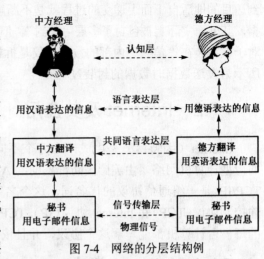

图 7-4　网络的分层结构例

子邮件的形式发送和接收，因此这一层的协议就是网络接口层协议。由此，一个复杂的大问题就转换成了若干个小问题，使得相互间的信息交流成为可能。

在这样一个系统中，同一层次的实体间（如双方翻译）可以用共同的协议进行交流，而不同层次间则无法进行交流（如中方经理和德方翻译）。

因此，可以总结出网络中实体间的通信原则，即：

（1）两个不同系统的对等实体之间可以进行信息交换；

（2）不同层次具有各自不同的通信协议，而协议就是对等层之间互相交流所使用的语言；

（3）实体是可以发送或接收信息的硬件/软件进程；

（4）系统内部实体间的信息交互要通过接口。

在实际的网络传输中，一台计算机要发送数据到另一台计算机，首先需要将数据打包，即在数据的前面加上特定的协议头部（如图7-5所示），就像寄信时需要将信装入信封一样，这个过程称为封装。相应地，接收方在收到数据后，需要将协议头部去掉（就像拆信封），这一过程称为解封装。

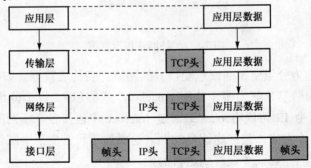

图 7-5　数据封装过程

网络体系结构中每一层都要依靠下一层提供的服务。为了提供服务，下层把上层的协议数据单元（PDU）作为本层的数据封装，然后加入本层的头部（和尾部）。头部中含有完成数据传输所需的控制信息。这样，数据自上而下递交的过程实际上就是不断封装的过程。

到达目的地后自下而上递交的过程就是不断解封装的过程。由此可知，在物理线路上传输的数据，其外面实际上被包封了多层"信封"。但是，某一层只能识别由对等层封装的"信封"，而对于被封装在"信封"内部的数据，仅是拆封后将其提交给上层，本层不做任何处理。图 7-5 所示为发送数据时数据的封装过程。

*7.2 Internet 及其应用

Internet（因特网）是由成千上万个不同类型、不同规模的计算机网络组成的世界范围的巨型计算机网络，由美国国防部资助的 ARPANET 网络发展而来，使用 TCP/IP 通信协议。TCP/IP 是一组通信协议的代名词，这个名字来自于这组通信协议中最重要的两个协议：传输控制协议（TCP）和 Internet 协议（IP）。TCP/IP 组成了 Internet 世界的通用语言，连入 Internet 的每一台计算机都能理解这个协议，并且依据它与 Internet 中的其他计算机进行通信。

7.2.1 Internet 基础

1. Internet 的工作方式

Internet 是由成千上万个不同类型和规模的网络（局域网、城域网和广域网）及一同工作、共享信息的计算机主机通过许多路由器等网络设备互连而成的世界范围的巨大网络，以信息交流和资源共享为目的，基于共同的 TCP/IP 通信协议。因特网连接示意图如图7-6所示。

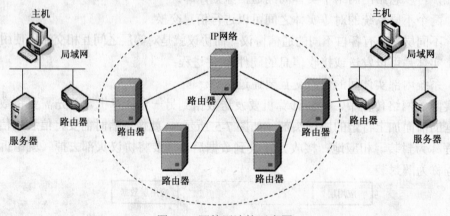

图 7-6 因特网连接示意图

TCP/IP 建立了称为分组交换（或包交换）的网络。当传送数据（如电子邮件）时，TCP 首先把整个要传输的信息分解为多个分组（packet，或称包），每个分组都封装上发送者和接收者的地址，然后由 IP 协议将 packet 通过 Internet 中连接各个子网的一系列路由器，从一个节点传送到另一个节点，最终送达目的地。这类似于日常生活中邮件的邮递过程，在其传递过程中需要通过若干邮局才最终到达目的地。

路由器（router）是互联网的主要节点设备，它通过路由表决定数据的转发路径。转发策略（按最短路径或最快路径等）称为路由选择（routing）。当路由器接收到数据时，首先检查所接收分组的目的地址，然后根据目的地址传送到另一个路由器或目标主机。如果一个电子邮件被分成 10 个分组，每个分组可能会有完全不同的路由。分组到达目的地以后，IP

协议鉴别每个分组并且检查其是否完整，一旦接收到了所有的分组，IP 就会把它们组装成原来的形式，然后把数据交给 TCP 层进行处理。

分组交换的目的是使网络中数据传送的丢失情况达到最少而效率最高。路由器是连接不同网络、实现数据传输的枢纽，它工作于网络层，基于 IP 地址转发。路由器系统构成了基于 TCP/IP 的 Internet 的主体脉络。

2. IP 地址

IP 地址是每个连接到 Internet 上的主机在全球范围内的唯一标识，用 32 位二进制码表示。由于 32 位的二进制地址不容易记忆，而用十进制数表示则比较方便。所以，将 32 位二进制的 IP 地址分为 4 字节，每个字节间用圆点"."分隔，以等效的十进制数表示。一个字节的最小十进制数为 0，最大十进制数为 255。

例如 IP 地址：10000000 00001011 00000011 00011111，通常表示为 128.11.3.31。

IP 地址又是一种层次性的地址，分为网络地址和主机地址两部分。网络地址用于标识一个网络，由国际互联网信息中心（InterNIC）分配。互联网服务提供商（Internet Service Provider，ISP）可以从 InterNIC 获得网络地址块，并根据需要自行分配地址空间。主机地址用于标识网络中的主机，由本地网络管理员分配。IP 地址可以记为：

IP 地址::= { <网络地址>，<主机地址> }

IP 地址分 A、B、C、D、E 五类。其中，A、B、C 类地址是主类地址，D 类地址为组播（multicast）地址，E 类地址保留供将来使用。IP 地址分类如图7-7所示。

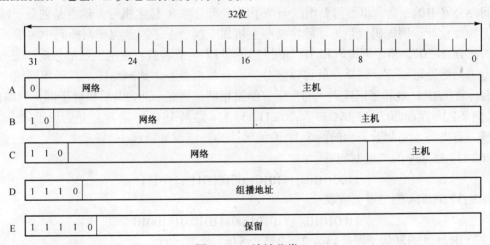

图 7-7　IP 地址分类

A 类地址的网络地址空间占 7 位，可提供使用的网络号是 126 个（2^7-2）。减 2 的原因是：由于网络地址全 0 的 IP 地址是保留地址，意思是"本网络"；而网络号为 127（即 01111111）保留作为本机软件回路测试（loopback test）之用。A 类地址可提供的主机地址为 16777214（$2^{24}-2$），这里减 2 的原因是：主机地址全 0 表示"本主机"，而全 1 表示"所有"，即该网络上的所有主机。A 类地址适用于拥有大量主机的大型网络。

B 类地址的网络地址空间占 14 位，允许 2^{14}（16384）个不同的 B 类网络。B 类地址的每一个网络的最大主机数是 65534（$2^{16}-2$），一般用于中等规模的网络。

C 类地址的网络地址空间占 21 位，允许 2^{21}（2097152）个不同的 C 类网络。C 类地址的每一个网络的最大主机数是 254（2^8-2），用于规模较小的局域网。

3. 子网和子网掩码

一个网络上的所有主机都必须有相同的网络地址，而 IP 地址的 32 个二进制位所表示的网络数是有限的，因为每一个网络均需要唯一的网络标识。随着局域网数目的增加和机器数的增加，经常会碰到网络地址不够的问题。解决的办法是采用子网寻址技术，将主机地址空间划出一定的位数分配给本网的各个子网。剩余的主机地址空间作为相应子网的主机地址空间，这样一个网络就被分成多个子网，但对外这些子网则呈现为一个统一的单独网络。进行子网划分后，IP 地址就划分为"网络—子网—主机"三部分。

区分一台主机属于哪个子网，可以通过子网掩码判断。与 IP 地址相似，子网掩码也是用圆点分为四段的 32 位二进制数。子网掩码的表示方法是：对应于 IP 地址中的网络地址和子网地址部分，子网掩码中相应的位为"1"；对应于主机部分，子网掩码中相应的位为"0"。

例如，对于 C 类网络地址，由于其高 3 字节为网络地址，只有最低 8 位是主机地址。所以，C 类 IP 地址的默认子网掩码为：255.255.255.0，即对应网络地址的高 24 位为 1，对应主机部分的低 8 位为 0。

由此也能得出 A 类和 B 类 IP 地址的默认子网掩码。

    A 类：255.0.0.0

    B 类：255.255.0.0

虽然一个 C 类网中最多只能有 254 台主机，但在一些小型应用场合，这个数字也很大了，如一间办公室中的十余台机器需要组成一个子网，就无需 8 位主机号。这也是划分子网的原因，而如此设计子网掩码就是为了确定哪些主机属于同一个子网。因子网掩码中对应于主机地址的部分为"0"，将子网掩码和 IP 地址进行"与"运算，就将主机地址部分全部变为 0，而保留了网络地址部分。这样，就可以区分一台计算机是在本地网络还是在远程网络上。如果两台计算机 IP 地址和子网掩码"与"运算结果相同，则表示两台计算机处于同一网络内。

【例 7-2】 判断 202.117.35.239 和 202.117.58.114 这两个 C 类 IP 地址是否属于同一网络。

解：首先将十进制数表示的两个 IP 地址转换为二进制数表示。

202.117.35.239 的二进制数表示：

                11001010.01110101.00100011.11101111

202.117.58.114 的二进制数表示：

                11001010.01110101.00111010.01110010

C 类 IP 地址的默认子网掩码为 255.255.255.0，即：

                11111111.11111111.11111111.00000000

分别用该掩码和两个 IP 地址进行逻辑"与"运算。

```
     11001010.01110101.00100011.11101111
     11111111.11111111.11111111.00000000
   ^ ───────────────────────────────────
     11001010.01110101.00100011.00000000

     11001010.01110101.00111010.01110010
     11111111.11111111.11111111.00000000
   ^ ───────────────────────────────────
     11001010.01110101.00111010.00000000
```

由运算结果知：两者网络地址（高 24 位）不同，即题中所给两个 IP 地址所属主机不在同一网络中。

4．默认网关

所谓网关，就是一个"关口"，是一个网络通向其他网络的具有路由功能的设备的 IP 地址。当一个网络中的主机要与另一个网络中主机进行通信时，必须通过网关。例如，网络 A 的 IP 地址范围为"192.168.1.1～192.168.1.254"，子网掩码为 255.255.255.0；网络 B 的 IP 地址范围为"192.168.2.1～192.168.2.254"，子网掩码为 255.255.255.0。在没有路由器的情况下，两个网络之间无法进行通信，即使将两个网络连接在同一台交换机上，TCP/I 协议也会根据子网掩码（255.255.255.0）判定两个网络中的主机处在不同的网络里，从而拒绝进行信息传送。要实现这两个网络之间的通信，必须通过网关。如果网络 A 中的主机发现数据包的目的主机不在本地网络中，就把数据包转发给自己的网关，再由网关转发给网络 B 的网关，网络 B 的网关再转发给网络 B 的某个主机。网络 B 向网络 A 转发数据包的过程也是如此。所以说，只有设置好网关的 IP 地址，TCP/IP 协议才能实现不同网络之间的通信。

一台主机可以有多个网关。默认网关指本地子网中的路由器 IP。设置默认网关的意思是：一台主机如果找不到可用的网关，就把数据包发给默认指定的网关，由这个网关来处理数据包。现在主机使用的网关一般指的是默认网关。网络中的计算机的默认网关是不能随便指定的，如果设置不正确，计算机就会将数据包发给不是网关的主机，从而无法与其他网络的主机通信。默认网关的设定有手动设置和自动设置两种方式。

当一个路由器用于连接两个不同的网络时，它有两个网络接口和两个 IP 地址（如图 7-8 所示），子网 X 上计算机的默认网关地址必须设置为和路由器上连接到子网 X 的接口的 IP 地址（192.75.6.1）相同，同样，子网 Y 中计算机的默认网关地址配置也必须和路由器上连接到子网 Y 的接口的 IP 地址（192.75.4.1）匹配。

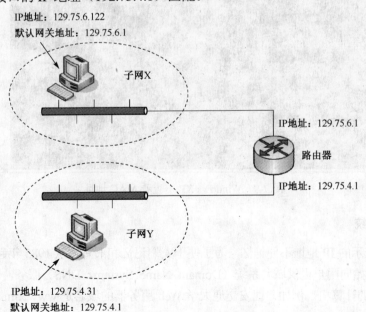

图 7-8　默认网关地址的配置

5. MAC 地址和 IP 地址

MAC（Media Access Control）地址是烧录在网卡（Network Interface Card，NIC）里的地址，也叫硬件地址或物理地址，是一台连入 Internet 的主机在全球唯一的标识（IP 地址也是"唯一"的，但它可修改，而 MAC 地址不可改）。

MAC 地址由 48 位二进制码构成（但以十进制数的形式表示），如 44-45-53-54-00-00。网卡的物理地址通常由网卡生产厂家烧入网卡的闪速存储器芯片（Flash），它存储的是传输数据时用以标识发送数据的主机和接收数据的主机的地址。

MAC 地址和 IP 地址之间并没有必然的联系。MAC 地址就如同一个人的身份证号，无论人走到哪里，他的身份证号永不会改变；IP 地址则如同邮政编码，人换个地方，他的邮政编码就随之发生改变。也就是说，IP 地址与 MAC 地址并不存在绑定关系。如果一个网卡坏了，可以更换，而无须取得新的 IP 地址。如果一个 IP 主机从一个网络移到另一个网络，可以给它一个新的 IP 地址，而无须换新的网卡。

MAC 地址是网络接口层使用的地址，IP 地址是网络层使用的地址。在局域网中，一个主机要和另一个主机进行直接通信，必须知道目标主机的 MAC 地址。IP 地址是不能直接用来进行通信的。若要将网络层中传送的数据分组交给目的主机，还要传到链路层，封装到 MAC 帧中才能发送到实际的网络中。

如果想知道本机的 MAC 地址，在 Windows XP 操作系统下，单击"开始"按钮，找到命令提示符，进入后输入 ipconfig /all，就可以看到本机的 MAC 地址了（如图7-9所示）。

图 7-9　Windows XP 下查看 MAC 地址

6. 域名系统

由于数字表示的 IP 地址不便记忆，为了便于人们记忆和书写，从 1985 年起，Internet 在 IP 地址的基础上开始向用户提供域名系统（Domain Name System，DNS）服务，即用名字来标识接入 Internet 中的计算机。例如，西安交通大学 Web 服务器的域名是 www.xjtu.edu.cn，它对应的 IP 地址是 202.117.0.13。

DNS 包括三个组成部分：域名空间、域名服务器、解析程序。DNS 是一个层次性的分布式数据库系统，它将整个 Internet 视为一个域名空间，由不同层次的域（domain）组成。不同的域由不同的域名服务器来管理，在域名服务器中存放着主机的域名及其 IP 地址的映射表。Internet 中有许多域名服务器，每个域名服务器只负责整个域名空间的一部分。各域名服务器分布在世界的不同地方，它们之间通过特定的协议进行相互通信和联系，这样保证了用户可以通过本地的域名服务器查找到 Internet 上的所有域名信息。

域名的结构由若干个分量组成，各分量之间用"."隔开：

···.三级域名.二级域名.顶级域名

各分量代表不同级别的域名，级别最低的域名写在最左边（通常为主机名），级别最高的顶级域名则写在最右边。例如，mail.xjtu.edu.cn 表示西安交通大学的电子邮件服务器，其中，mail 为邮件服务器主机名，xjtu 为西安交通大学域名，edu 是教育科研域名，最右边的顶级域名 cn 为国家域名。域名只是逻辑概念，并不反映主机所在的物理地点。

图 7-10 所示是 Internet 域名空间的树形结构，最上面的树根没有名字。树根下面一级的节点是最高级的顶级域节点，再下面是二级域节点，最下面的叶子节点是主机名称。

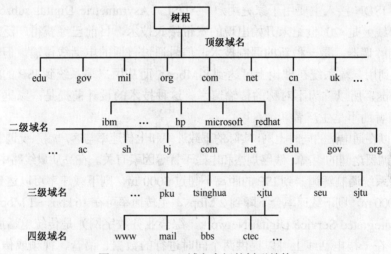

图 7-10 Internet 域名空间的树形结构

当某个主机的应用进程需要通过域名访问目的主机时，由于网络层只能识别 IP 地址，因此它首先必须将目的主机的域名转换为其对应的 IP 地址。于是应用进程首先将待转换的域名放在 DNS 请求报文中，发给本地域名服务器。本地域名服务器在自己存储的映射表中查找，如果没有找到，则将该 DNS 请求报文转发给某一个顶级域名服务器，顶级域名服务器根据待查找的域名把请求转发给相应的子域名服务器，如此重复直至某一级域名服务器找到对应的 IP 地址，将其封装在 DNS 应答报文中，逐级返回，最终到达发出请求的应用进程，然后应用进程就可以用 IP 地址和目的主机进行通信了。

常用顶级域名的含义如表 7-1 所示。

表 7-1　常用顶级域名的含义

顶 级 域 名	含　　义
.edu	教育机构
.gov	政府部门
.mil	军事部门
.org	非营利性组织
.com	商业组织
.net	网络服务机构
.cn	中国

7.2.2　Internet 接入

Internet 接入是指将各种端系统（包括计算机和其他智能终端设备）连接到因特网的接入点，即因特网的端接路由器（从端系统接到 Internet 的第一个路由器）上。要接入因特网，需要通过互联网服务提供商（Internet Service Provider, ISP）。ISP 是经国家主管部门批准的正式运营企业，主要提供互联网接入业务、信息业务和增值业务。

1．ADSL 和 ISDN 接入

ADSL 和 ISDN 接入主要用于家庭用户。ADSL（Asymmetric Digital subscriber line，非对称数字用户线）是 20 世纪末开始出现的宽带接入技术，目前已经获得广泛应用。它在概念上类似调制解调器，是一种新的调制技术，信号通过普通的电话线传输，但其传输速率从 ISP 的路由器到用户端系统在理论上可达到 8 Mbps，而从用户端系统到 ISP 的路由器的速度到可达 1 Mbps，所以称为不对称的传输速率。这种技术的设计前提是：家庭用户主要是网络信息的消费者而不是生产者。

ADSL 可以在通电话的同时上网，实际的下载速率和上传速率与客户端系统调制解调器到 ISP 路由器调制解调器之间的距离、线路规格和电磁干扰等因素有关。在高质量线路中，若电磁干扰忽略不计，端系统调制解调器到 ISP 的距离不超过 3000 m，则下载速率可以达到 8 Mbps。若距离加长到 6000 m，则下载速率会下降到 2 Mbps，上传速率可在 16 kbps～1 Mbps 范围内工作。

ISDN（Integrated Service Digital Network，综合业务数字网）是传统电话服务（POTS）的替换产品，在一根电话线上可以提供两个同时进行的数据、语音、视频或传真通信。最多可以有 8 个不同的设备同时接在同一根线路上以供使用，所以称为"综合业务"。ISDN 具有连接速率高、通信费用低（与电话通信类似）、上网和打电话可以同时进行等优点，主要应用于高速和全方位的多媒体信息数据传输中。与传统的模拟电话线相比，ISDN 的数据传输是纯数字化的，没有任何数字/模拟转换过程。尽管 ISDN 可以用来打电话或发传真，但它最主要的用处在计算机网络领域，把 ISDN 电话线插入 ISDN 适配卡（数字调制解调器），就可以像普通的 Modem 一样使用。

通过 ISDN 接入 Internet 的速率可达 128 kbps。

2．局域网接入

集团用户接入因特网一般使用局域网（包括有线局域网和无线局域网），即用路由器将本地计算机局域网作为一个子网连接到 Internet 上，使局域网中的所有计算机都能够访问 Internet.

局域网类型较多，最常用的是以太网。在以太网中，端系统通过同轴电缆或双绞线接到路由器上同时彼此相连。随着以太网交换技术的发展，在使用交换机的以太网中，网络带宽在不断改善。访问 Internet 的速率受到局域网出口（路由器）的速率、接入带宽的限制、同时访问 Internet 用户数量等因素的影响。这种入网方式适用于用户数较多并且较为集中的情况。

3. 无线接入

随着笔记本电脑、个人数字助理（PDA）及手机等移动通信工具的普及，用户端的无线接入业务在不断增长。同时，对现有的有线接入方式来说，也需要无线接入作为补充，甚至许多环境下无线接入比有线接入更具优势。

无线接入网络使用无线电波连接移动式端系统和基站，再从基站接入路由器。在无线信号覆盖区域内，从固定地点到时速 100～260 km/s 的各种无线移动数据终端，均可通过该移动数据通信平台，进入各种数据通信网络，实现各类数据的通信。无线接入方式有无线局域网和广域无线接入网（3G）两种。

（1）无线局域网

无线局域网（Wireless LAN）中，在半径几十米范围内建立基站（无线接入点），基站与有线的因特网连接，移动用户通过基站连接到 Internet。典型实现技术如基于 IEEE 802.llb 技术的无线局域网（无线以太网或 Wi-Fi），可提供 11～56 Mbps 的共享带宽。

无线局域网适用于学校、咖啡馆、会议室等小范围的上网需求。

（2）广域无线接入网

广域无线接入网建立在移动电话基础上，通过 GPRS 接入 Internet，在移动电话有信号的地方都可以接入上网。目前应用广泛的广域无线接入网的上网介质是 3G 网。在我国，3G 网络目前有 TD-SCDMA（中国移动）、CDMA2000（中国电信）及 WCDMA（中国联通）三种网络制式，其理论接入速度在 2.2～14.4 Mbps 之间。

由于 3G 网络属于广域网接入技术，不受地域限制，使计算机真正实现了在任何时间、任何地点都可接到 Internet，彻底改变了因特网的接入方式。

7.2.3　Internet 应用

1. 文件传输服务

文件传输协议（File Transfer Protocol，FTP）是一个用于简化 IP 网络上主机之间文件传送的协议，可使用户从因特网上的 FTP 服务器高效下载（download）大信息量的数据文件，既将远程主机上的文件复制到自己的计算机上，也可以将本机上的文件上传（upload）到远程主机上，达到资源共享的目的。FTP 是 Internet 上使用非常广泛的一种通信协议。

FTP 服务器包括匿名 FTP 服务器和非匿名 FTP 服务器两类。匿名 FTP 服务器是任何用户都可以自由访问的 FTP 服务器，当用户登录时，使用"anonymous"（匿名）用户名和一个任意的口令就可以访问了。对于非匿名 FTP 服务器，用户必须首先获得该服务器系统管理员分配的用户名和口令，才能登录和访问。

利用 FTP 进行文件传输的过程如下：

（1）FTP 客户程序主动与 FTP 服务器建立连接；

（2）FTP 客户程序向服务器发出各种命令，服务器接收并执行客户程序发过来的命令。实现文件的上传或下载，若数据连接是由服务器方发起的，则称 FTP 操作为主动模式，若数据连接是由客户端发起的，则称 FTP 操作为被动模式。

FTP 的主要功能包括：

（1）客户机与服务器之间交换一个或多个文件（注意文件是复制而不是移动）；

（2）能够传输不同类型的文件，包括 ASCII 文件和 Binary 文件（无须变换文件的原始格式）；

（3）提供对本地和远程系统的目录操作功能，如改变目录、建立目录等；

具有对文件改名、显示内容、改变属性、删除的功能及其他一些操作。

2. 电子邮件服务

电子邮件（E-mail）是 Internet 上最基本、最常用的服务，可以传送文字、声音、图像、数值数据等内容。电子邮件地址的格式为：用户名@用户邮箱所在主机的域名。

一个电子邮件系统主要由用户代理、邮件服务器和协议三部分组成。

用户代理（User Agent）是用户和电子邮件系统的接口，为用户提供一个友好的发送和接收邮件的界面。用户代理软件有很多，如 UNIX 平台上的 mail、Elem、Pine 等，Windows 平台上的 Outlook、Foxmail 等。

邮件服务器是电子邮件系统的核心构件，其功能是发送和接收邮件，同时还向发信人报告邮件传送的情况。邮件服务器最常使用如下两个协议。

（1）SMTP 协议（简单邮件传输协议），用于发送邮件，它是电子邮件系统中邮件传输的标准方法，借助 TCP/IP 协议进行信息传输处理。两台使用 SMTP 协议的计算机通过 Internet 实现了连接，它们之间便可以进行邮件交换。

（2）邮局协议 POP3（Post Office Protocol），用于接收邮件。主要用于处理电子邮件客户如何从邮件服务器中取回邮件。在电子邮件系统中，用于存储和投递 Internet 电子邮件的主机被称为 POP 服务器。

一封电子邮件发送和接收的过程如图 7-11 所示。

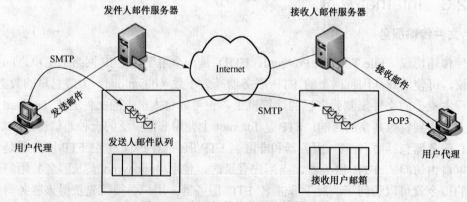

图 7-11　电子邮件的发送和接收过程

（1）发信人使用用户代理编辑信件，然后用户代理向发信人的邮件服务器发起 TCP 连接请求；

（2）当 TCP 连接建立后，用户代理使用 SMTP 将邮件传送给发信人的邮件服务器，TCP 连接关闭；

（3）发信人的邮件服务器将邮件放入它的发送队列中，等待发送；

（4）当发信人邮件服务器中专门负责发送邮件的进程发现发送队列中有邮件时，就向接收者的邮件服务器发起 TCP 连接请求；

（5）当 TCP 连接建立后，发信人邮件服务器的发送邮件进程使用 SMTP 将邮件传送给接收者的邮件服务器，然后关闭 TCP 连接；

（6）接收者的邮件服务器将接收到的邮件放入接收者的用户邮箱中（实际是一个用户目录），等待接收者读取；

（7）接收者收信时，运行用户代理，用户代理向接收者的邮件服务器发起 TCP 连接请求；

（8）当 TCP 连接建立后，用户代理使用 POP3 协议将该用户的邮件从接收者的邮件服务器的用户邮箱中取回，然后关闭 TCP 连接。

3. 即时通信服务

即时通信（Instant Messaging，IM）是指能够即时发送和接收互联网消息等的业务，不同于 E-mail 的是，它是即时的，是一种可以让使用者在网络上建立私人聊天室（chatroom）的实时通信服务。它自 1998 年面世以来就得到了迅速发展，已不再是诞生初期的单纯的聊天工具，逐渐集成了电子邮件、博客、音乐、电视、游戏和搜索等多种功能，成为集交流、资讯、娱乐、搜索、电子商务、办公协作和企业客户服务等为一体的综合化信息平台。大部分即时通信服务提供了状态信息的特性——显示联络人名单、联络人是否在线及能否与联络人交谈等。目前较受欢迎的即时通信软件包括 QQ、MSN Messenger（Windows Live Messenger）、ICQ、飞信、Skype 等。

即时通信软件通常具有当用户通话清单（类似电话簿）上的某友人登录到 IM 时发出信息通知使用者，使用者便可据此与此人透过互联网开始进行实时通信。除了文字外，大部分 IM 服务也提供视频通信的能力。实时传讯与电子邮件最大的不同在于不用等候，不需要每隔两分钟就按一次"传送与接收"，只要两个人都同时在线，就能像多媒体电话一样，传送文字、档案、声音、影像给对方。

7.3 网络信息的获取和发布

7.3.1 万维网

1. 万维网概述

万维网（World Wide Web，WWW）也称 Web、3W 等。WWW 使用超文本（Hypertext）组织、查找和表示信息，利用链接从一个站点跳到另一个站点。这样就彻底摆脱了以前查询工具只能按特定路径一步步地查找信息的限制。另外，它还具有连接已有信息系统（Gopher、FTP、News）的能力。万维网的出现使 Internet 从仅有少数计算机专家使用变为普通人也能利用的信息资源，它是 Internet 发展中的一个非常重要的里程碑。

超文本文件由超文本标记语言（Hypertext Markup Language，HTML）写成，这种语言是欧洲粒子物理实验室（CERN）提出的 WWW 描述性语言。WWW 文本不仅含有文本和图像，还含有作为超链接的词、词组、句子、图像和图标等。这些超链接通过颜色和字体的改变与普通文本区别开来，它含有指向其他 Internet 信息的 URL 地址。将鼠标移到超链接上单击，Web 就根据超链接所指向的 URL 地址跳到不同的站点或文件。链接同样可以指向声音、电影等多媒体，超文本与多媒体一起构成了超媒体（Hypermedia），因而万维网是一个分布式的超媒体系统。

WWW 由三部分组成：浏览器（Browser）、Web 服务器（Web Server）和超文本传送协议（HTTP）。浏览器向 Web 服务器发出请求，Web 服务器向浏览器返回其所要的万维网文档，然后浏览器解释该文档并按照一定的格式将其显示在屏幕上。浏览器与 Web 服务器使用 HTTP 进行通信。为了指定用户所要求的万维网文档，浏览器发出的请求采用 URL 形式描述。

2．统一资源定位符

统一资源定位符（Uniform Resource Locator，URL）用来在 WWW 中寻找资源地址。URL 的思想是为了使所有的信息资源都能得到有效利用，从而将分散的孤立信息点连接起来，实现资源的统一寻址。这里的"资源"是指在 Internet 可以被访问的任何对象，包括文件、文件目录、文档、图像、声音、视频等。URL 大致由三部分组成：协议、主机名和端口、文件路径。常用服务端口可以省略。其格式如下：

<协议>://<主机>:<端口>/<路径>

例如，西安交通大学主页的超文本协议的 URL 表示为：http://www.xjtu.edu.cn/index.html。

3．超文本传输协议（HTTP）

HTTP 定义了浏览器如何向 Web 服务器发出请求及 Web 服务器如何将 Web 页面返回给浏览器，它基于下层的 TCP 传输层协议进行通信。当用户请求一个 Web 页面时，浏览器发送一个 HTTP 请求消息给 Web 服务器，该 HTTP 请求消息包含了所要的页面信息。Web 服务器收到请求后，将请求的页面包含在一个 HTTP 响应消息中，并向浏览器返回该响应消息。图 7-12 给出了 HTTP 请求和响应的过程示意，可描述如下：

（1）浏览器分析 URL；

（2）浏览器向 DNS 请求解析主机域名（如 www.xjtu.edu.cn）的 IP 地址；

（3）在得到主机的 IP 地址后，浏览器与 Web 服务器建立 TCP 连接，使用的是默认端口 80；

图 7-12　HTTP 请求和响应的过程

（4）浏览器通过 TCP 连接向 Web 服务器发送 HTTP 请求消息，该请求消息中包含了路径名/index.html；

（5）Web 服务器收到请求消息后，从本地读取/index.html 并且将该对象封装到一个 HTTP 响应消息中，将 HTTP 响应消息通过 TCP 连接发送给浏览器；

（6）浏览器接收到响应消息后，释放 TCP 连接；

（7）浏览器从响应消息中解析出 index.html 文件，按规定的格式将内容显示在屏幕上。

HTTP 是无状态的协议（Stateless Protocol），即 Web 服务器不存储任何发出请求的客户端的状态信息。例如，一个用户以 1 秒的间隔连续请求某个相同的超文本对象，Web 服务器并不会告诉用户这个对象在 1 秒钟前已经被发送，而是重新发送这个对象。

4．网页和网站

万维网是由数以万计的网页（Web 页）组成的。网页具体地说就是 HTML 文件，由超文本标记语言写成，可以包括文本、声音、图像、视频及超文本链接等。每个创建的 HTML 文件无论所含信息有多少，都是单一的网页，Web 浏览器在接收服务请求时，每次处理一个网页。

网页的集合可以构成网站（Web Site）。网站建立在 Web 服务器上，利用超链接的方式将各网页联系在一起。一个网站上网页的多少没有明确的规定，即使只有一个网页也能被称为网站。

一个网站上超文本链接的首页称为主页（Home Page），它是访问 Web 服务器时看到的第一个页面。主页的文件名应与 Web 服务器系统配置文件中指定的 WWW 默认页的文件说明一致，以使外来的访问一连接到 Web 服务器就能直接看到主页。

要制作一个网站，首先需要单独编辑若干个 HTML 文件，然后通过"超链接"把它们连接在一起并存入 Web 服务器，这样一个属于自己的网站就制作出来了。

Web 服务器是一台连接到 Internet、执行传送 Web 网页和其他相关文件（如与网页链接的图像文件等）的计算机。一般能够同时处理来自因特网的多个连接请求。在访问 Web 服务器时，只需在地址栏中输入 Web 服务器主机的 IP 地址或域名，就可以访问相应的网站了。

7.3.2　信息检索

1．信息检索及过程

信息检索的全称是信息存储与检索（Information Storage and Retrieval），是指将杂乱无序的信息有序化，形成信息集合，并根据需要从信息集合中查找出特定信息的过程。信息的存储是检索的基础，是对一定范围内的信息进行筛选，描述其特征，加工使之有序化，形成信息集合，即建立数据库；信息检索则是指采用一定的方法与策略从数据库中查找出所需信息，是存储的反过程。信息检索的实质就是将用户的检索标识（如关键字）与信息集合中存储的信息标识进行比较与选择，称为匹配（Matching），当用户的检索标识与信息存储标识匹配时，信息就会被查找出来，否则就查不出来。匹配有多种形式，可以是完全匹配，也可以是部分匹配，这主要取决于用户的需要。

在通过网络进行信息检索时，首先需要打开 Web 浏览器（如 IE），在浏览器的地址栏中输入提供信息搜索服务的网站地址，如 http://www.baidu.com。系统通过统一资源定位地址找到通过信息搜索服务的网站服务器地址，将该网站的首页发送给客户端。然后就可以在信息搜索栏中输入要检索的关键字了。

目前较为常用的 Web 浏览器除了微软公司的 IE（Internet Explorer）外，还有网景公司（Netscape Communicator Corporation）的 Netscape Navigator、360 安全浏览器等。

2．搜索引擎

信息检索的方法就是利用各种搜索引擎。在 Internet 发展初期，网站相对较少，信息查找比较容易。随着互联网的飞速发展，网上信息越来越多，信息的查找也就越来越烦琐。为满足普通用户对信息检索的需要，各种专业搜索网站应运而生，其提供的搜索工具就称为引擎，如常用的 Baidu、Google 等。

目前，搜索引擎的功能已比诞生初期有了很明显的改善，在查询功能上除了简单的"与"、"或"、"非"等逻辑关系表达外，还支持相似查询、短语查询等高级搜索功能。另外，搜索引擎的目标就是使自己成为网络使用者首选的 Internet 入口站点，而不仅是提供单纯的查询服务。因此，除提供最基本的检索功能外，还提供多样化的服务，以吸引更多的用户。

3．检索意愿的表达

在通过搜索引擎进行信息检索时，首先需要以合适的方式表达出自己的检索意愿，检索技术有多种，包括布尔检索、词位检索、截词检索和限制检索等，目前最常用的是布尔检索，即用布尔表达式表示检索意愿。布尔表达式中的逻辑运算符主要有三种：逻辑与（AND）、逻辑或（OR）和逻辑非（NOT）。三种逻辑关系可用图7-13表示。

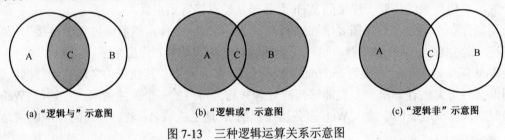

(a)"逻辑与"示意图　　(b)"逻辑或"示意图　　(c)"逻辑非"示意图

图 7-13　三种逻辑运算关系示意图

（1）逻辑与

逻辑与是一种具有概念交叉或概念限定关系的组配，用"*"或"AND"算符表示。例如在图7-13中，A AND B 表示既包含 A 又包含 B 的部分（图中的 C）。例如，要检索"建筑设计规范"方面的有关信息，它包含了"建筑设计"和"规范"两个主要的独立概念。检索词"建筑设计"、"规范"可用"逻辑与"组配，即"建筑设计 AND 规范"表示这两个概念应同时包含在一条记录中。若设图 7-13 中的 A 圆代表只包含"建筑设计"的命中记录，B 圆只包含"规范"的命中记录，A、B 两圆相交部分 C 为"建筑设计"、"规范"同时包含在一条记录中的命中记录。由此可知，使用"逻辑与"组配技术，缩小了检索范围，增强了检索的专指性，可提高检索信息的查准率。

（2）逻辑或

逻辑或是一种具有概念并列关系的组配，用"+"或"OR"算符表示。在图7-13中，A OR B 表示或者包含 A 或者包含 B 及 A 和 B 共同的部分。例如，要检索"中央处理器"方面的信息，检索词"中央处理器"这个概念可用"CPU"和"中央处理器"两个同义词来表达，采用"逻辑或"组配，即"中央处理器 OR CPU"，表示这两个并列的同义概念分别在一条记录中出现或同时在一条记录中出现。若设图 7-13 中的 A 圆代表包含"中央处理器"的命中记录，B 圆代表包含"CPU"的命中记录，则"A OR B"表示覆盖"中央处理器"和 CPU

的所有部分均为检索命中记录。使用"逻辑或"检索技术，扩大了检索范围，能提高检索信息的查全率。

（3）逻辑非

逻辑非是一种具有概念排除关系的组配，用"—"或"NOT"算符表示。例如，检索"不包括核能的能源"方面的信息，其检索词"能源"、"核"采用"逻辑非"组配，即"能源 NOT 核"，表示从"能源"检索出的记录中排除含有"核能"的记录。若设图 7-13 中的 A 圆代表"能源"的命中记录，B 圆代表"核"的命中记录，A、B 两圆之差，即图 7-13 中 A 剔除 C 后剩余部分为命中记录。

使用"逻辑非"可排除不需要的概念，能提高检索信息的查准率，但也容易将相关的信息剔除，影响检索信息的查全率。因此，使用"逻辑非"检索技术时要慎重。

对于同一个布尔逻辑表达式，不同的运算次序可能会有不同的检索结果。布尔逻辑运算符的一般运算次序为：

① 若有括号，括号内的逻辑运算先执行；

② 若无括号，一般 NOT 最高，AND 次之，OR 最低。

也有的检索系统根据实际需要将逻辑算符的运算次序进行了调整，但这并不影响上述内容的一般性。

【例 7-3】 给出检索"唐宋诗歌"的布尔表达式。

解：因为唐和宋是两个朝代，所以该检索意愿表示要检索唐诗或宋诗方面的文献，而"诗"本身又是个概念。因此，上述检索意愿可以表示为：

（唐+宋）AND 诗

或 唐 AND 诗+宋 AND 诗

若用"唐+宋 AND 诗"表达，则表示要查找的是含有"唐"的文献或同时含有"宋"和"诗"的文献，这样可能会把唐代、唐姓或其他与"唐"有关的文献都找出来了，如"唐三彩"就可能出现在满足条件的结果中。

7.3.3 信息发布

1. 超文本标记语言

要使 Internet 上任何一台计算机都能显示任何一个 Web 服务器上的页面，就必须解决页面制作的标准化问题。超文本标记语言（Hyper Text Markup Language，HTML）就是一种制作万维网页面的标准语言。HTML 具有如下几个特点：

（1）代码简单明了、功能强大、可以定义显示格式、标题、字型、表格、窗口等；

（2）可以和万维网上任意信息资源建立超文本链接；

（3）可以辅助应用程序连入图像、视频、音频等媒体信息。

当然，HTML 也存在一定的局限性，如只能选用 Web 资源的字体，排版功能较弱；忽略空格及自然格式，段落必须声明；在不同硬件环境下显示效果不同，等等。

HTML 的代码文件是一个纯文本文件（即 ASCII 码文件），通常以.html 或.htm 为文件后缀名。

HTML 由文本和标记两部分组成。文本指文件的内容，而标记用于指明文件内容的性质和格式等。

HTML 中的标记用尖括号"<>"括起来，起始标记符<Something>和结束标记符</Something>必须成对出现（有个别例外）。在标记符中字符不区分大小写。

下面是一个简单的 HTML 文件：

```
<! DoctypeHTMLpublic"//W30//DTDW3HTML3.0//EN">
<HTML>                        ;HTML 文件的起始标记，表示下面的是 HTML 文件
<HEAD>                        ;文件头开始标记
<TITLE>                       ;标题开始标记
这是一个例子</TITLE>          ;文件的实际标题及标题结束标记
</HEAD>                       ;文件头结束标记
<BODY>                        ;主体开始标记
<H1>这是主题部分</H1>
<A HREF="http://www.xjtu.edu.cn">这是一个指向西安交通大学主页的超链接</A>
</BODY>                       ;主体结束标记
</HTML>                       ;HTML 文件结束标记
```

可以看出，HTML 文件中的每一部分都是由两个标记组成的，如以标记<HTML>表示文件的开始，以标记</HTML>表示文件的结束；在<TITLE>与</TITLE>之间的是标题；在<BODY>与</BODY>之间的是文件主体等。

网页设计方法很多，除了用 HTML 之外，还可以用各种网页制作软件（如 Frontpage、DreamWeaver 等），当然，还可以用各种程序设计语言设计。

2. 通过 WWW 发布信息

创建好一个 Web 网页之后，就可以用浏览器进行浏览了。启动浏览器，直接在 URL 地址栏内输入所创建的 Web 文件的地址。屏幕上就会显示出所设计的网页。

例如，在 Word 文本编辑器中输入一句欢迎词："Hello World!"，将其以网页文件（.html 或.htm）格式保存在硬磁盘的 C:\根目录下，文件名设为 Testpage。之后，在浏览器地址栏中输入 C:\Testpage.htm，屏幕上就会显示出所设计的欢迎页面：Hello World!。

*7.4　计算机与信息安全

7.4.1　信息安全的基本概念

1. 信息系统安全

在信息时代，信息、计算机和网络是、不可分割的整体。因此，信息系统安全也称为网络信息安全，包括信息的安全、计算机的安全和网络的安全。

绝对安全是不存在的，所以"安全"是个相对的概念，可以大致解释为：客观上不存在威胁，主观上不存在恐惧。

（1）信息安全是指信息内容的安全。保护信息的真实性、保密性和完整性，避免攻击者利用系统的安全漏洞进行窃听、诈骗等危害合法用户利益的行为。涉及信息基础设施（各种通信设备、信道、终端和软件等）、信息资源和信息管理。

（2）计算机安全是指"为数据处理系统建立和采取的技术和管理的安全保护，保护计算机硬件、软件和数据不因偶然和恶意的原因而遭到破坏、更改和泄密。"涉及物理安全和逻辑安全两个方面的内容。物理安全指计算机系统设备及相关设备的安全，逻辑安全则指保障计算机信息系统的安全，即保障计算机中处理信息的完整性、保密性和可用性。

（3）网络安全从本质上讲是网络上的信息安全，主要指网络系统的硬件、软件及其系统中的数据受到保护，不因偶然的或恶意的因素而遭到破坏、更改、泄露，系统连续、可靠、正常地运行，网络服务不中断。

虽然不同组织和结构对信息系统安全的要求有差异，但总的目标是一致的，主要包括保密性、完整性、可用性等。

（1）保密性（Confidentiality）是指信息在存储、使用和传输过程中不泄露给非授权用户、实体和过程或供其利用的特征。

（2）完整性（Integrity）是指数据未经授权不能进行改变。

（3）可用性（Availability）是指可被授权用户、实体和过程访问并按需使用的特征。

（4）可控性（Controllable）是指对信息的传播及内容具有控制能力的特征。

（5）可鉴别性（Identifiability）。

（6）不可否认性（Non-repudiation）。

2．影响网络信息系统安全的因素

网络信息系统由硬件设备、系统软件、数据资源、服务功能和用户等基本元素组成。分析这些基本元素不难得出这样的结论：网络信息系统的安全风险来自四个方面，即自然灾害威胁、系统故障、操作失误和人为蓄意破坏。对前三种安全风险的防范可以通过加强管理、采用切实可行的应急措施和技术手段来解决。而对于人为蓄意破坏，则必须通过相应的安全机制加以解决。

影响网络信息系统安全的因素主要有以下几个方面。

（1）网络信息系统的脆弱性

信息不安全因素是由网络信息系统的脆弱性决定的，主要有以下三个方面的原因。

① 网络的开放性。网络系统的协议、核心模块和实现技术是公开的，其中的设计缺陷很可能被熟悉它们的别有用心的人所利用；在网络环境中，可以不到现场就能实施对网络的攻击；基于网络的各成员之间的信任关系可能被假冒。

② 软件系统的自身缺陷。

③ 黑客攻击。当今的黑客是指专门从事网络信息系统破坏活动的攻击者。由于网络技术的发展，在网上存在大量公开的黑客站点，使得获得黑客工具、掌握黑客技术越来越容易，从而导致网络信息系统所面临的威胁越来越大。

（2）对安全的攻击

对网络信息系统的攻击主要可分为以下5种类型。

① 被动攻击。指在未经用户同意和认可的情况下将信息泄露给系统攻击者，但不对数据信息做任何修改。这种攻击方式一般不会干扰信息在网络中的正常传输，因而也不容易被检测出来。被动攻击通常包括监听未受保护的通信、流量分析、获得认证信息等。

被动攻击常用的手段有以下几种。

i．搭线监听。这是最常用的一种手段。只需将一根导线搭在无人值守的网络传输线路上就可以实现监听。只要所搭载的监听设备不影响网络负载平衡，就很难被觉察出来。

ii．无线截获。通过高灵敏度的接收装置接收网络站点辐射的电磁波，再通过对电磁信号的分析，恢复原数据信号，从而获得信息数据。

iii．其他截获。通过在通信设备或主机中预留程序或释放病毒程序，这些程序会将有用的信息通过某种方式发送出来。

② 主动攻击。主动攻击通常具有更大的破坏性。攻击者不仅要截获系统中的数据，还要对系统中的数据进行修改，或者制造虚假数据。

主动攻击方式包括以下几种。

i．中断。破坏系统资源或使其变得不能再利用，造成系统因资源短缺而中断。

ii．假冒。以虚假身份获取合法用户的权限，进行非法的未授权操作。

iii．重放。指攻击者对截获的合法数据进行复制，并以非法目的重新发送。

iv．篡改消息。将一个合法消息进行篡改、部分删除或使消息延迟或改变顺序。

v．拒绝服务（Denial of Server，DoS）。DoS 指拒绝系统的合法用户、信息或功能对资源的访问和使用。

vi．对静态数据的攻击。这种攻击包括：口令猜测，通过穷举方式扫描口令空间，实施非法入侵；IP 地址欺骗，通过伪装、盗用 IP 地址方式，冒名他人，窃取信息；指定非法路由，通过选择不设防路由（逃避安全检测），将信息发送到指定目的站点。

主动攻击的特点与被动攻击正好相反。被动攻击虽然难以检测，但是可采取措施有效地防止。要绝对防止主动进攻却是十分困难的，因为这需要随时随地对所有的通信设备和通信活动进行物理和逻辑保护，这在实际中是做不到的。因此，防止主动攻击的主要途径是检测，以及从攻击造成的破坏中及时地恢复出来。

③ 物理临近攻击。这种攻击是指非授权个人以更改、收集或拒绝访问为目的，物理接近网络、系统或设备实施攻击活动。这种接近可能是秘密进入或是公开接近，或是两种方式同时使用。

④ 内部人员攻击。这种攻击包括恶意攻击和非恶意攻击。恶意攻击是指内部人员有计划地窃听、偷窃或损坏信息，或拒绝其他授权用户的正常访问。有统计数据表明，80%的攻击和入侵来自组织内部。由于内部人员更了解系统的内部情况，所以这种攻击更难于检测和防范。非恶意攻击则通常是由于粗心、工作失职或无意间的误操作，对系统产生了破坏行为而造成的。

⑤ 软、硬件装配攻击。这种攻击是指采用非法手段在软、硬件的生产过程中将一些"病毒"植入到系统中，以便日后待机攻击，进行破坏。

（3）有害程序的威胁

有害程序指有恶意行为的程序，即病毒程序，是指能够通过某种途径潜伏在计算机存储介质（或程序）里，当达到某种条件时即被激活的具有对计算机资源进行破坏作用的一组程序或指令集合。本节将在 7.4.3 简要介绍几种常见的计算机病毒。

7.4.2　信息安全技术

保障网络信息系统安全的方法很多，涉及许多信息安全技术，如访问控制、数据加密、身份验证、数字签名、数字证书、防火墙等。限于篇幅，这里仅简单介绍几种。

1. 访问控制技术

为保障网络信息系统的安全，限制对网络信息系统的访问和接触是重要措施。网络信息系统的安全也可采用安全机制和访问控制技术来保障。

（1）建立安全管理制度和措施

从管理角度加强安全防范。通过建立、健全安全管理制度和防范措施，约束对网络信息系统的访问者。例如，规定重要网络设备使用的审批、登记制度，网上言论的道德、行为规范，违规、违法的处罚条例等。规章、制度虽然不能防止数据丢失或操作失误，但可以避免、减少一些错误，特别是养成了良好习惯的用户可以大大减少犯错误的机会。

（2）限制对网络系统的物理接触

防止人为破坏的最好办法是限制对网络系统的物理接触。但是物理限制并不能制止偷窃数据。限制物理接触可能会制止故意的破坏行为，但是并不能防止意外事件。

（3）限制对信息的在线访问

如何禁止人们对信息的访问从而防止信息被盗窃或篡改？提出这个问题是要说明，并非所有人都应该有权访问银行或商业公司网站上的信息数据。但是，从通信的基本构造和技术上来讲，每个连接在网上的用户都可以对网上的任何站点进行访问。由此带来的问题是：如何辨认是否为合法用户，尤其是从远程站点进行登录访问的用户。

通常，限制对网络系统访问的方法是使用用户标识和口令。通过对用户标识和口令的认证进行信息数据的安全保护，其安全性取决于口令的秘密性和破译口令的难度。表 7-2 给出了口令的组合与非法用户访问成功的概率的关系。显然，选择适当的组合方式及长度，就能使黑客破译口令的成功率大大降低。

表 7-2　口令长度及组合方式影响非法用户访问成功的概率表

口令组合策略	举　例	破译需要的尝试次数	破译需要的平均时间
任何长度的姓名	Ed.Christine	2000（一个姓氏字典）	5 小时
任何长度的单词	It,electrocardiagram	6000	7 天
两个单词的组合	Whiteknight	3 600 000 000	1140 年
数字字母的任意组合	JP2C2TP307	3 700 000 000 000 000	1 200 000 000 年
一首诗的第一行	onceuponamidnightdreary	10 000 000 000 000 000 000 000 000	3 000 000 000 000 000 000 000 年

（4）设置用户权限

如果黑客突破了安全屏蔽怎么办？

通过在系统中设置用户权限可以减小系统非法进入造成的破坏。用户权限是指限制用户对文件和目录的操控权力。当用户申请一个计算机系统的账号时，系统管理员会根据该用户的实际需要和身份分配给一定的权限，允许其访问指定的目录及文件。用户权限是设置在网络信息系统中的信息安全的第二道防线。

通过配置用户权限，即使黑客得到了某个用户的口令，也只能行使该用户被系统授权的操作，不会对系统造成太大的损害。

2．数据加密技术

（1）数据加密的概念

首先给出数据加密技术中的几个术语。

① 明文：原本的数据。

② 密文：伪装后的数据。

③ 密钥：由数字、字母或特殊符号组成的字符串，用它控制加密、解密过程。

④ 加密：把明文转换为密文的过程。

⑤ 加密算法：加密所采用的变换方法。

⑥ 解密：对密文实施与加密相逆的变换，从而获得明文的过程。

数据加密就是通过将明文信息进行伪装，形成密文，使非法用户即使得到这些数据，也无法直接读懂，而合法用户通过解密处理，可将这些数据还原为有用的信息。

加密是一种防止信息泄露的技术。密码学是研究密码系统或通信安全的一门学科，它又分为密码编码学（加密）和密码分析学（解密，或密码破译学）。

任何一个加密系统（密码系统）都是由明文、密文、算法和密钥组成的，如图7-14所示。

发送方通过加密设备或加密算法，用加密密钥将数据加密后发送出去。接收方在收到密文后，用解密密钥将密文解密，恢复为明文。在传输过程中，即使密文被非法分子偷窃获取，得到的也只是无法识别的密文，从而起到数据保密的作用。加密和解密示意图如图7-15所示。

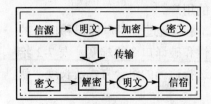

图7-14　加密和解密通信模型示意图

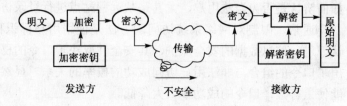

图7-15　加密和解密示意图

（2）加密技术分类

加密技术一般有两种类型：一种是"对称式"加密法，另一种是"非对称式"加密法。

① 对称式加密法。这种方法很简单，就是加密和解密使用同一密钥。这种加密技术目前被广泛采用，它的优点是安全性高、加密速度快；缺点是密钥的管理的难题，在网络上传输加密文件时，很难做到在绝对保密的安全通道上传输密钥，在网络上无法解决消息确认和无法自动检测密钥泄密。

最有影响的对称密钥密码体制是 1977 年美国国家标准局颁布的 DES（Data Encryption Standard，数据加密标准），它采用了著名的 DES 分组密码算法，其密钥长度为 64 比特。1997 年由一个美国民间组织利用 Internet 的力量将 DES 成功破译。

② 非对称式加密法也称为公钥密码加密法。它的加密密钥和解密密钥是两个不同的密钥，一个称为"公开密钥"，另一个称为"私有密钥"。两个密钥必须配对使用才有效，否则不能打开加密的文件。公开密钥是公开的；而私有密钥是保密的，只属于合法持有者本人所

有。在网络上传输数据之前，发送者先用公钥将数据加密，接收者则使用自己的私钥进行解密，用这种方式来保证信息秘密不外泄，很好地解决了密钥传输的安全性问题。

具有代表性的典型公钥密码体制是 1978 年由美国人 R. Rivest、A. Shamir 和 L. Adleman 三人提出并由他们的名字缩写字命名的 RSA（Rivest-Shamir-Adleman 加密算法）密码体制。目前 RSA 也已得到了广泛的应用，在计算机平台、金融和工业部门中应用最广。

在实际应用中，网络信息传输的加密通常采用对称密钥和公钥密钥密码相结合的混合加密体制；加密、解密采用对称密钥密码，密钥传递则采用公钥密钥密码，这样既解决了密钥管理的困难，又解决了加密和解密速度慢的问题。

例如，1994 年 4 月，600 多位专家利用 Internet，使用 1600 多台计算机联合协作将 RSA 破译。由此可见，以个体方式活动的黑客要想破译 RSA 密码是有很大难度的。

（3）加密技术的应用

加密的基本功能是提供保密性，使入侵者无法知道数据的真实内容。加密技术的应用领域很多，如电子商务活动中的用户身份认证、金融信用核实、选购物品、结账付款等，都必须借助数据加密技术，以提供相应的安全保障。

① 恺撒（Kaesar）密码加密。恺撒密码又称移位代换密码，其加密方法是：将英文 26 个字母 a、b、c、d、e、…、w、x、y、z 分别用 D、E、F、G、H、…、Z、A、B、C 代换，换句话说，将英文 26 个字母中的每个字母都用其后第 3 个字母进行循环替换。假设明文为 university，则对应的密文为 XQLYHUVLWB。密文转换为明文是加密的逆过程，很容易进行。注意，此时的密钥为 3，显然恺撒密码仅有 26 个可能的密钥，密钥为 1 时很容易被破译。事实上，恺撒密码非常不安全，应该增加密钥的复杂度。如果允许字母表中的字母用任意字母进行替换，也就是说密文能够用 26 个字母的任意排列去替换，则有 26！种可能的密钥。这样一来，密钥较难破译。

② 维吉尼亚（Vigenère）密码加密

Vigenère 密码是由法国的密码学者在 16 世纪提出的，它属于多表代换密码中的一种。该方法是把英文字母表循环移位 0，1，2，…，25 后得到的密文字母表作为 Vigenère 方阵，如表 7-3 所示。

【例 7-4】 设明文字符串 m=THEY WILL ARRIVE TOMORROW，密钥 k =MONDAY。利用多表换字法（Vigenère 加密）将明文进行加密处理。

表 7-3 英文字母与模 26 剩余之间的对应关系表

A	B	C	D	E	F	G	H	I	J	K	L	M	N	O	P	Q	R	S	T	U	V	W	X	Y	Z
0	1	2	3	4	5	6	7	8	9	10	11	12	13	14	15	16	17	18	19	20	21	22	23	24	25

加密的过程如下所述。

第一步：将密钥与明文转化为数字串。根据表 7-3 将密钥与明文转化为以下数字串：

$k =$ （12，14，13，3，0，24）

$m =$ （19,7,4,24,22,8,11,11,0,17,17,8,21,4,19,14,12,14,17,17,14,22）

第二步：对转化得到的数字串进行相应的处理。将转化得到的明文数字串根据密钥长度分段，并逐一与密钥数字串相加，对每对相加结果求模取余（模26），得到以下密文数字串：

$$\begin{array}{r} 19\ \ 7\ \ 4\ 24\ 22\ \ 8 \\ +)\ 12\ 14\ 13\ \ 3\ \ 0\ 24 \\ \hline 5\ 21\ 17\ \ 1\ 22\ \ 6 \end{array} \qquad \begin{array}{r} 11\ 11\ \ 0\ 17\ 17\ \ 8 \\ +)\ 12\ 14\ 13\ \ 3\ \ 0\ 24 \\ \hline 23\ 25\ 13\ 20\ 17\ \ 6 \end{array} \qquad \begin{array}{r} 21\ \ 4\ 19\ 14\ 12\ 14 \\ +)\ 12\ 14\ 13\ \ 3\ \ 0\ 24 \\ \hline 7\ 18\ \ 6\ 17\ 12\ 14 \end{array} \qquad \begin{array}{r} 17\ 17\ 14\ 22 \\ +)\ 12\ 14\ 13\ \ 3 \\ \hline 3\ \ 5\ \ 1\ 25 \end{array}$$

$$C = (5,21,17,1,22,6,23,25,13,20,17,6,7,18,6,17,12,12,3,5,1,25)$$

第三步：将密文数字串转化成密文字符串。根据表 7-3，经转换得到以下密文字符串：

$$C = \text{FVRBWG XZNURG HSGRMM DFBZ}$$

解密过程与加密过程类似，不同的是采用模 26 减法运算。

3．数字签名技术

数字签名模拟了现实生活中的笔迹签名，主要解决如何有效地防止通信双方的欺骗和抵赖行为。与加密不同，数字签名的目的是保证信息的完整性和真实性。为使数字签名能代替传统的签名，必须保证能够实现以下功能：

（1）接收者能够核实发送者对消息的签名；

（2）签名具有不可否认性；

（3）接收者无法伪造对消息的签名。

假设 A 和 B 分别代表一个股民和他的股票经纪人。A 委托 B 代为炒股，并指令当他所持的股票达到某个价位时，立即全部抛出。B 首先必须认证该指令确实是由 A 发出的，而不是其他人伪造的指令，这就需要第一个功能。假定股票刚一卖出，股价立即猛升，A 后悔不已。如果 A 是不诚实的，他可能会控告 B，宣称他从未发出过任何卖出股票的指令。这时 B 可以拿出有 A 自己签名的委托书作为最有力的证据，这又需要第二个功能。另一种可能是 B 玩忽职守，当股票价位合适时没有立即抛出，不料此后股价一路下跌，客户损失惨重。为了推卸责任，B 可能试图修改委托书中关于股票临界价位为某一个实际上不可能达到的值。为了保障客户的权益，需要第三个功能。

数字签名机制提供了不可否认性，使用户无法对其网络行为进行抵赖，同时，它也具有防止信息伪造和篡改的功能。目前通常采用的签名标准是 DSS（数字签名标准）。

在保密数字签名问题中提到：谁来证明公开密钥的持有者是合法的。目前通行的做法是采用数字证书来证实。在网络上进行通信或进行电子商务活动时，使用数字证书可以防止信息被第三方窃取，也能在交易出现争执时防止抵赖的情况发生。

数字证书是指为保证公开密钥持有者的合法性，由认证机构（Certification Authority，CA）为公开密钥签发一个公开密钥证书，该公开密钥证明书称为数字证书。

4．数字证书

数字证书是互联网通信中标志通信各方身份信息的一系列数据，是一个经证书授权中心数字签名的包含公开密钥拥有者信息及公开密钥的文件。最简单的证书包含一个公开密钥、名称及证书授权中心的数字签名。

数字证书提供了一种在 Internet 上验证身份的方式，其作用类似于司机的驾驶执照或日常生活中的身份证。它是进行安全通信的必备工具，保证信息传输的保密性、数据完整性、不可否认性及交易者身份的确定性。

数字证书由权威、公正的认证机构颁发和管理。在国际电信联盟 ITU 制定的 X.509 标准中，规定了数字证书包含的内容，主要有：

（1）证书所有人的名称；

（2）证书所有人的公开密钥；

（3）证书发行者对证书的签名；

（4）证书的序列号，每个证书都有一个唯一的证书序列号；

（5）证书公开密钥的有效日期等。

7.4.3 常见计算机病毒及防治

几乎所有上网用户都享受过在网上"冲浪"的喜悦和欢快，但同时也经受过"病毒"袭扰的痛苦和烦恼。刚才还好端端的机器突然"瘫痪"了；好不容易用几个小时输入的文稿顷刻之间没有了；程序运行在关键时刻系统却莫名其妙地重新启动。所有这些意想不到的恶作剧中谁是罪魁祸首？

计算机系统中经常发生的这些现象，罪魁祸首就是计算机病毒。

1. 计算机病毒的特性

计算机病毒是一种软件，是人为制造出来的、专门破坏计算机系统安全的程序。

计算机病毒的特点很多，概括地讲，可大致归纳为以下特征。

（1）感染性：病毒为了继续生存，唯一的方法就是不断地、传递性地感染其他文件。病毒程序一旦侵入计算机系统，就伺机搜索可以感染的对象（程序或磁盘），然后通过自我复制迅速传播。特别是在互联网环境下，病毒可以在极短的时间内通过互联网传遍全球。

（2）破坏性：无论何种病毒程序，一旦侵入都会对系统造成不同程度的影响。破坏程度的大小主要取决于病毒制造者的目的；有的病毒以彻底破坏系统运行为目的，有的病毒以蚕食系统资源（如争夺 CPU、大量占用存储空间）为目的，还有的病毒删除文件、破坏数据、格式化磁盘、甚至破坏主板。总之，无论何种病毒，都对计算机系统安全构成了威胁。

（3）隐蔽性：隐蔽是病毒的本能特性，为了逃避被清除，病毒制造者总是想方设法使用各种隐藏术。病毒一般都是些短小精悍的程序，通常依附在其他可执行程序体或磁盘中较隐蔽的地方，因此用户很难发现它们。

（4）潜伏性：为了达到更大的破坏目的，病毒在未发作之前往往是隐藏起来的。有的病毒可以几周或几个月在系统中进行繁殖而不被人们发现。病毒的潜伏性越好，其在系统内存在的时间就越长，传染范围也就越广，危害就越大。

（5）可触发性：指病毒在潜伏期内是隐蔽地活动（繁殖）的，当病毒的触发机制或条件满足时，就会以各自的方式对系统发起攻击。病毒触发机制和条件五花八门，如指定日期或时间、文件类型或指定文件名、用户安全等级、一个文件的使用次数等。例如，"黑色星期五"病毒就每逢 13 日的星期五发作。

（6）攻击的主动性：病毒对系统的攻击是主动的，是不以人的意志为转移的。也就是说，从一定的程度上讲，计算机系统无论采取多么严密的保护措施都不可能彻底地排除病毒对系统的攻击，而保护措施只是一种预防的手段而已。

（7）病毒的不可预见性：从对病毒的检测来看，病毒还有不可预见性。病毒对反病毒软件永远是超前的。新一代计算机病毒甚至连一些基本的特征都隐藏了，有时病毒利用文件中的空隙来存放自身代码，有的新病毒则采用变形来逃避检查，这也成为新一代计算机病毒的基本特征。

2. 计算机病毒的传播途径

计算机病毒的传播途径分为被动传播途径和主动传播途径两种。

（1）被动传播途径

① 引进的计算机系统和软件中带有病毒。

② 下载或执行染有病毒的游戏软件或其他应用程序。

③ 非法复制导致的中毒。

④ 计算机生产、经营单位销售的机器和软件染有病毒。

⑤ 维修部门交叉感染。

⑥ 通过网络、电子邮件传入。

（2）主动传播途径

主动传播途径是指攻击者针对确定目标的、有目的的攻击。

① 无线射入。通过无线电波把病毒注入被攻击对象的电子系统中。

② 有线注入。目前，计算机大多是通过有线线路连网的，只要在网络节点注入病毒，就可以使病毒向网络内的所有计算机扩散和传播。

③ 接口输入。通过网络中计算机接口输入的病毒由点到面、从局部向全网迅速扩散蔓延，最终侵入网络中心和要害终端，使整个网络系统瘫痪。

④ 炮弹击入。电子信息战中采用的攻击方式。向敌方区域内发射电磁脉冲炮弹，这种炮弹可以在瞬间产生大范围、宽波束、高频率的电磁脉冲，破坏各种电子设备。

⑤ 先期植入。这是采用"病毒芯片"实施攻击的方式。将病毒固化在集成电路中，一旦需要，便可遥控激活。

3. 常见计算机病毒

病毒的种类很多，下面简单介绍一下常见的几种计算机病毒。

（1）特洛伊木马

木马病毒的前缀是：Trojan，这是目前比较流行的病毒文件。"木马"这种称谓借用了古希腊传说中的著名计策"木马计"。它是冒充正常程序的有害程序，将自身程序代码隐藏在正常程序中，在预定时间或特定事件中被激活，起破坏作用。

木马程序与一般的病毒不同，它不会自我繁殖，也并不"刻意"地去感染其他文件，它通过将自身伪装吸引用户下载执行，向施种木马者提供打开被种者计算机的门户，使施种者可以任意毁坏、窃取被种者的文件，甚至远程操控被种者的计算机。例如，美国人类学博士鲍伯曾编写了一个有关艾滋病研究的数据库程序，当用户启动该程序 90 次时，它突然将磁盘格式化。这一非用户授权的破坏行为是典型的特洛伊木马程序。

（2）系统病毒

系统病毒的前缀为 Win32、PE、Win95、W32、W95 等。这些病毒一般共有的特性是可以感染 Windows 操作系统的*.exe 和*.dll 文件，并通过这些文件进行传播。

（3）蠕虫病毒

蠕虫病毒的前缀是 Worm。这种病毒的共有特性是通过网络或系统漏洞进行传播，很大部分的蠕虫病毒都有向外发送带毒邮件、阻塞网络的特性。

蠕虫病毒最典型的案例是莫里斯蠕虫病毒。由于美国在 1986 年制定了计算机安全法，所以莫里斯成为美国当局起诉的第一个计算机犯罪者，他制造的这一蠕虫程序从此被人们称为莫里斯病毒。

（4）脚本病毒

脚本病毒的前缀是 Script。脚本病毒是使用脚本语言编写的、通过网页进行传播的病毒。

（5）后门病毒

后门病毒的前缀是 Backdoor。后门是指信息系统中未公开的通道。系统设计者或其他用户可以通过这些通道出入系统而不被用户发觉。例如，监测或窃听用户的敏感信息，控制系统的运行状态等。

后门病毒的共有特性是：通过网络传播给系统开后门，给用户计算机带来安全隐患。

（6）破坏性程序病毒

破坏性程序病毒的前缀是 Harm。这类病毒的共有特性是本身具有好看的图标来诱惑用户点击，当用户点击这类病毒的图标时，病毒便会直接对用户计算机产生破坏。

（7）玩笑病毒

玩笑病毒的前缀是 Joke，也称恶作剧病毒。这类病毒的共有特性是本身具有好看的图标来诱惑用户单击，当用户单击这类病毒的图标时，病毒会做出各种破坏操作来吓唬用户，其实病毒并没有对用户计算机进行任何破坏。

可以通过严格的管理措施和技术手段对计算机病毒进行预防。技术手段包括安装设置防火墙、安装实时监测的杀病毒软件、不要轻易打开陌生人传来的页面链接等。

习 题 7

1. 按拓扑结构分类，计算机网络可以分为树形网、网状网、环形图、星形网和_____网。

2. 计算机网络按照其规模和延伸距离划分为_____、_____和_____。

3. TCP/IP 参考模型共分为 4 层，分别是_____、_____、_____和_____。

4. IP 地址是一个_____位的二进制数。

5. 万维网（WWW）的三个组成部分是_____、_____和_____。

6. "统一资源定位器"的英文缩写是_____。

7. 数据加密技术一般有两种类型，分别是_____加密法和_____加密法。

8. 网络协议的关键要素包括语法、_____和时序。

9. 网上的站点通过点到点的链路与中心站点相连，具有这种拓扑结构的网络称为_____。

    A. 因特网　　　　　　B. 星形网　　　　　C. 环形网　　　　　D. 总线形网

10. 计算机网络中常用的有线传输介质有_____。

    A. 双绞线、红外线、同轴电缆　　　　　B. 同轴电缆、激光、光纤

    C. 双绞线、同轴电缆、光纤　　　　　　D. 微波、双绞线、同轴电缆

11. 接入 Internet 的每一台主机都有一个唯一的可识别地址，称做_____。

    A．URL   B．TCP 地址   C．IP 地址   D．域名

12. 下列攻击中，_____属丁主动攻击。

    A．无线截获   B．搭线监听   C．拒绝服务   D．流量分析

13. 信息检索是指将杂乱无序的信息_____，形成信息集合。

    A．不进行有序化   B．任意排列

    C．有序化   D．不有序整理

14. 表达式：（克隆 AND 羊 OR 牛）不能用来表示_____。

    A．克隆牛   B．克隆羊   C．羊   D．水牛

15. 请写出检索"DELL 液晶显示器价格"方面有关信息的检索表达式。

16. 假设密钥是"STUDY"。试采用多表换字法（Vigenère 加密），对照表 7-3，将明文"CELEBRATION"加密。

17. 试说明电子邮件系统主要的组成部分及每一部分的作用。

*第 8 章　综合案例设计

引言：

本章是前几章的引申，补充了 Windows 环境下编程的基本知识，讲述了窗体和消息驱动的基本概念，初步介绍了网络编程和数据库编程。在本章的最后，对常用的算法做了简单介绍，并分析了前面几章讲述的查找、排序算法的时间复杂度。

教学目标：

- 对 Windows 环境下的编程有初步了解；
- 理解 Windows 的消息机制；
- 对网络编程有初步的了解；
- 对数据库编程有初步的了解；
- 对常用算法有初步的了解。

8.1　Windows 环境下编程简介

Windows 编程使用事件驱动的程序设计思想，是一个"基于事件的，消息驱动的"操作系统。在事件驱动的程序结构中，程序的控制流程不再由事件的预定发生顺序来决定，而是由实际运行时各种事件的实际发生来触发，而事件的发生可能是随机的、不确定的，并没有预定的顺序。事件驱动的程序允许用户用各种合理的顺序来安排程序的流程。事件驱动是一种面向用户的程序设计方法，在程序设计过程中除了完成所需要的程序功能之外，更多地考虑了用户可能的各种输入（消息），并有针对性地设计相应的处理程序。事件驱动程序设计也是一种"被动"式的程序设计方法，程序开始运行时，处于等待消息状态，然后取得消息并对其做出相应的反应，处理完毕后又返回等待消息的状态。

8.1.1　Windows 的消息机制

窗口是 Windows 本身及 Windows 环境下的应用程序的基本界面单位，但是很多人都误以为只有具有标题栏、状态栏、最大化、最小化按钮的标准的方框才叫窗口。其实窗口的概念很广，如按钮和对话框等也是窗口，只不过是一种特殊的窗口罢了。

从用户的角度看，窗口就是显示在屏幕上的一个矩形区域，其外观独立于应用程序，事实上它就是生成该窗口的应用程序与用户间的直观接口；从应用程序的角度看，窗口是受其控制的一部分矩形屏幕区。应用程序生成并控制与窗口有关的一切内容，包括窗口的大小、风格、位置及窗口内显示的内容等。用户打开一个应用程序后，程序将创建一个窗口，并等待用户的要求。每当用户选择窗口中的选项时，程序即对此做出响应。

在 Windows 下执行一个程序，只要用户进行了影响窗口的动作（如改变窗口大小或移动、单击鼠标等），该动作就会触发一个相应的"事件"。系统每次检测到一个事件时，就会给程序发送一个"消息"，从而使程序可以处理该事件。每个 Windows 应用程序都是基于事件和消息的，而且包含一个主事件循环，它不停地、反复地检测是否有用户事件发生。每次检测到一个用户事件，程序就对该事件做出响应，处理完再等待下一个事件的发生。Windows 下的应用程序不断重复这一过程，直至用户终止程序。

【例 8-1】 Hello World 程序。为了对 Visual Basic 图形界面编程有一个初步的认识，现在来创建一个简单的 Visual Basic 程序。程序启动后显示一个带有按钮的窗体，按下"Say Hello"按钮后，弹出一个含有"Hello World"字样的对话框，如图8-1所示。

图 8-1　Hello World 程序

操作步骤如下。

（1）启动 Visual Studio 2008，从文件菜单中选择新建，再选择项目，在弹出的对话框的左边"项目类型"下选择 Visual Basic 下的 Windows，接着在右边"模板"中选择"Windows 窗体应用程序"，如图8-2所示，将名称文本框中的内容改为 HelloWorld 后，单击"确定"按钮。

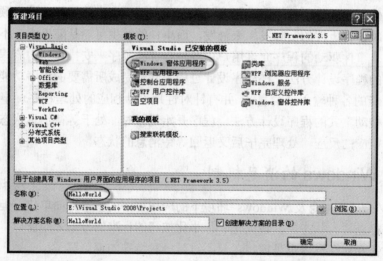

图 8-2　新建 Visual Basic 项目

（2）Visual Studio 随后生成项目，将看到如图8-3所示的界面。

（3）将鼠标指针指向窗口边的工具箱，在打开的窗口中展开公共控件，如图8-4所示。选择 button 项，随后在 Form1 窗体上单击，于是在 Form1 的窗体上出现一个按钮，名为"Button1"，如图8-5所示。

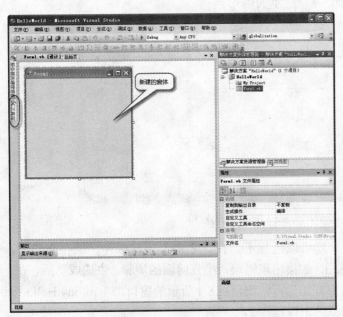

图 8-3　Visual Studio 新生成项目的界面

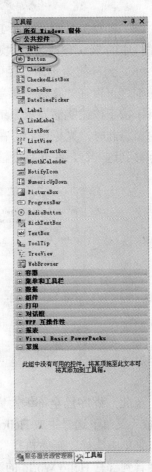

图 8-4　"工具箱"窗口

（4）在"属性"窗口（如图 8-6 所示，如果"属性"窗口没有显示出来，可以右键单击 Button1 按钮，在弹出的菜单中选择"属性"）中找到 Text 行，将 Button1 改为 Say Hello。这时，单击 Form1 窗口，可以看到按钮上的字符 Button1 变为 Say Hello。

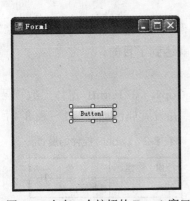

图 8-5　含有一个按钮的 Form1 窗口

图 8-6　"属性"窗口

（5）再在工具箱上选择 Label 控件，将它放置到按钮的上面，用同样的方法将 Label 控件属性中的 Text 项改为"欢迎到来"（没有引号）。

（6）到目前为止，已经做完了界面设计。在做这一步之前，保存目前的成果是一个好的习惯，可以在"文件"菜单中选择"全部保存"。下面进行实际的程序编写，使得程序运行后，按下按钮能够显示 Hello World 对话框。用鼠标在按钮上双击，Visual Basic 将打开代码窗口。此时，光标已经停在了将要编码的地方——End Sub 一行的上方，如果不是，须将光标移到这一行，在光标处输入如图8-7所示的语句。

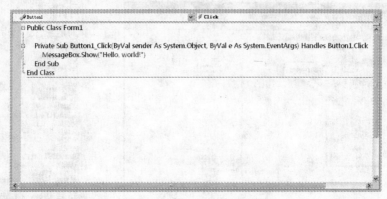

图 8-7　Visual Basic 代码窗口

至此，程序已全部编写完毕，就可以运行了，在此之前，再次保存。保存完毕后，在"生成"菜单下选择生成 Hello World，如果出现错误，检查前面的步骤。生成成功后，在"调试"菜单中选择"开始执行"，程序开始运行，出现图8-1所示的窗口，单击 Say Hello 按钮，将会看到含有 Hello World 的对话框的出现。

前面已经讲过，Windows 是通过事件对对象进行驱动的。事实上，多数程序都是事件驱动的——即执行流程是由外界发生的事件所确定的。事件是一个信号，它告知应用程序有重要情况发生。例如，用户单击窗体上的某个控件时，窗体引发一个 Click 事件并调用一个处理该事件的过程。事件还允许在不同任务之间进行通信，如应用程序脱离主程序执行一个排序任务，若用户取消这一排序，应用程序可以发送一个取消事件使排序过程停止。

【例 8-2】创建含有两个文本框的例子，当在第一个文本框中输入字符时，第二个文本框的内容始终和第一个文本框的内容保持一致。

分析：当在一个文本框中输入字符时，会触发事件 TextChanged。为该事件编写代码，将第一个文本框中的内容复制到第二个文本框。这样就达到了目的。

操作步骤如下。

（1）开始一个新的 Windows 项目，命名为 StringCopy，在 Form1 窗体上放置两个文本框控件，同时放置两个 Label 标签标识这两个文本框，并设置属性如表 8-1～表 8-4 所示。

表 8-1　Label1 控件的属性

属　　性	值
Name	LblInput
Text	输入的字符

表 8-2　Label2 控件的属性

属　　性	值
Name	LblCopy
Text	复制的字符

表 8-3 TextBox1 控件的属性

属　　性	值
Name	TxtInput

表 8-4 TextBox2 控件的属性

属　　性	值
Name	TxtCopy
ReadOnly	True

（2）调整好控件的大小和位置后，窗体如图8-8所示。

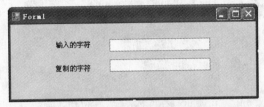

图 8-8 StringCopy 程序的窗体

（3）在 Form1 窗体上的任一处单击鼠标右键，从弹出的菜单中选择"查看代码"，Visual Basic 2008 打开源代码窗口，在源代码的窗口顶部有两个下拉列表框，如图8-9所示。

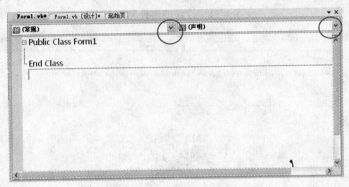

图 8-9 事件与属性的选择

单击左边一个下拉列表框的箭头，可以看到里面含有窗体上放置的所有控件的名称，如图8-10所示。

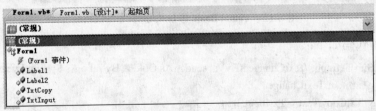

图 8-10 选择接收事件的控件

选择 txtInput 控件后，单击右边的下拉框箭头，可以看到列出了所有 Windows 已经预先定义的、txtInput 控件可以处理的事件，如图8-11所示。

拉动右边的滚动条，选择 TextChanged，这是将要处理的事件。选择了该事件后，Visual Basic 2008 自动在代码窗口添加处理该事件的代码体，如图8-12所示。可以看到，Visual Basic 添加了两行代码，分别是 Private Sub txtInput_TextChanged…和 End Sub，并且光标自动停在需要添加代码的地方。

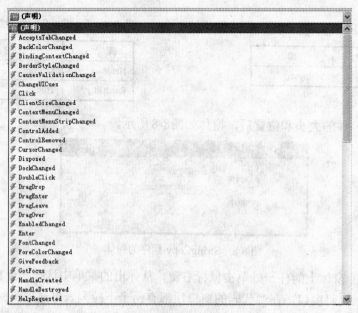

图 8-11 控件的事件列表

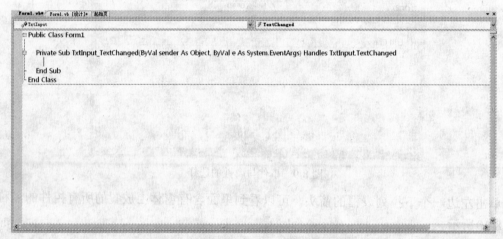

图 8-12 Visual Basic 添加的事件处理代码

需要添加的代码如下：

```
Private Sub TxtInput_TextChanged(ByVal sender As Object, ByVal e As System.EventArgs)
Handles TxtInput.TextChanged
        TxtCopy.Text = TxtInput.Text
    End Sub
```

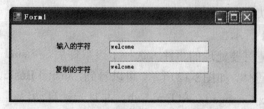

图 8-13 复制字符程序的运行结果

由于所举的例子较为简单，所以整个程序只需要添加这一行代码就够了。运行程序，可以看到，在"输入的字符"文本框中输入任何内容，"复制的字符"文本框中的的内容始终和它保持一致，如图8-13所示。

上面的程序是如何工作的呢？实际情况是这样的：每当在输入字符的文本框中输入字符或删除字符时，文本框的内容被改变，此时，系统（Windows）发送 TextChange 消息到应用程序。由于存在有该消息的处理程序，应用程序将调用该处理程序，于是语句 txtCopy.Text = txtInput.Text;被执行，"输入的字符"文本框中的内容被复制到"复制的字符"文本框中。

事实上，程序 Hello World 中，为按钮编写代码的步骤与此处是完全一致的。同样也可以通过在设计窗口上单击右键，选择查看代码从而打开代码窗口。在代码窗口左边的下拉列表框中选择按钮控件的名称（Name），在右边的下拉列表框选择事件 Click。随后在 Visual Basic 生成的代码框架中添加程序。Visual Basic 为每一个控件的最常用事件设计了一个"快捷方式"，只要在设计窗口双击该控件，Visual Basic 就会自动打开代码窗口，同时为控件添加这个最常用事件的程序框架。每个控件都有一个最常用事件，如按钮控件是单击事件（Click）。前面的编程正是利用了这一特性来快速完成的。每个控件的最常用事件是 Visual Basic 事先设计好的，不能被改变。如果要编写的事件处理程序不是该控件的最常用事件，就只能通过 StringCopy 这个程序所用的步骤来添加事件处理代码。

上面的两个例子程序大致讲述了 Visual Basic 编程的一般步骤，总结起来，编写一个 Visual Basic 程序一般有以下几步。

（1）运行 Visual Studio。如果机器还没有配置好，请首先安装 Visual Studio。

（2）创建新项目。为项目取一个名字，有必要的话重新选一个保存项目的位置，然后创建这个项目。

（3）为窗体添加控件。将需要的控件从工具箱放到窗体中，选择好它们的位置，完成程序的静态设计。

（4）为项目中包含的对象设置属性。为在上一步添加的控件（对象）设置属性，使控件（对象）符合要求。

（5）编写使程序运转起来的代码。这是最关键的一步，实际的编码在这一步完成。

（6）程序的生成与运行。使程序按照设计运行，这是最终目标。

8.1.2　常用控件

所谓程序的界面，是指程序运行后，用户在屏幕上看到的程序的"样子"，或者说程序的"外观"。Visual Basic 2008 是可视化的编程环境，用户在进行界面设计时，无须编写任何代码，通过鼠标的拖动和对控件属性的设置即可完成界面的设计。Visual Basic 会自动生成相应的程序代码，使得程序启动后所显示的界面和设计时一样。

控件是可以和用户或程序实现互动的对象。绝大多数程序都是可以互动的——它们需要从用户那里获取信息，并向用户反馈信息。基于 Windows 的 Visual Basic 程序通过程序窗体的控件实现与用户的交互。正如例 8-2 通过文本框控件得到用户输入的整数，同时利用另一个文本框控件将结果显示给用户。

控件的属性控制着对象的外观和行为。通过对同样的控件设置不同的属性，可以使它们表现出不同的外观和行为。许多属性是每个控件都有的，还有一些是大部分控件都有的。这些属性对每个控件来讲，用法是相同的。

将控件添加到窗体后，通常要设置控件的一个或多个属性。对于例 8-2 所添加的文本框控件，要设置它的 Name 和 Text 属性。

Name 属性非常重要，在程序代码中，它用来指明控件。由于程序一般有多个同类控件，所以可以用控件的 Name 属性来唯一标识某一特定的控件。每个控件都必须有名称，其名称用控件的 Name 属性值来表示。除此之外，特定窗体上的每个控件都必须有一个唯一的名称。

Visual Basic 为窗体上放置的每一个控件都分配了一个默认名称，如 TextBox1、TextBox2 等。更改默认控件的名字使其更加具有现实意义是一个良好的编程习惯。

在图 8-3 所示的"属性"窗口可以设置控件的属性。被选中的控件名字出现在"属性"窗口上部的下拉列表框中。该控件的属性被分类后列出。左边一栏是属性的名字，右边是属性的值。单击属性的名字，可以在下方看到对该属性的简单提示。要改变属性的值，只需单击原有属性的值，做相应的改变即可。

控件在窗体上应当排列整齐。要移动控件，只需选中该控件，简单地用鼠标拖动即可。如果想更改控件尺寸，首先必须选中它（用鼠标单击一个控件即可选中），令其可缩放的控制点显示出来；然后通过拖动控制点的方式更改控件的尺寸。控件顶部和底部边缘的控制点用于更改控件的高度；左边和右边的控制点用于更改控件的宽度；控件四角的控制点可同时更改其高度和宽度。

在默认状态下，有的控件（如文本框控件）只有两个控制点是可用的（一共有 8 个），其余的呈灰色，不可用。这是因为文本框控件的 AutoSize 属性在默认状态下被设置为 True。AutoSize 属性会根据控件即将显示的文本字体大小自动调整文本框的高度。因此，调整高度大小的控制点不可用。如果需要控制文本框控件的高度，可以将 AutoSize 属性设置为 False，此时 8 个控制点就全部可用了。

另外，还可以在"属性"窗口中分别修改 Size 和 Location 属性，从而修改对象的大小和位置。Size 属性由两个值组成，分别表示控件的高度和宽度。Location 的两个值分别表示控件相对于容器的 x，y 坐标。

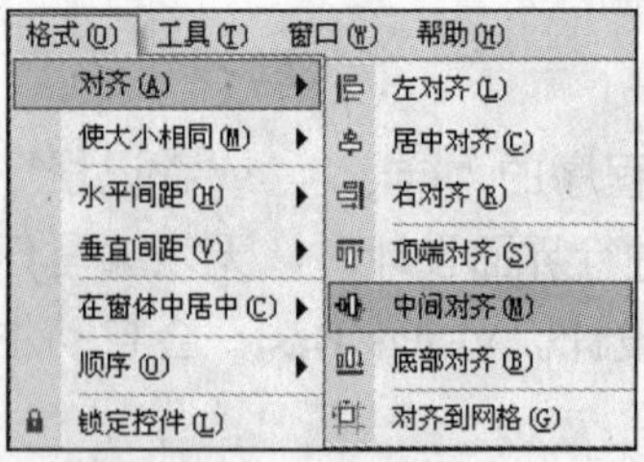

图 8-14 对齐控件的菜单

如果控件不是对得很齐，还可以这样做：将要对齐的控件选中（为了做到这一点，可以先选中一个，再按住 Ctrl 键用鼠标选中其余的），然后在菜单中选择"格式"→"对齐"→"中间对齐"命令，如图8-14所示。

Visual Basic 提供了很多控件，在此无法一一列举。请读者参阅其他专门的编程书籍，下面简单介绍几个较为常用的控件。

（1）Label（标签）控件的功能是：为控件和窗体的其他组成部分提供标识。使用 Label，可以给用户提供窗体功能的有关信息。从广义上说，窗体中的每一条文字都是一个 Label 控件。

（2）TextBox（文本框）控件。一个应用程序中会多次用到该控件，TextBox 控件的应用范围非常广，如可用来显示一个由多行文本组成的版本信息。实际上，TextBox 能容纳的文本数量是没有限制的，当文本数量超出文本框的尺寸时，文本框还会添加自己的滚动条。

TextBox 和 Label 控件的差别在于：TextBox 控件中的文本可以编辑，而 Label 控件中的文本不能编辑。

（3）Button（按钮）控件。用户可以单击按钮控件触发程序动作。

（4）RadioButton（单选按钮）控件。用户在一组选项中选定一项且只能选定一项。若窗体内仅有一组选项按钮控件，可将它们直接放置在这个窗体内；但当有两组或多组选项时，RadioButton 应该被放置到一个 GroupBox 控件（下面将要介绍）内。

在窗体或框架内创建一个 RadioButton 时，单击 RadioButton 对象，鼠标指针变为十字形状，将鼠标指针移至窗体上或框架内的合适位置，按住鼠标左键，拖动鼠标，到适当大小时，释放鼠标左键，如图8-15所示。

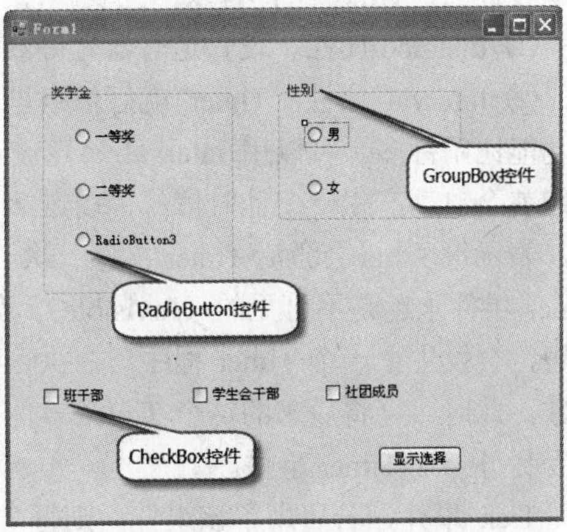

RadioButton 有许多属性，其中最常用的有以下几种。

图 8-15　RadioButton、CheckBox 和 GroupBox 控件

① Text 属性：设定 RadioButton 旁边的文本内容。

② CheckAlign 属性：CheckAlign 属性设定控件按钮与文本的位置关系。

③ Checked 属性：Checked 属性设定 RadioButton 的状态。

● True：RadioButton 被选定。

● False：RadioButton 未被选定，默认设置。

（5）CheckBox（复选框）控件。让用户在一组选项中选定一项或选定多项。若窗体内仅有一组 CheckBox 控件，可将它们放置在这个简单的窗体内，但当有两组或多组 CheckBox 控件时，通常被放置到一个 GroupBox 控件内。

CheckBox 的属性中也有 Text 属性、CheckAlign 属性和 Name 属性等，这些属性在不同控件中用法相似。CheckBox 最重要的属性是 Checked 属性。通过 Checked 属性可以检查或设定 CheckBox 是否被选中：

① Checked=True，被选中；

② Checked=False，未被选中。

CheckBox 中还有一个 CheckState 属性，用来指示 CheckBox 目前的状态：

① CheckState=Checked，被选中状态；

② CheckState=UnChecked，未被选中状态；

③ CheckState=Indeterminate，不可用状态（当 ThreeState 属性设置为 true 时有效）。

（6）GroupBox 控件。在一组 RadioButton 控件中只能选定一项，怎样对 RadioButton 控件分组呢？其中一个方法就是利用 GroupBox 控件（GroupBox 控件在工具箱的"容器"组中）。可以先将一个 GroupBox 控件放置在窗体上，然后将 RadioButton 控件放在 GroupBox 控件中。一个 GroupBox 控件中的 RadioButton 控件自动成为一组。另外，还可以设定 GroupBox 的 Text 属性，对分组做一个说明，如图8-15所示。

CheckBox 也可以放在一个 GroupBox 控件中，但 CheckBox 并没有类似 RadioButton 分组的概念。将 CheckBox 放入一个 GroupBox 的目的主要是说明和装饰。

（7）Timer 组件是按标准时间间隔引发计时器事件的组件。该组件是为 Windows 窗体环境设计的，Timer 组件有以下主要属性。

① Enabled 属性。设置定时器允许或禁止产生计时信号。

② Interval 属性。Timer 就好像家里的闹钟，设定的时间一到就会动作，只不过定时器的功能比闹钟多。可以用 interval 属性设定 Timer 的动作间隔，每当设定的时间间隔一到，系统就会自动产生一个计时信号，以激活 Timer 的 Tick 事件。Interval 的值在 1～65535 之间，表示每 1 ms 会激活 Timer 事件一次。最大的时间间隔约为 1.5 min。在程序运行期间，Timer 组件永远是不可见的（Invisible）。如果计时间隔（interval）比 Timer 程序的执行周期还短，会发生上一个 Timer 程序还在执行中，但计时间隔已到，下一个 Timer 事件又发生的现象。此时，会将后来的这个 Timer 事件忽略掉，直到上一个 Timer 程序执行完毕，才会再接受另外一个 Timer 事件。

Tick 事件，若启用了该组件，则每个时间间隔引发一个 Tick 事件，就如同鼠标左键单击发送 Click 事件一样。如果为 Tick 事件编写了处理代码，则这段代码会每隔一定的时间就被执行一次。

8.1.3 编程实例

【例 8-3】 编写一个倒计时程序，用户输入一个分钟数，按下 Go 按钮后，程序开始倒计时，以 1/10 秒为单位。

操作步骤如下。

（1）新建项目 CountDown。

（2）在窗体上放置两个 Label 控件、两个 TextBox 控件、一个 Button 控件和一个 Timer 组件，分别设置属性如表 8-5～表 8-10，程序界面如图 8-16 所示，Timer 组件本身没有界面，它被专门显示到了下方。当单击 Go 按钮的时候 Timer 组件启动，为此只需将 Timer 的 Enbled 属性设置为 True。

表 8-5 Label1 的属性

属　　性	值
Name	LblInput
Text	输入倒计时的分钟数
TextAlign	BottomLeft

表 8-6 Label2 的属性

属　　性	值
Name	LblCountDown
Text	倒计时显示
TextAlign	BottomLeft

表 8-7 TextBox1 的属性

属　　性	值
Name	TxtboxMin
Text	—

表 8-8 TextBox2 的属性

属　　性	值
Name	TxtboxShow
Text	—
ReadOnly	True

表 8-9　Timer 的属性	
属　　性	值
Name	TimCount
Interval	100

表 8-10　Button 的属性	
属　　性	值
Name	BtnCount
Text	Go

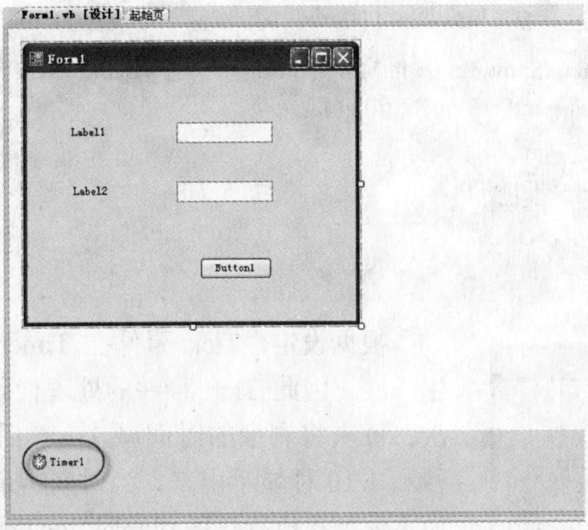

图 8-16　Timer 控件

（3）为按钮的 Click 事件编写如下代码：

```
Dim intMinutes As Integer
Dim lngTenSecond As Long

Private Sub BtnCount_Click(ByVal sender As System.Object, _
ByVal e As System.EventArgs) Handles BtnCount.Click

        intMinutes = Convert.ToInt32(TxtboxMin.Text)

        If intMinutes > 0 Then
            TimCount.Enabled = True
            lngTenSecond = intMinutes * 600
        End If
End Sub
```

将变量 intMinutes 和 lngTenSecond 的定义写到了 Private sub…End Sub 块的外面，把它们放到了更高一级的块 Public Class…End Class 中。因此，这两个变量的作用范围被扩大了，这样做的原因是，在 Timer 的 Tick 处理程序中也用到这两个变量，同时还要保持它们的值。具体地讲，intMinutes 保存了用户输入的分钟数；lngTenSecond 保存了倒计时剩下的时间数，以 1/10 秒为单位。

（4）为 Timer 的 Tick 事件编写如下代码：

```
Private Sub TimCount_Tick(ByVal sender As Object, ByVal e As System.EventArgs) Handles
TimCount.Tick
        Dim intMin As Integer
        Dim intSec As Integer
```

```
                Dim intSecTen As Integer

                lngTenSecond -= 1

                If lngTenSecond >= 0 Then
                    intMin = lngTenSecond \ 600
                    intSec = (lngTenSecond - (intMin * 600)) \ 10
                    intSecTen = lngTenSecond Mod 10

                    TxtboxShow.Text = intMin.ToString( ) + ":" + intSec.ToString( ) _
                    + ":" + intSecTen.ToString( )
                Else
                    TimCount.Stop( )
                End If

            End Sub
```

图 8-17　倒计时的运行结果

根据设定，Tick 事件在 Timer 被启动后每 1/10 秒发生一次。因此 Tick 事件的处理代码会每 1/10 秒被执行一次。每次将剩余的时间减 1，然后将剩下的时间按分钟、秒和 1/10 秒显示出来。当时间剩余为 0 时，关闭 Timer。为了使每次执行这段代码时 lngTenSecond 的值不被破坏，需要把 lngTenSecond 定义在此函数之外。程序运行结果如图8-17所示。

8.2　网络编程

通过 Internet 访问的大部分信息都存储在称为"服务器"的计算机上。服务器可以是任意一种类型的计算机。使它成为服务器的原因是因为它所起的作用：存储着可供客户机使用的数据。

"客户机"是一台计算机，更确切地说，是一个特殊的计算机程序，它知道如何与某种类型的服务器通信，以便使用服务器上存储的信息（或把信息存入服务器）。例如，当在 Web 上冲浪时，会使用一种被称为 Web 浏览器的客户机程序（如 IE）与存储 Web 页的计算机（Web 服务器）通信。Web 浏览器（Web browser）是一个赋予计算机与 Web 服务器通信并显示服务器上存储的信息的程序。

一般而言，每一种类型的 Internet 活动都涉及不同的客户机和服务器类型。要使用 Web，就需要使用 Web 客户机程序与 Web 服务器通信；要使用电子邮件，就需要使用电子邮件程序与邮件服务器通信。

这种客户机和服务器的关系表明：Internet 实际上只是一种通信媒介，计算机之间的通信是通过一种虚拟线路实现的。决定实现各种活动的是各种类型的客户机和服务器，而不是 Internet 本身。会出现新的客户机和服务器类型，新的活动类型可能会随时被添加到 Internet。

8.2.1 客户端编程

在这一节里，利用 IE 的组件，创建一个简单的 Web 浏览器的客户端。具体地讲，将使用 WebBrower 控件来完成程序。可以使用该程序从 Internet 服务器获取 Web 页，并将 Web 页显示到屏幕上。

操作步骤如下。

（1）新建项目 MyIE。需要使用的 WebBrower 控件并不在工具箱的默认设置里。因此要将该控件加入到工具箱中。首先切换到工具箱的组件栏，在该栏的空白处单击鼠标右键，从弹出的菜单中选择"选择项"。将看到如图 8-18 所示的窗口，在 COM 组件页中选择"Microsoft Web Browser"，然后单击"确定"按钮。

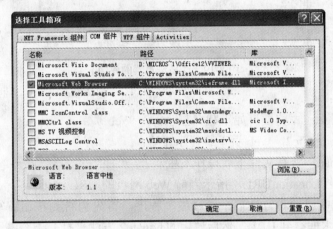

图 8-18　添加 WebBrower 组件

（2）添加后可以在工具栏的组件里看到 Visual Basic 添加了一个组件 Explorer，带有一个地球的图标。将这个新添加的组件拖到 Form 窗口中，这是一个可视的组件，在窗体上显示为一块白色的矩形区域，一个 Web 页将显示在该控件中。

（3）接下来放置 3 个按钮，分别用于后退、前进和开始。最后放置一个文本框，用于输入 Internet 地址。合理地命名这些控件的 Name 属性。为了使 Web 页在窗口缩放的时候自动随之缩放，可以使用控件的 Anchor 属性将控件和窗体之间的相对位置固定。

（4）具体地，3 个 Button 控件的 Anchor 属性为 Top、Right；TextBox 控件的 Anchor 属性为 Left、Top、Right；Microsoft Web Browser 的 Anchor 属性为 Left、Top、Right、down；设计好的界面如图 8-19 所示。

对于 Explorer 组件来讲，该组件和其他控件一样，有自己的方法、事件和属性。其中一些常用的方法分别是：

① Navigate2，该方法接收一个 URL 地址参数，将该 URL 指定的 Web 页在组件中显示出来；

② GoBack，向后回退一个网页；

③ GoForward，向前前进一个网页；

④ GoHome，显示主页；

⑤ ReFresh，刷新当前页；

⑥ Stop，停止当前页的显示和下载。

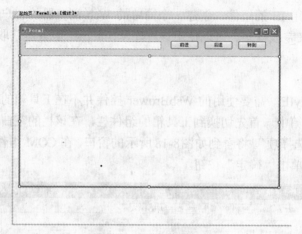

图 8-19   简易浏览器的界面

常用的事件有：

① BeforeNavigate2，将要开始下载并显示一个 Web 页；

② NavigateComplete2，Web 页下载显示完毕；

③ FileDownload，将有文件下载操作发生。

常用的属性有：LocationURL，指示当前 Web 网页的 URL 地址。

（5）了解了这些属性和方法后，继续编写程序。首先为转到按钮编写代码，当单击该按钮时，程序从文本框得到 URL，然后调用 Navigate2 方法来打开一个网页。代码如下：

```
Private Sub BtnGo_Click(ByVal sender As System.Object, ByVal e As System.EventArgs)
Handles BtnGo.Click
        WebBrowser.Navigate2(TxtAddress.Text)

End Sub
```

（6）前进和后退按钮编写代码：

```
Private Sub Btnforward_Click(ByVal sender As System.Object, ByVal e As System.EventArgs)
Handles Btnforward.Click
        Try
            WebBrowser.GoForward( )
        Catch ex As Exception
        End Try
End Sub

Private Sub BtnBack_Click(ByVal sender As System.Object, ByVal e As System.EventArgs)
Handles BtnBack.Click
        Try
            WebBrowser.GoBack( )
        Catch ex As Exception
        End Try
End Sub
```

运行结果：

有了以上代码后，程序就可以工作了。注意到在前进或后退的代码中使用了异常捕获，虽然捕获后未做任何处理，但阻止了用户一直后退或前进到一个不存在的网页上而使程序出错。在文本框内输入网址，网页会显示在窗口中。

同时注意到，程序还有一些不完善的地方。例如，在窗口单击其他链接后，网页改变了，文本框中的地址却不会变化；在文本框中输入地址后按回车键却没有反应。下面添加代码改变这两点。首先，对文本框的 KeyDown 事件编写代码，每次在文本框中有键按下时将产生该事件。当检测到按键是回车（Enter）键时，装载新的网页。

当网页显示完毕时，Explorer 控件会产生 NavgateComplete2 事件，此时更新 TextBox 控件中的显示：

```
Private Sub TxtAddress_KeyDown(ByVal sender As Object, ByVal e As
System.Windows.Forms.KeyEventArgs) Handles TxtAddress.KeyDown
        If (e.KeyCode = Keys.Enter) Then
                WebBrowser.Navigate2(TxtAddress.Text)
        End If
End Sub

Private Sub WebBrowser_NavigateComplete2(ByVal sender As Object, ByVal e As
AxSHDocVw.DWebBrowserEvents2_NavigateComplete2Event) Handles
WebBrowser.NavigateComplete2
        TxtAddress.Text = WebBrowser.LocationURL
End Sub
```

将以上两条语句加入后，基本上就可以作为一个简单的浏览器来用了。

8.2.2　ASP 编程概述

ASP（Active Server Page）是微软公司研发的一种交互式网页编程技术，从 1996 年发布的 ASP 1.0 开始，ASP 从实验室走向实际应用，但是并没有被人们所追宠。1998 年微软发布了 ASP 2.0。2000 年微软公司发布了它的革命性的服务器系统 Windows 2000，该系统上集成了 IIS 5.0，并捆绑了 ASP 3.0。由于 ASP 提供了一系列的 Web 应用程序组件，可以用来执行高级功能（如 ADO 对象用来实现对数据库的操作），加上本家系统的稳定支持，因此在 Windows 2000+ASP 3.0 便成了当时最流行的 WWW 服务器模式，ASP 在全球风靡起来。ASP 的编程语言为 VBScript 和 JavaScript，运行机制是解释型的。ASP 页面文件的后缀名为.asp，当客户机提交访问请求时，Web 服务器就找到该页面，并交给解释引擎对 ASP 页面执行一次解释，并把结果发送给客户机。在当时，这种技术是具有先进性的。但是随着 WWW 服务的广泛应用，越来越多的 Web 应用程序应用到 WWW 服务上，解释型的 ASP 技术在处理大型 Web 程序和频繁访问的时候，给服务器带来瞬间几何级系统开销，因此，ASP 的改进就显得很必要了。

2001 年微软公司推出了 ASP.NET。从命名上看，可以说 ASP.NET 是 ASP 3.0 的升级，实际上 ASP.NET 是一种全新的交互式网页编程技术，是网站和 XML Web 服务的产物，也是微软公司新的应用开发平台——.NET 框架中的核心要素。如果说微软公司的.NET 计划是编程技术的一种革命，那么，ASP.NET 则无疑是 ASP 的一种革命，ASP.NET 技术把面向对象的编程技术引入 Web 编程中，这使得在编制 Web 应用程序的时候，就像在编制 Windows 应用程序一样方便快捷。

ASP.NET Web Forms 页面是以 aspx 为扩展名的文本文件，可以通过 IIS 虚拟根目录树进行配置。当浏览器客户端请求.aspx 资源的时候，ASP.NET 运行时刻库分析和编译目标文件，形成.NET 框架类。这个类能够用来动态地处理即将开始的请求。（注意：.aspx 文件只有在第一次被访问的时候编译；编译后的结果在以后的请求中被重复利用）。

可以将 ASP.NE 页面简单地看成一般的 HTML 页面，页面上包含标记有特殊功能的段。ASP.NET 模块分析 ASPX 文件的内容，并将文件内容分解成单独的命令以建立代码的整体结构。完成此工作后，ASP.NET 模块将各命令放置到预定义的类中。然后这个类被用来定义一个特殊的 ASP.NET Page 对象。该对象要完成的任务之一就是生成 HTML 流，这些 HTML 流将被返回到客户机中。

8.2.3　ASP.NET 编程简介

所有 ASP.NET 页面都以.aspx 为扩展名，这一点非常重要，因为所有 ASP.NET 页面均由添加给文件名的.aspx 后缀来确认。只有以.aspx 为后缀的页面才能够送到 ASP.NET 进行处理，以.aspx 为后缀的纯 HTML 页面甚至也会被送到 ASP.NET 处理。.aspx 后缀名是唯一确认一个页面是 ASP.NET 页的标志。

ASP.NET 的代码可以有两种方式来编写：一种是将代码直接放入 ASP.NET 的页面中；另一种是将页面和代码分开的方式。

先来看前一种编程方式，在这种编程方式下，甚至不需要 Visual Studio，一个记事本有时便足够了。将 ASP.NET 代码插入到自己的 Web 页源代码中，需要对其进行标注，以使服务器能将它确认为服务器端代码，使它与 HTML 代码有所区别。在自己的页面中将 ASP.NET 代码与 HTML 代码区别的最好方法是使用<script>标识符，并将 runat 属性设置成 server。该设置表明处理代码的目标主机是 Web 服务器。当采用<script>标识符时，脚本默认在客户端执行，所以 runat 属性必须设置。

此外，还可以使用<%和%>标记，表明服务器端代码的开始和结束。但是，如果要使 ASP.NET 正确工作，可对函数声明使用<Script>标记，而对页面处理过程中需要处理的语句使用<%和%>标记。一个简单的示例如下：

```
<Script Language="VB" Runat="Server">
    Sub MyTest( )
        Response.Write("Hello")
    End Sub
</Script>

<%
    Call MyTest
%>
```

ASP.NET 本身不是语言，是创建动态页面的技术。它允许人们用功能完善的编程语言在自己的页面上定义代码段。在 ASP.NET 中编写代码的默认语言是 Visual Basic。用 Visual Basic 定义页面，只要将 Page 指令包括在文件的顶部即可，如下所示：

```
<%@Page Language="VB"%>
```

由于已经将 Visual Basic 确定为默认编程语言，因此<Script>代码中的 language 属性是可选择的。如果希望使用不同的语言定义页（如 C#），可以采用如下的方式：

```
<%@ Page Language="C#%>

<Script Language="C#" Runat="Server">
        C#的代码…
</Script>
```

此外，Page 指令还可以指定其他选项，以通知 .NET 如何对页面进行处理。例如，如果希望处理后生成的 HTML 文件使用简体中文字符集，则可以加入 CodePage 属性，其中代码 936 表示简体中文（GB 2132）。

```
<%@Page Language = "VB" CodePage = "936" %>
```

现在建立一个新文件 Welcome.aspx 并中加入一些 ASP.NET 脚本。可以使用任何一个文本编辑器如记事本（Notepad）来新建 Welcome.aspx 文件。代码如下：

```
<HTML>
<Body>
<FONT SIZE = "+2" COLOR = "BLUE"> Asp .NET 示例 </FONT> <BR>
<%
Dim nCounter AS Integer

For nCounter = 1 to 10
        Response.Write("<B> 欢迎进入 Asp .NET 编程！ </B> <BR>")
Next

Response.Write("创建时间：" & DateTime.Now)

%>

</Body>
</HTML>
```

将该页在 IIS 中"发布"（也就是复制该页到 IIS 的一个虚拟目录中），假设 IIS 安装在本机，虚拟目录的名字为 ASPTest。打开 IE 浏览器，在浏览器的地址栏中输入地址http://localhost/ASPTest/Welcome.aspx，结果如图 8-20 所示。如果单击浏览器的刷新按钮，应该可以看到在页面最底下一行显示的时间将发生变化。这是因为服务器动态生成了现实时间的代码。ASP.NET 页面具有以下特征。

（1）ASPX 文件中的脚本标记<%和%>表示位于这两个标记之间的内容是由服务器执行的 Visual Basic 代码，以及由<Script Language="VB" Runat="Server">标记的内容将由服务器处理。文件中的其他任何内容，如标准的 HTML 文本，将由服务器直接返回给客户浏览器。

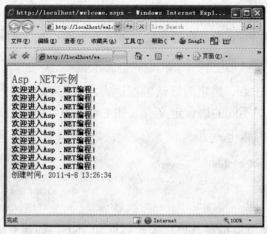

图 8-20　简单的 Welcome.aspx 页面

（2）ASP.NET 包含几个内建的对象，可以用来操纵 Web 页面的内容。在上面的例子中，Response.Write 方法用来将 HTML 字符串返回给客户浏览器。

（3）客户浏览器无法查看服务器端的代码。如果在浏览器中选择查看源代码，只能看到由服务器生成的 HTML 内容，看不到代码本身。

尽管示例较小，但它使得某些动作成为可能。由于 ASP.NET 允许根据 Visual Basic 代码动态地创建页面，因此可以执行一些更为复杂的动作，如连接数据库和返回包含字段值的 HTML 内容。

【例 8-4】　在 Web 窗体中显示简单的文本和 Calendar（日历）控件。

操作步骤如下。

（1）启动 Visual Studio 2008 后，从文件菜单中选择新建→网站。选择 ASP.NET 网站，使用默认的位置（即文件系统选项）。选择使用 Visual Basic 语言。命名站点的名字为 Calendar 后单击"确定"按钮。"新建网站"对话框如图8-21所示。

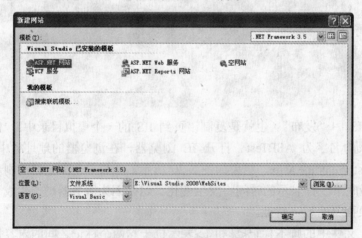

图 8-21　"新建网站"对话框

（2）Visual Studio 将打开网站的默认网页 Default.aspx，并以源视图的方式显示它。在解决方案中包含了一个 default.aspx 的文件和一个 App_Data 文件夹。

（3）单击代码窗口下的"设计"标签，切换到设计视图。将一个 Label 控件和一个 Calendar 控件从工具箱中拖动到窗体上（可以按回车键输入空行，使两个控件有些间距）。

（4）右击 Label 控件，选择"属性"命令，在打开的"属性"窗口中将 Label 控件的 Text 属性改为"以下是一个日历的示例"，如图 8-22 所示。

（5）运行程序。如果在运行时提示要修改 Web.config，接受修改。

如果没有错误，将在 Web 浏览器中看到如图 8-23 所示的运行结果。

图 8-22　设计好的 Web 窗体

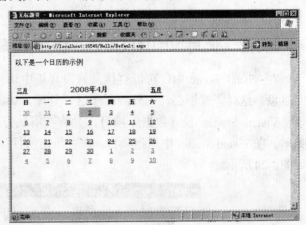

图 8-23　程序的运行结果

8.3　数据库编程初步

数据库是指以文件形式按特定的组织将数据保存在存储介质上，在数据库中，不仅包含数据本身，还包含数据之间的联系，它有如下特点：

（1）数据通过一定的数据模型进行组织，从而保证最小的冗余度，常见的数据模型有层次模型、网状模型和关系模型；

（2）数据对各个应用程序实现共享；

（3）对数据的各种操作（如定义、操纵等）都由数据库管理系统统一执行。

简单地说，数据库是数据的集合，它由一个或多个表组成。每个表中都有存储了对一类对象的数据描述。数据库本身不是独立存在的，在实际应用中，用户面对的是包括数据库在内的数据库系统，即具有管理和控制数据库功能的计算机系统。

8.3.1　数据库系统

如同使用高级语言编写的应用程序要通过解释程序或编译程序来翻译执行一样，数据库的创建和查询也需要使用特定的数据库语言，并需要一种称为"数据库管理系统"的软件的支持才能进行，DBMS 是为数据库的创建、作用和维护而配置的系统软件，它是数据库系统的核心。

数据库管理系统是在操作系统基础上运行的一种支撑软件，它除了像一般语言处理软件（如 Pascal 语言、C 语言编译器等）一样对数据库命令和应用程序进行解释执行之外，还需帮助操作系统对数据库实行统一的管理和控制，对多用户数据库提供数据安全性保护等。

233

数据库管理系统是对数据库进行管理的软件，它以统一的方式管理和维护数据库，并提供数据库接口软件供用户访问数据库。

数据库应用程序是通过 DBMS 访问数据库中的数据并向用户提供数据服务的程序。即，它们是允许用户插入、删除、修改并报告数据库中数据的程序。应用程序是系统开发人员利用数据库系统资源开发的、应用于某一个实际问题的应用软件。数据库应用程序设计人员使用程序设计语言（如 C 语言、DBMS 自含的语言）及各种面向用户的数据库应用程序开发工具等，按照用户的要求编写的。

8.3.2 使用 Visual Studio 操作数据库

在 Visual Basic 中，可以直接从开发环境中访问可视化数据库工具，来创建、管理数据库对象。这样，就不必转到外部程序进行管理，如 Access 或 SQL Server Enterprise Manager 等。Visual Studio 包含数据库项目，允许在解决方案资源管理器中管理数据库查询和 SQL 脚本。在 Visual Studio 中新建项目，在"新建项目"对话框中选择其他项目中的数据库项目，如图8-24所示。

图 8-24 新建数据库项目

为了简化数据库的连接工作，Visual Studio 采用数据库引用的方式。数据库引用是对某个特定数据库的连接信息，该信息能被存储在一个 Visual Studio 项目中。如果没有任何引用，则会自动弹出选择或更改数据源的对话框，如图 8-25 所示。随后弹出"建立连接"对话框，"建立连接"对话框随数据源选择的不同而不同。

如果已经建立过连接，则可以使用前面的连接（会先弹出一个对话框选择已有的连接），或建立一个新的连接。"添加连接"对话框如图8-26 所示。

"提供程序"选项卡用来说明是什么类型的数据库，SQL Server 是默认设置。在"连接"选项卡中输入各项后单击"测试连接"按钮，通过后单击"确定"按钮。数据库项目被创建。

建立连接后便在服务器资源管理器创建了一个数据库的连接，如图 8-27 所示。

在建立了到数据库的连接之后，使用服务器资源管理器可以执行以下操作。

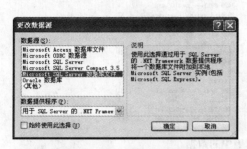

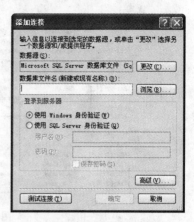

图 8-25　选择或更改数据源　　　　　　　　图 8-26　"添加连接"对话框

（1）可以右击表文件夹，在快捷菜单中选择"新建表"命令，打开表设计器窗口，如图8-28所示，创建的新表保存在数据库中。

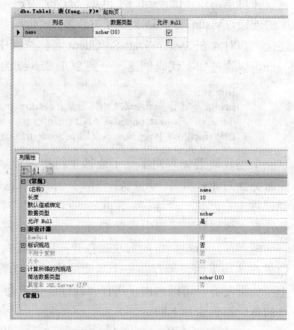

图 8-27　在服务器资源管理器中查看数据库　　　　图 8-28　Visual Studio 的表设计器

（2）可以通过单击一个数据表，然后按 Del 键或右击该表并从快捷菜单中选择"删除"命令来删除一个表。

（3）可以右击一个表，从快捷菜单中选择"设计表"命令，打开表设计器窗口，在此对表进行修改，然后保存对表所做的修改。

（4）双击一个表或视图，或者用鼠标右击并从快捷菜单中选择"从表（视图）中检索数据"命令，来查看一个表或视图的内容，如图 8-29 所示。如果有相应的权限，还可以编辑网格中的数据并把修改结果保存在数据库中。

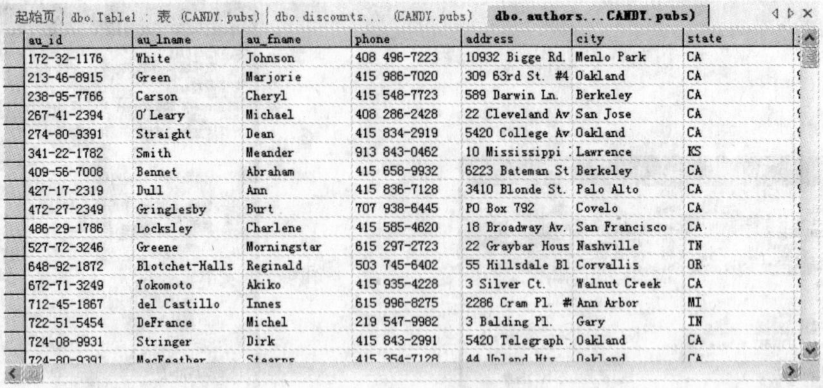

起始页 | dbo.Table1 : 表 (CANDY.pubs) | dbo.discounts... (CANDY.pubs) | **dbo.authors...CANDY.pubs)**

au_id	au_lname	au_fname	phone	address	city	state
172-32-1176	White	Johnson	408 496-7223	10932 Bigge Rd.	Menlo Park	CA
213-46-8915	Green	Marjorie	415 986-7020	309 63rd St. #4	Oakland	CA
238-95-7766	Carson	Cheryl	415 548-7723	589 Darwin Ln.	Berkeley	CA
267-41-2394	O'Leary	Michael	408 286-2428	22 Cleveland Av	San Jose	CA
274-80-9391	Straight	Dean	415 834-2919	5420 College Av	Oakland	CA
341-22-1782	Smith	Meander	913 843-0462	10 Mississippi	Lawrence	KS
409-56-7008	Bennet	Abraham	415 658-9932	6223 Bateman St	Berkeley	CA
427-17-2319	Dull	Ann	415 836-7128	3410 Blonde St.	Palo Alto	CA
472-27-2349	Gringlesby	Burt	707 938-6445	PO Box 792	Covelo	CA
486-29-1786	Locksley	Charlene	415 585-4620	18 Broadway Av.	San Francisco	CA
527-72-3246	Greene	Morningstar	615 297-2723	22 Graybar Hous	Nashville	TN
648-92-1872	Blotchet-Halls	Reginald	503 745-6402	55 Hillsdale Bl	Corvallis	OR
672-71-3249	Yokomoto	Akiko	415 935-4228	3 Silver Ct.	Walnut Creek	CA
712-45-1867	del Castillo	Innes	615 996-8275	2286 Cram Pl. #	Ann Arbor	MI
722-51-5454	DeFrance	Michel	219 547-9982	3 Balding Pl.	Gary	IN
724-08-9931	Stringer	Dirk	415 843-2991	5420 Telegraph	Oakland	CA
724-80-9391	MacFeather	Stearns	415 354-7128	44 Upland Hts	Oakland	CA

图 8-29　直接编辑表中的数据

8.3.3　在 Visual Basic 中访问数据库

当需要从 Visual Basic 程序中访问数据库时，Visual Basic 程序是数据库的客户端。在访问数据库之前首先需要连接到数据库。

在这里，以 Microsoft 的 SQL Server 为例，使用的是 pubs 数据库。为了方便管理数据库的连接，Visual Studio 提供了 SqlConnection 对象，表示 SQL Server 数据库的一个打开的连接。该对象在 System.Data.SqlClient 名称空间中，在使用前需要导入该名称空间。

可以通过如下代码创建一个到 SQL Server 的连接。

```
Dim strInfo As String
strInfo = "data source=CANDY;initial catalog=pubs; user id=sa;password=sacsn; _
          workstation id=CANDY;packet size=4096"
Dim sqlcnMyDB As New SqlConnection(strInfo)
```

上述代码首先声明了一个连接字符串，该字符串的每一项以分号隔开，分别表示数据库服务器的计算机名、用户名、密码等信息。也可以将 SqlConnection 组件从工具箱中拖动到窗体上来创建一个连接。SqlConnection 组件在工具箱的数据窗格中。之后可以选中该组件然后在“属性”窗口中设置 ConnectionSting 属性，也就是填入和 strInfo 相同的内容。

然而，还有更简单的方法来创建一个连接。打开服务器资源管理器，找到数据连接项，如果在该项下面已经存在一个需要的连接，则直接将该连接由服务器资源管理器拖到窗体上；如果没有，可以右击，选择“新建连接”命令，将弹出“新建连接”对话框。建立好连接后将它拖到窗体上即可。

一旦将连接拖动到窗体上，Visual Basic 将在后台生成代码连接到数据库。此时一个 SqlConnetion 组件将显示在窗体的下方。可以在“属性”窗口对该连接做进一步的设置，如更改 Name 属性。如果数据库服务器设有密码，可能需要手工将“password=”项添加到 ConnectionString 属性中。

在对数据库实际操作之前，首先需要打开连接，使用完后应立即关闭，这是用 Open 和 Close 方法来完成的。

```
sqlcnMyDB.Open( )
'对数据库操作
sqlcnMyDB.Close( )
```

实际中对数据库的操作可以使用 SqlCommand 对象来完成。可以在代码中声明一个 Command 对象，也可以从工具箱中将一个 SqlCommand 对象拖到窗体上。要使用 SqlCommand 对象对数据库进行操作，首先应该设置它的 CommandText 属性。该属性是一个字符串，实际就是一个完整的 SQL 语句。如：

```
sqlcmMyCommand.CommandText = "SELECT au_lname FROM 学生"
```

设置好 CommandText 属性后需要指出该对象使用哪个连接，代码如下。

```
sqlcmMyCommand.Connection = sqlcnMyDB
```

如果 SqlCommand 对象是由工具箱拖动到窗体上的，也可以在它的"属性"窗口设置 Connection 属性，然后调用语句执行该 SQL 语句，根据 SQL 语句的不同，需要执行不同的调用方法，以提高数据库的效率。

（1）ExecuteNonQuery 执行一个不返回记录的 SQL 语句，如 DELETE 和 UPDATE 语句。

（2）ExecuteReader 执行一个 SQL 语句并返回一个 SqlDataReader 对象，该对象包含了结果记录。

（3）ExecuteScalar 在只需从 SQL SELECT 语句返回一个字段的值时使用。

【例 8-5】 对数据库 students 进行查询结果显示的操作。

分析：首先建立一个项目，在项目中若需对数据库进行操作，则要建立该项目与数据库的连接。然后在项目窗体上添加必要的控件和进行相应设置，将当前项目与数据库建立连接。最后编写程序。

操作步骤如下。

（1）建立新的项目，命名为"Query"。

（2）因为数据库 students 是在 Visual Studio 中创建的，所以打开"服务器资源管理器"窗口，找到 students 后，将连接由服务器资源管理器拖入项目窗口内即可（若是所用数据库为 Visual Studio 以外的程序所建立的，则需要建立连接。"数据连接属性"对话框如图 8-30 所示）。

（3）在窗体上放置一个 ListBox 控件和一个 Button 控件。

（4）设置 ListBox 和 Button 的 Name 属性分别为 LstResult 和 BtnQuery。Button 的 Text 属性设置为 go，设计好的界面如图 8-31 所示。

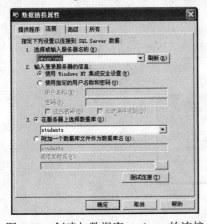

图 8-30　创建与数据库 students 的连接

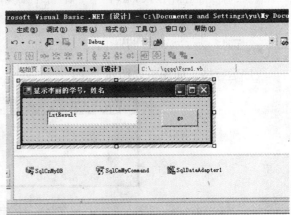

图 8-31　设计好的界面

（5）从工具箱中将 SqlConnection 和 SqlCommand 控件拖动到窗体上，设置对应的 Name 属性分别为 SqlCnMyDB 和 SqlCmMyCommand。控件的属性设置如表 8-11 所示。

表 8-11　控件的属性设置

控件或窗体	属　　性	值
显示内容的窗体 Form	Text	显示李丽的学号，姓名
显示查询结果的 ListBox 控件	Name	LstResult
SqlConnection	Name	SqlCnMyDB
SqlCommand	Name	SqlCmMyCommand
Button	Name	BtnQuery
Button	Text	Go

（6）双击 BtnQuery 控件，添加按钮代码。

```
Imports System.Data.SqlClient

Private Sub BtnQuery_Click(ByVal sender As System.Object, ByVal e As System.EventArgs) Handles
BtnQuery.Click
    SqlCmMyCommand.Connection = SqlCnMyDB
    SqlCmMyCommand.CommandText = "SELECT 学号,姓名 FROM 学生 WHERE (姓名='李丽')"
'用 SQL 语句查询姓名为李丽的记录

    Dim drStudent As SqlDataReader
    Dim strName As String
    SqlCnMyDB.Open()        '将连接的数据库 students 打开
    drStudent = SqlCmMyCommand.ExecuteReader()

    While drStudent.Read()
    strName = drStudent.GetString(0).Trim + " " + drStudent.GetString(1).Trim
    LstResult.Items.Add(strName)
    End While

    drStudent.Close()
    SqlCnMyDB.Close()            '将连接的数据库 students 关闭

    End Sub
End Class
```

程序运行结果如图8-32所示。

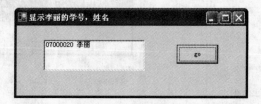

图 8-32　程序运行结果

8.4 常用算法简介

对于计算机科学来说，算法（Algorithm）的概念是至关重要的。例如，在一个大型软件系统的开发中，设计出有效的算法将起决定性的作用。通俗地讲，算法是指解决问题的方法或过程。程序（Program）与算法不同。程序是算法用某种程序设计语言的具体实现。

8.4.1 递归与分治

任何一个可以用计算机求解的问题所需的计算时间都与其规模有关。问题的规模越小，解题所需的计算时间往往也越短，从而较容易处理。例如，对于 n 个元素的排序问题，当 $n=1$ 时，不需要任何计算；$n = 2$ 时，只要做一次比较即可排好序；$n = 3$ 时只要做两次比较即可；而当 n 较大时，问题就不那么容易处理了。要想直接解决一个较大的问题，有时是相当困难的。分治的设计思想是，将一个难以直接解决的大问题分割成一些规模较小的相同的问题，各个击破，分而治之。如果原问题可分割成 k 个子问题，$1<k \leqslant n$，且这些子问题都可解，利用这些子问题的解求出原问题的解，那么这种分治就是可行的。分治后产生的问题通常是原问题的较小模式，这就为使用递归提供了方便。在这种情况下，反复应用分治手段，可以使子问题与原问题类型一致而其规模不断缩小，最终使子问题缩小到很容易求解的规模。这样，就导致了递归算法的产生。

一个直接或间接地调用自身的算法称为递归算法，一个使用函数自身给出定义的函数称为递归函数。使用递归往往使函数的定义和算法的描述更加简洁。关于 Visual Basic 递归函数的调用在本书的第 5.5.9 小节已经讲述过了。

分治的基本思想为：对于一个规模为 n 的问题，若该问题可以容易地解决（如 n 较小），则直接解决；否则将其分解为 k 个规模较小的子问题，这些子问题互相独立且与原问题形式相同，递归地解这些子问题，然后将各子问题的解合并，得到原问题的解。

分治所能解决的问题一般具有以下几个特征：

（1）该问题的规模缩小到一定程度后就可以容易地解决；

（2）该问题可以分解为若干个规模较小的相同问题；

（3）利用该问题分解出的子问题的解可以合并为该问题的解；

（4）该问题所分解出的各个子问题是相互独立的，即子问题之间不包含公共的子问题。

第一条特征是绝大多数问题都可以满足的，因为问题的计算复杂性一般都随着问题规模的增加而增加；第二条特征是应用分治法的前提，它也是大多数问题都可以满足的，此特征反映了递归思想的应用；第三条特征是关键，能否利用分治法完全取决于问题是否具有第三条特征，如果具备了第一条特征和第二条特征，而不具备第三条特征，则可以考虑用贪心法或动态规划法，第四条特征涉及分治法的效率，如果各子问题是不独立的，则分治法要做许多不必要的工作，重复地解公共的子问题，此时虽然可用分治法，但一般用动态规划法较好。

根据分治法的分割原则，原问题应该分为多少个子问题才较适宜？各个子问题的规模应该怎样才为适当？这些问题没有确定的答案。但人们从大量实践中发现，在用分治法设计算法时，最好使子问题的规模大致相同。换句话说，将一个问题分成大小相等的 k 个子问题的处理方法是行之有效的。许多问题中可以取 $k = 2$。这种使子问题规模大致相等的做法出自一种平衡（balancing）子问题的思想，它几乎总是比子问题规模不等的做法要好。

本书第 6.5.4 节讲述的折半查找法则是分治策略的典型的例子。在例 6-17 中，折半查找的过程 BinSearch 中的 While 循环是决定算法快慢的关键。容易看出，每执行一次算法的 while 循环，待搜索数组的大小减少一半。因此，在最坏的情况下，while 循环被执行了 $O(\log n)$ 次。循环体内运算需要 $O(1)$ 时间，因此整个算法在最坏的情况下的计算时间复杂度为 $O(\log n)$。

本书 6.5.2 节的快速排序则是基于分治策略的排序算法。回顾快速排序的过程，不难看出快速排序是按分治法的三个步骤（分解、递归求解与合并）来完成的。快速排序的运行时间与划分是否对称有关。最坏的情况发生在划分过程产生的两个区域分别包 $n–1$ 个元素和 1 个元素的时候。此时其时间复杂度为 $O(n^2)$。在最好的情况下，每次划分所取得基准都恰好是中值，此时的时间复杂度为 $O(n\log n)$。

8.4.2 　动态规划

动态规划（Dynamic Programming）是运筹学的一个分支，是求解决策过程（Decision Process）最优化的数学方法。20 世纪 50 年代初美国数学家 R.E.Bellman 等人在研究多阶段决策过程（Multistep Decision Process）的优化问题时，提出了著名的最优化原理（Principle of Optimality），把多阶段过程转化为一系列单阶段问题，利用各阶段之间的关系，逐个求解，创立了解决这类过程优化问题的新方法——动态规划。1957 年出版了 Dynamic Programming 一书，这是该领域的第一本著作。

自动态规划问世以来，其在经济管理、生产调度、工程技术和最优控制等方面得到了广泛应用。例如，最短路线、库存管理、资源分配、设备更新、排序、装载等问题，用动态规划方法比用其他方法求解更为方便。

动态规划程序设计是解最优化问题的一种途径、方法，而不是一种特殊算法。不像前面所述的那些搜索或数值计算那样具有一个标准的数学表达式和明确清晰的解题方法。动态规划程序设计往往针对一种最优化问题，由于各种问题的性质不同，确定最优解的条件也互不相同，因而动态规划的设计方法对于不同的问题，有各具特色的解题方法，而不存在一种可以解决各类最优化问题的万能的动态规划算法。因此读者在学习时，除了要对基本概念和方法正确理解外，还必须具体问题具体分析处理，以丰富的想象力去建立模型，用创造性的技巧去求解。也可以通过对若干有代表性的问题的动态规划算法进行分析、讨论，逐渐学会并掌握这一设计方法。

动态规划算法通常用于求解具有某种最优性质的问题。在这类问题中，可能会有许多可行解，每一个解都对应一个值，人们希望找到具有最优值的解。动态规划算法与分治法类似，其基本思想也是将待求解问题分解成若干个子问题，先求解子问题，然后根据这些子问题的解得到原问题的解。与分治法不同的是，适合用动态规划求解的问题，经分解得到的子问题往往不是互相独立的。若用分治法来解这类问题，则分解得到的子问题太多，有些子问题被重复计算了很多次。如果能够保存已解决的子问题的答案，而在需要时再找出已求得的答案，就可以避免大量的重复计算，节省时间。可以用一个表来记录所有已解的子问题的答案，而不管该子问题以后是否被用到，只要它被计算过，就将其结果填入表中，这就是动态规划法的基本思路。具体的动态规划算法多种多样，但它们具有相同的填表格式。

任何思想方法都有一定的局限性，超出了特定条件，它就失去了作用。同样，动态规划法也并不是万能的。适用动态规划法的问题必须满足最优化原理和无后效性。

最优化原理也就是最优子结构性质：一个最优化策略具有这样的性质，不论过去的状态和决策如何，对前面的决策所形成的状态而言，余下的诸决策必须构成最优策略。简而言之，一个最优化策略的子策略总是最优的。一个问题满足最优化原理又称其具有最优子结构性质。

无后效性是指将各阶段按照一定的次序排列好之后，对于某个给定的阶段和状态，以前各阶段的状态无法直接影响未来的决策，而只能通过当前的这个状态。换句话说，每个状态都是过去历史的一个完整总结。这就是无后向性，又称为无后效性。

子问题的重叠性。动态规划将原来具有指数级复杂度的搜索算法改进成了具有多项式级时间复杂度的算法。其中的关键在于解决冗余，这是动态规划算法的根本目的。动态规划实质上是一种以空间换时间的技术，它在实现的过程中，不得不存储过程中的各种状态，所以它的空间复杂度要大于其他算法。

【例 8-6】 0–1 背包问题。给定 n 种物品和一个背包。物品 i 的重量是 w_i，其价值为 v_i，背包的容量为 c。问应如何选择装入背包中的物品，使得装入背包中物品的总价值最大？在选择装入背包的物品时，对每种物品 i 只有两种选择，即装入背包或不装入背包。不能将物品 i 装入背包多次，也不能只装入部分的物品 i。因此，该问题称为 0–1 背包问题。

分析：首先，该问题具有最优子结构。也就是说，假设 y_1, y_2, $\cdots$, y_n 是装入背包的一种最优方案。那么，y_1, y_2, $\cdots$, y_{n-1} 也是装入到容量为 $c-w_n$ 的背包中的一种最优方案。其次，不难看出，该问题具有递归性质。

假设函数 $f(n, c)$ 表示将 n 件物品装入背包容量为 c 可获得的最大价值。则对于第一件物品而言，具有两种选择：装入或不装入。若选择装入，则剩余 $n-1$ 件物品装入容量为 $c-w_1$ 的背包中，构成最优子结构的解。反之，将 $n-1$ 件物品装入容量为 c 的背包中。显然：

$$f(n, c)=\text{MAX}(f(n-1, c), f(n-1, c-w_1)+v_1)$$

递归求解，即可以获得最优解。

递归的边界条件是，若只有一件物品，当背包还有容量时，则装入；否则不装入。

然而，这样做的效率是低下的。动态规划的另一个特点是记录曾经计算过的值。这样，在以后需要的时候，不需要重新计算。在此，使用二维数组 m 来记录，$m(i, j)$ 表示将第 $i, i+1, \cdots, n$ 个物品装入到容量为 j 的背包中，可获得的最大价值。这样，求解背包问题，则是对 m 数组的填充。

根据以上的分析，假设有如下过程：

```
Sub KnapSack(ByVal v( ) As Integer, ByVal w( ) As Integer, ByVal c As Integer, ByVal n As Integer,
ByVal m(,) As Integer)
    '程序的主要功能是对 m 数组的填充
    'm(i,j)表示将第 i，i+1，…，n 个物品装入到容量为 j 的背包中，可获得的最大价值
    '当 i=n 时，只有一件物品有可能放入：
```

```
            Dim jMax = Math.Min(w(n − 1) − 1, c)
            For j As Integer = 0 To jMax
                m(n, j) = 0
            Next
            For j As Integer = w(n − 1) To c
                m(n, j) = v(n − 1)
            Next
            '自底向上推演，计算 n−1 到 2 的情形:
            For i As Integer = n − 1 To 2 Step −1
                jMax = Math.Min(w(n − 1) − 1, c)
                For j As Integer = 0 To jMax
                    m(i, j) = m(i + 1, j)
                Next
                For j As Integer = w(i − 1) To c
                    m(i, j) = Math.Max(m(i + 1, j), m(i + 1, j − w(i − 1)) + v(i − 1))
                Next
            Next
            '考虑第一件物品选取或不选取的情形:
            m(1, c) = m(2, c)
            If c >= w(0) Then
                m(1, c) = Math.Max(m(1, c), m(2, c − w(0)) + v(0))
            End If
        End Sub
```

应注意的是，该过程计算后，m(1,c)中的值就是背包问题的最优值。具体该选取那些物品也记录在 m 数组中了，可以用过程 TraceBack 构造。如果 m(1,c)=m(2,c)，则第一件物品不选取，x1=0，否则 x1=1。当 x1=0 时，由 m(2,c)继续构造最优解，当 x1=1 时，由 m(2,c−w0)继续构造最优解。

```
    Sub TraceBack(ByVal m(,) As Integer, ByVal w( ) As Integer, ByVal c As Integer, ByVal n As Integer,
    ByVal x( ) As Integer)
            For i As Integer = 1 To n − 1
                If m(i, c) = m(i + 1, c) Then
                    x(i) = 0
                Else
                    x(i) = 1
                    c = c − w(i − 1)
                End If

                If m(n, c) > 0 Then
                    x(n) = 1
                Else
                    x(n) = 0
                End If
            Next
        End Sub
```

8.4.3 贪心算法

贪心算法（又称贪婪算法）是指，在对问题求解时，总是做出在当前看来是最好的选择。也就是说，不从整体最优上加以考虑，所做出的仅是在某种意义上的局部最优解。贪心算法不能对所有问题都得到整体最优解，但对范围相当广泛的许多问题能产生整体最优解或整体最优解的近似解。

当一个问题具有最优子结构性质时，人们会想到用动态规划法去解它，但有时会有更简便的算法。来看一个找硬币的例子。假设有四种硬币，它们的面值分别为二角五分、一角、五分和一分。现在要找给某顾客六角三分钱。这时，人们会不假思索地拿出两个二角五分硬币、1 个一角的硬币和 3 个一分的硬币交给顾客。这种找硬币方法与其他的方法相比，拿出的硬币个数是最少的。这里使用了这样的找硬币算法：首先选出一个面值不超过六角三分的最大硬币，即二角五分；然后从六角三分中减去二角五分，剩下三角八分；再拿出一个面值不超过三角八分的最大硬币，即又一个二角五分，如此一直做下去。这个找硬币方法实际上就是贪心算法。顾名思义，贪心算法总是做出在当前看来是最好的选择。也就是说，贪心算法并不从整体最优上加以考虑，它所做出的选择只是在某种意义上的局部最优。当然，人们希望贪心算法得到的最终结果也是整体最优的。上面所说的找硬币算法得到的结果就是一个整体最优解。找硬币问题本身具有最优子结构性质，它可以用动态规划算求解。但用贪心算法更简单、更直接且解题效率更高。这利用了问题本身的一些特性。例如，上述找硬币的算法利用了硬币面值的特殊性。如果硬币的面值改为一分、五分和一角一分 3 种，而要找给顾客的是一角五分钱。还用贪心算法，将找给顾客 1 个一角一分硬币和 4 个一分的硬币。然而 3 个五分的硬币显然是最好的找法。虽然贪心算法不是对所有题都能得到整体最优解，但也能对范围相当广的问题产生整体最优解。

贪心算法通过一系列的选择来得到一个问题的解。它所做的每一个选择都是当前状态下某种意义的最好选择，即贪心选择。希望通过每次所做的贪心选择导致最终结果是问题的一个最优解。这种启发式的策略并不是总能奏效的，但在许多情况下确能达到预期的目的。

对于一个具体的问题，怎么知道是否可用贪心算法来解题，以及能否得到问题的一个最优解呢？这个问题很难给予肯定的回答。但是，从许多可以用贪心算法求解的问题中可以看到它们一般具有两个重要的性质：贪心选择性质和最优子结构性质。

1. 贪心选择性质

所谓贪心选择性质，是指所求问题的整体最优解可以通过一系列局部最优的选择（即贪心选择）来达到。这是贪心算法可行的第一个基本要素，也是贪心算法与动态规划算法的主要区别。在动态规划算法中，每步所做的选择往往依赖于相关子问题的解。因而只有在解出相关子问题后，才能做出选择。而在贪心算法中，仅在当前状态下做出最好选择，即局部最优选择；然后去解做出这个选择后产生的相应的子问题。贪心算法所做的贪心选择可以依赖于以往所做的选择，但决不依赖于将来所做的选择，也不依赖于子问题的解。正是由于这种差别，动态规划算法通常以自底向上的方式解各子问题，而贪心算法则通常以自顶向下的方式进行。以迭代的方式做出相继的贪心选择，每做一次贪心选择就将所求问题简化为一个规模更小的子问题。

对于一个具体问题，要确定它是否具有贪心选择性质，必须证明每一步所做的贪心选择最终导致问题的一个整体最优解。首先考察问题的一个整体最优解，并证明可修改这个最优解，使其以贪心选择开始。而且做了贪心选择后，原问题简化为一个规模更小的类似子问题。然后，用数学归纳法证明，通过每一步贪心选择，最终可得到问题的一个整体最优解。其中，证明贪心选择后的问题简化为规模更小的类似子问题的关键在于利用该问题的最优子结构性质。

2. 最优子结构性质

当一个问题的最优解包含着它的子问题的最优解时，称此问题具有最优子结构性质。问题所具有的这个性质是该问题可用动态规划算法或贪心算法求解的一个关键特征。

最后，回顾本书 6.4.2 节的带权图的最短路径问题（例 6-17）。例 6-17 的 Dijkstra 算法是应用贪心算法的一个典型的例子。其贪心选择是从 T 集合中选择具有最短路径的顶点 u，从而确定从源（也就是起点，该问题也称为单源最短路径问题）到 u 的最短路径的长度 $d(u)$。

其次，该问题还具有最优子结构性质。关于这一点的证明，可参阅其他书籍。

8.4.4　回溯法

回溯法有"通用的解题法"之称。用它可以系统地搜索一个问题的所有解或任意解。回溯法是一个既带有系统性又带有跳跃性的搜索算法。它在包含问题的所有解的解空间树中，按照深度优先的策略，从根节点出发搜索解空间树。算法搜索至解空间树的任意节点时，总是先判断该节点是否肯定不包含问题的解。如果肯定不包含，则跳过对以该节点为根的子树的系统搜索，逐层向其父节点回溯。否则，进入该子树，继续按深度优先的策略进行搜索。在用回溯法来求问题的所有解时，要回溯到根，且根节点的所有子树都已被搜索遍才结束。在用回溯法来求问题的任意解时，只要搜索到问题的一个解即可结束。这种以深度优先的方式系统地搜索问题的解的算法称为回溯法，它适用于解一些组合数较大的问题。

应用回溯法解问题时，首先应明确定义问题的解空间。问题的解空间应至少包含问题的一个（最优）解。例如，对于有 n 种可选择物品的 0–1 背包问题，其解空间由长度为 n 的 0–1 向量构成。该解空间包含了对变量的所有可能的 0–1 赋值。当 $n=3$ 时，其解空间是

$$\{(0,0,0),(0,1,0),(0,0,1),(1,0,0),(0,1,1),(1,0,1),(1,1,0),(1,1,1)\}$$

定义了问题的解空间后，还应将解空间很好地组织起来，使得用回溯法能方便地搜索整个解空间。通常将解空间组织成树或图的形式。

例如，对于 $n=3$ 时的 0–1 背包问题，其解空间用一棵完全二叉树表示，如图8-33所示。

解空间树的第 i 层到第 $i+1$ 层边上的标号给出了变量的值。从树根到叶子的任一路径表示解空间的一个元素。例如，从根节点到节点 H 的路径相当于解空间的元素 (1，1，1)。

确定了解空间的组织结构后，回溯法就从开始节点（根节点）出发，以深度优先的方式搜索整个解空间。这个开始节点成为一个活节点，也成为当前的扩展节点。在当前的扩展节点处，搜索向纵深方向移至一个新节点。这个新节点成为一个新的活节点，并成为当前扩展节点。如果在当前的扩展节点处不能再向纵深方向移动，则当前的扩展节点就成为死节点。换句话说，这个节点不再是一个活节点。此时，应往回移动（回溯）至最近的一个活节点处，

并使这个活节点成为当前的扩展节点。回溯法以这种工作方式递归地在解空间中搜索，直至找到所要求的解或解空间中已无活节点时为止。

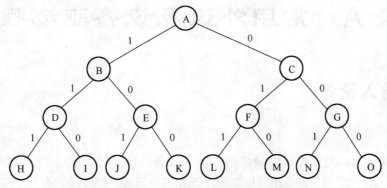

图8-33　0–1背包问题的解空间树

　　例如，对于$n=3$时的0–1背包问题，考虑下面的具体实例：$w=[16，15，15]$，$p=[45，25，25]$，$c=30$。从图8-33所示的根节点开始搜索其解空间。开始时根节点是唯一的活节点，也是当前的扩展节点。在这个扩展节点处，可以沿纵深方向移至节点 B 或节点 C。假设选择先移至节点B。此时，节点 A 和节点 B 是活节点，节点 B 成为当前扩展节点。由于选取了w_1，故在节点 B 处剩余背包容量$r=14$，获取的价值为45。从节点 B 处可以移至节点 D 或 E，由于移至节点 D 至少需要$w_2=15$的背包容量，而现在仅有的背包容量是 14，故移至节点 D 导致一个不可行解。而搜索至节点 E 不需要背包容量，因而是可行的，从而选择移至节点 E。此时，E 成为新的扩展节点，节点 A、B 和 E 是活节点。在节点 E 处，$r=14$，获取的价值为 45。从节点 E 处可以向纵深移至节点 J 或 K。移至节点 J 导致一个不可行解，而移向节点 K 是可行的，于是移向节点 K，它成为一个新的扩展节点。由于节点 K 是一个叶节点，故得到一个可行解。这个解相应的价值为 45。x_i的取值由根节点到叶节点 K 的路径唯一确定，即$x=(1,0,0)$。由于在节点 K 处已不能再向纵深扩展，所以节点 K 成为死节点，于是返回到节点 E 处。此时在节点 E 处也没有可扩展的节点，它也成为死节点。

　　接下来又返回到节点 B 处。节点 B 同样也成为死节点，从而节点 A 再次成为当前扩展节点。节点 A 还可继续扩展，从而到达节点 C。此时，$r=30$，获取的价值为 0。从节点 C 可移向节点 F 或 G。假设移至节点 F，它成为新的扩展节点。节点 A、C 和 F 是活节点。在节点 F 处，$r=15$，获取的价值为 25。从节点 F 向纵深移至节点 L 处，此时，$r=0$，获取价值为 50。由于 L 是一个叶节点，而且是迄今找到的获取价值最高的可行解，因此记录这个可行解。节点 L 不可扩展，又返回到节点 F 处。按此方式继续搜索，可搜索遍整个解空间。搜索结束后找到的最优解是相应的 0–1 背包问题的最优解。

附录 A　常用外设及设备驱动程序

A.1　输入设备

1. 键盘

键盘（Keyboard）是计算机中最常用的输入设备，由按键、键盘架、编码器、键盘接口及相应控制程序等几部分组成。键盘通常有几十或上百个按键，每个键相当于一个开关。一般微型机的键盘包括标准键盘（83 键、84 键）和扩展键盘（101 键、104 键）两种。键盘的外形如图 A-1 所示。

图 A-1　键盘的外形

（1）键盘的构成

键盘主要由单片机、译码器和 16 行×8 列的键开关阵列这三部分组成。所谓单片机，就是将主机的 4 个组成部分（CPU、存储器、总线及接口）集成在一片硅片上。不同性能的单片机，这 4 部分的性能、容量等有较大的差别。键盘中使用的单片机通常是 8 位字长的，内含 2 KB 的只读存储器（ROM）、128 B 的随机存取存储器（RAM）、两个 8 位 I/O 接口、1 个 8 位定时/计数器及时钟发生器等。

（2）IBM PC 的键盘的特点和分类

IBM PC 系列键盘具有如下两个基本特点。

① 按键开关均为无触点的电容开关。它通过按键的上下动作，使电容量发生变化，来检测按键的断开或接通。除电容式开关外，常见的按键开关还有霍尔效应式开关和触点式开关。

② PC 系列键盘属于非编码键盘。

键盘按照按键开关的类型可分为触点式和无触点式两种；从按键材料上分则有机械触点式、薄膜式和电容式；而从功能上讲，一般又将键盘分为编码键盘和非编码键盘。

对于编码键盘，当有键按下时，系统可以自动检测，并能提供按键对应的键值。这种键盘接口简单，使用方便，但价格较高。

对于非编码键盘，只提供按键的行列位置（位置码或称扫描码），而按键的识别和键值的确定等工作全靠软件完成。

对于 PC 系列键盘，不是由硬件电路输出按键所对应的 ASCII 码值，而是由单片机扫描程序识别按键的当前位置，然后向键盘接口输出该键的扫描码。按键的识别、键值的确定及按键代码存入键缓冲区等工作全部由软件完成。

目前 PC 上常用的键盘插口有三种：第一种是比较老式的直径为 13 mm 的 PC 键盘插口；第二种是最常用的直径为 8 mm 的 PS/2 键盘插口，第三种是 USB 接口的键盘，现在逐渐流行起来。

2．鼠标

鼠标（Mouse）也是一种常用的输入设备，其功能与键盘的光标键相似。通过移动鼠标可以快速定位屏幕上的对象，鼠标是计算机图形界面交互的必用外设之一，如图A-2所示。

图 A-2　鼠标

鼠标一般通过微型机中的 RS-232C 串行接口、PS/2 鼠标插口或 USB 接口与主机连接。

鼠标的操作包括两种：一种是平面上的移动；另一种是按键的按下和释放。当鼠标在平面上移动时，通过机械或光学的方法把鼠标移动的距离和方向转换成脉冲信号传送给计算机，计算机鼠标驱动程序将脉冲个数转换成鼠标的水平方向和垂直方向的位移量，从而控制显示屏上的光标随鼠标的移动而移动。

鼠标驱动程序（Mouse Driver）是鼠标与应用程序之间的接口，属于系统软件，在装入内存后，入口地址存放在中断向量表中，向量码为 33H。在汇编语言程序设计中，可通过软中断指令 INT 33H 调用鼠标驱动程序中的子程序，以实现对鼠标的应用。

鼠标的分类方法很多，若按照接口类型分，可分为五类：PS/2 接口鼠标、串行接口鼠标、USB 接口鼠标、红外接口鼠标和无线接口鼠标。PS/2 接口鼠标用的是 6 针的小型圆形接口；串行接口鼠标用的是 9 针的 D 型接口；USB 接口鼠标使用 USB 接口，具有即插即用特性；红外接口鼠标利用红外线与计算机进行数据传输；无线接口鼠标则通过无线电信号与计算机进行数据传输，这两种鼠标都没有连接线，故称为遥控鼠标，使用起来较为灵活，不受连接线的限制。但红外接口鼠标在使用时要正对着计算机，角度不能太大，而无线鼠标没有这个限制。

按照不同的工作原理，鼠标又可以分为：机械式鼠标、光电式鼠标和光机式鼠标。

机械式鼠标的底部有一个被橡胶包盖着的金属球，紧靠着橡胶球有两个相互垂直的转轴，在转轴上装着旋转编码器和相应的电路。当鼠标移动时，球便滚动，使两个转轴旋转，由编码器及相应的电路计算沿水平方向和垂直方向的偏移量。这种鼠标结构简单、价格便宜、操作方便，但准确度、灵敏度差。

目前最流行的鼠标是光机式鼠标，为光学和机械混合结构。它将两个相互垂直的滚轴紧靠在橡胶球上，两个滚轴顶端各装有一个边缘开槽的光栅轮，光栅轮的两边分别装着发光二极管和光敏三极管。当鼠标移动时，橡胶球滚动，带动滚轴及光栅轮转动，遇到栅轮的开槽时光线透过，遇到未开槽处则不透光，从而使光敏三极管产生高低电平，形成脉冲信号。

光电鼠标在鼠标底部用一个图形识别芯片时刻监视鼠标与桌面的相对位移，根据移动情况发出位移信号。这种鼠标的数据传送速率快，灵敏度和准确度高，但价格较贵。

对于笔记本计算机，其鼠标包括内置式和外置式两种。外置式鼠标与普通台式机鼠标完全相同。内置式鼠标则与机器合为一体，在工作原理上有指点杆式、触摸屏式和轨迹球式。

鼠标最重要的参数是分辨率，以 DPI（像素/英寸）为单位。表示鼠标移动 1 英寸所通过的像素数。一般鼠标的分辨率为 150～200 DPI，高的可达 300～400 DPI，若屏幕分辨率为 640×480，鼠标只要移动 1 英寸，就对应了屏幕上 300～400 像素的位置，基本遍历了屏幕的 2/3。因此鼠标的分辨率越高，鼠标移动距离就越短。

A.2 输出设备

输出设备用于接收或传输计算机的处理结果。最基本和最常用输出设备的就是显示器和打印机。

1. 显示器

显示器的作用是将主机输出的电信号经一系列处理后转换成光信号，并最终将文字、图形显示出来。常用的显示器有阴极射线管显示器（CRT）和液晶显示器（LCD）两种。

CRT 显示器分为荫罩式和电压穿透式，目前已基本退出市场。

LCD 显示器（见图 A-3）采用的技术主要有两种：有源矩阵和无源矩阵。

有源矩阵显示器又称薄膜晶体管液晶显示器（TFT）。它的每一个像素点都用一个薄膜晶体管来控制液晶的透光率，优点是色彩鲜艳、视角宽、图像质量高、响应速度快，但其成品率低，从而导致价格比较高。

无源矩阵显示器用电阻来代替有源晶体管，制造较为容易。和有源矩阵显示器相比，它的最大优势是价格低。其缺点是色彩饱和度较差，图像不够清晰，对比度也较低，视角较窄，响应速度慢。

LCD 显示器与 CRT 显示器相比，其外尺寸相同时可视面积更大、体积小（薄）、外形美观、图形清晰、不存在刷新频率和画面闪烁的问题，但价格比较高，分辨率较低。

2. 打印机

打印机（见图 A-4）也是计算机系统的标准输出设备之一。它与主机之间的数据传送方式可以是并行的，也可以是串行的。目前大多数打印机采用并行数据传送方式，即通过并行接口与主机连接。对于部分串行打印机，则通过主机的串行口连接。

打印机的种类很多，按照打印原理不同可分为击打式打印机和非击打式打印机。

击打式打印机采用机械方法，使打印针或字符锤击打色带，在打印纸上印出字符。非击打式打印机通过激光、喷墨、热升华、热敏等方式将字符印在打印纸上。

图 A-3 LCD 显示器　　　　　　　　　　图 A-4 打印机

（1）打印机工作方式

同显示器一样，打印机在微机系统中的工作方式也可按其从主机接收的数据类型分为字符方式和图形方式。

所谓字符方式，是指主机在发送打印数据时，只传送字符的 ASCII 码，打印机根据收到的 ASCII 码从字模 ROM 中取出相应的字符点阵信息，最后用机械、光学或加热的方法打印到纸上。汉字的打印也可以在字符方式下进行，这要以打印机内部具备全部汉字字模为前提。字符方式可以获得较快的打印速度，是当前西文打印中最常用的方法，中文打印如果采用这种方式，打印机的成本就要相应地提高。字符方式下不能用于图形打印。

在图形方式下，主机所传送的不是字符代码，而是经过软件编辑的图形像素信息。图形方式下既可以打印西文字符，又可以打印汉字或任意的图像。

在微机系统中，上述两种打印方式往往是共存的，使用哪一种方式要视具体情况而定。有时，用户可用键盘输入命令或通过程序中给定的指令来选择其一，有时由系统规定而不能改变。

打印机通过接口与主机相连，该接口也称为打印机控制器或适配器。它可以是一块独立的接口卡，也可以集成在主板上（现代微型机的主板几乎无一例外地都集成了打印机的接口）。它们通过标准的 25 芯插头插座相连接。

在 CPU 与打印机进行数据传送时，首先要由接口向打印机提供"选择输入"控制信号，打印机在此信号控制下才能接收数据及其他控制信号；同时，打印机要向接口传送有效的"打印机选中"状态信号，表示打印机已加电工作。之后，CPU 通过接口向打印机输出数据（字符）。这种输出是按字节进行的。每一次"选通"，输出一个字节到打印机内部的缓冲存储器，直到全部数据传送完毕。许多打印机还可提供"忙"、"纸尽"等状态信号，以使主机停止做相应的处理。

（2）主要性能指标

衡量打印机性能的主要指标包括以下几个方面。

① 分辨率。分辨率用 DPI 表示，即每英寸打印点数，它是衡量打印质量的重要指标。不同类型打印机的打印质量不同。针式打印机的分辨率较低，一般为 180～360 DPI。喷墨打印机的分辨率一般为 300～1440 DPI。激光打印机的分辨率为 300～2880 DPI。

② 打印速度。针式打印机的速度用每秒打印字符数 CPS 表示。打印速度在不同的字体和文种下差别较大。针式打印机的打印速度由于受机械运动的影响，在印刷体方式下一般不超过 100 CPS，在草稿方式下可以达到 200 CPS。喷墨打印机和激光打印机都属于页式打印机（即计算机输出完一整页的内容，打印机才开始打印），打印速度以每分钟打印页数（PPM）表示，一般在几 PPM 到几十 PPM 之间。

③ 汉字打印、中西文字库及打印字体。能否打印汉字是衡量打印机性能的一项重要指标。有无中文字库对打印机的打印速度影响很大。另外，打印字体也是一个影响速度的因素。目前针式打印机打印汉字字体最少为 4 种（宋体、仿宋体、楷体、黑体），打印各类英文、数字字符共 5～10 种；喷墨打印机打印的西文字体有 6～8 种，中文 3 种以上；激光打印机有 3 种中文字体（宋体、楷体、黑体）及各种英文字体。以上均指打印机自带字库的情况，若使用图形打印方式，则打印字体仅与主机支持的字体数量有关。

④ 打印缓冲存储器。打印机设置较大的缓冲存储器是为了满足高速打印和打印大型文件的需要。缓冲存储器的大小将影响打印速度。针式打印机的缓冲存储器一般为 16 KB。喷墨打印机和激光打印机因在图形方式下要存储大量的图形点阵信息，并且是整页装入的，其缓冲存储器较大，通常容量可达 4～16 MB。

⑤ 打印幅面。打印幅面问题是用户直接关心的问题。对于针式打印机，规格有两种：80列和132列，即每行可打印80个或132个字符。对于非击打式打印机，幅面一般为A4、A3和B4。

⑥ 接口类型。打印机的接口类型主要有三种：并行接口、串行接口和USB接口。并行接口应用得最广泛，所以人们往往把计算机上的并行接口俗称为打印机接口。

（3）几种常见打印机

目前市场上常见的打印机有点阵式打印机、喷墨打印机和激光打印机三种。点阵式打印机主要用于银行、税务等部门的票据打印，喷墨打印机和激光打印机因其打印性能、效果等方面的优势而得到了越来越广泛的应用。

A.3 设备驱动程序

1. 设备驱动程序的一般概念

设备驱动程序是对连接到计算机系统的设备进行控制驱动以使其正常工作的软件。在当前流行的操作系统中，设备驱动程序几乎都被认为是最核心的部件，处于操作系统的最深层，故重写这些驱动程序是很困难的。

有些用户可能会遇到这样的现象：将光盘放入光盘驱动器后，机器却找不到光驱，这是为什么呢？原因很简单，就是光驱驱动程序没有安装。在平时使用计算机时，不仅是光驱需要安装驱动程序，还有声卡、显示卡、解压卡、网卡、Modem、激光打印机或喷墨打印机及前文提到的可移动硬盘等都需要安装驱动程序。实际上，计算机中所有的硬件都需要驱动程序。但为什么使用键盘、鼠标、软驱和硬盘就不用安装驱动程序呢？这是因为这些设备的接口规范已经标准化，无须再做任何修改就能在各种环境下使用，它们的设备驱动程序已被固化在BIOS中作为标准的驱动程序供操作系统或应用程序使用（也可以说它们在计算机生产过程中已经被预安装到了系统中）。

由上述可知，驱动程序是通过一组预先定义好的软件接口为操作系统或应用程序提供控制硬件的能力的软件程序。它的好处有两点：一是由于有了驱动程序这一软件层次，使操作系统或应用程序没有必要关心硬件设备的具体操作细节，大大降低了软件的开发难度和软件的复杂程度；二是增强了软件的兼容性，如更换了设备后，只要相应地更换驱动程序即可，而无须将整个操作系统或应用程序都换掉。当然，在应用程序中不通过设备驱动程序而直接访问硬件也是可以的，但这会带来兼容性问题，也就是说，硬件变化后必须重新编写全部应用程序。

由于不同的操作系统对硬件的管理、控制、使用的方式方法存在一定的差异，所以，即使是同一件硬件设备，当其在不同的操作系统中使用时，也需要针对各个系统专门设计的驱动程序来支持。因此，在硬件使用前，查找硬件附带的驱动程序、查阅相关驱动程序的安装和配置方法是一项十分重要的工作。

2. 硬件设备的"即插即用"概念

微软公司在开发Windows 95时，为解决用户对外部设备硬件参数设置的困扰开发了一项新的功能：即插即用（Plug & Play，PnP）。这是一项用于自动处理 PC 硬件设备安装的工业标准，由 Intel 和 Microsoft 两大公司联合制定。

用户需要安装新的硬件时，往往要考虑到该设备所使用的各种资源，以避免设备之间因竞争而出现冲突（如两个设备可能占有同样的中断号、I/O 地址等）。这是一项很麻烦的工作，有了"即插即用"功能，就使得硬件设备的安装大大简化了，用户无须再选择如何跳线，也不必使用软件配置程序，一切都可由操作系统代替完成。但要做到"即插即用"，对所安装的硬件就有一定的要求，即必须是符合 PnP 规范的，否则无法做到即插即用。即插即用是 Windows 95 及以后的操作系统最显著的特征之一，基于 Intel 体系结构的其他微机操作系统目前尚不具备该特性。

即插即用特性还要求主板具有 PnP 功能，这样在系统启动时由 BIOS 自动读取具有 PnP 功能的接口卡的设定参数，自动分配各项资源，并将分配后的设定参数存入主板上的闪存（Flash Memory），再由操作系统从主板闪存读取编排后的 PnP 界面卡相关设定参数，从而避免以前因 I/O 地址相互冲突所造成的困扰，使整个计算机在执行各种程序时有效地发挥系统功能。

即插即用计算机系统的具体内容包括以下几项。

（1）支持"即插即用"的 BIOS。PnP BIOS 提供基本指令集，用于确定在系统开机自检（POST）时所需要的最基本设备。这些设备至少包括显示器、键盘、磁盘驱动器等。

（2）"即插即用"操作系统。Windows 95 是第一个支持 PnP 的操作系统，之后的 Windows 系统也都支持即插即用。

（3）"即插即用"硬件。"即插即用"硬件是指由 PnP 操作系统自动配置的一组 PC 硬件设备。PnP 同样支持打印机、调制解调器、串行接口和并行接口等，基于 ISA 和 EISA 的适配卡则需要进行适当的修改。

（4）"即插即用"设备驱动程序。Microsoft 提供的设备驱动程序支持基本 PnP 设备，如 IDE 硬盘、CD-ROM 等。

附录 B　标准 ASCII 表

行 \ 列	高位→ 低位↓	0 000	1 001	2 010	3 011	4 100	5 101	6 110	7 111
0	0000	NUL	DLE	SP	0	@	P	`	p
1	0001	SOH	DC1	!	1	A	Q	a	q
2	0010	STX	DC2	"	2	B	R	b	r
3	0011	ETX	DC3	#	3	C	S	c	s
4	0100	EOT	DC4	$	4	D	T	d	t
5	0101	ENQ	NAK	%	5	E	U	e	u
6	0110	ACK	SYN	&	6	F	V	f	v
7	0111	BEL	ETB	'	7	G	W	g	w
8	1000	BS	CAN	(	8	H	X	h	x
9	1001	HT	EM	)	9	I	Y	i	y
A	1010	LF	SUB	*	:	J	Z	j	z
B	1011	VT	ESC	+	;	K	[	k	{
C	1100	FF	FS	,	<	L	\	l	|
D	1101	CR	GS	—	=	M	]	m	}
E	1110	SO	RS	.	>	N	Ω	n	~
F	1111	SI	US	/	?	O	_	o	DEL

注：表中的 00H～1FH 及 7FH 为控制符，不可显示；其余的为可显示字符。

ASCII 码表中控制符号的定义

NUL	Null	空白	DLE	Data Link Escape	转义
SOH	Start Of Heading	标题开始	DC1	Device Control 1	设备控制 1
STX	Start Of Text	正文开始	DC2	Device Control 2	设备控制 2
ETX	End Of Text	正文结束	DC3	Device Control 3	设备控制 3
EOT	End Of Transmit	传输结束	DC4	Device Control 4	设备控制 4
ENQ	Enquiry	询问	NAK	Negative Acknowledge	否定
ACK	Acknowledge	承认	SYN	Synchronize	同步
BEL	Bell	响铃	ETB	End of Transmitted Block	信息组结束
BS	Backspace	退格	CAN	Cancel	作废
HT	Horizontal Tab	横向制表	EM	End of Medium	纸尽
LF	Line Feed	换行	SUB	Substitute	取代
VT	Vertical Tab	纵向制表	ESC	Escape	换码
FF	Form Feed	换页	FS	File Separator	文件分隔符
CR	Carriage Return	回车	GS	Group Separator	组分隔符
SO	Shift Out	移出	RS	Record Separator	记录分隔符
SI	Shift In	移入	US	Unit Separator	单元分隔符
SP	Space	空格	DEL	Delete	删除